职业教育·道路运输类专业教材

Jianli Gailun

监理概论

（第2版）

陈方晔　主　编

杨　帆　李传元　孟　敏　副主编

何　凯　主　审

人民交通出版社股份有限公司

北　京

内容提要

本书是职业教育·道路运输类专业教材,第1版是由全国交通运输职业教育教学指导委员会路桥工程类专业指导委员会组织编写,第2版教材结合最新行业标准规范,以及监理行业最新发展内容修订而成。全书内容包括:绪论、工程质量保证体系、监理组织机构、监理工程师和监理企业、工程监理的主要内容、工程监理规划性文件与监理文档管理等。

本书是高等职业院校道路运输类专业拓展课程教学用书,也可供相关专业教学使用,或作为有关专业继续教育及职业培训教材,也可作为公路工程技术人员学习参考用书。

本书有配套课件,教师可通过加入职教路桥教学研讨群(QQ:561416324)获取。本书同时配有丰富的教学资源,包括视频、习题、案例等,读者可通过扫码观看和查阅。

图书在版编目(CIP)数据

监理概论 / 陈方晔主编. —2版. —北京 : 人民交通出版社股份有限公司, 2022.6

ISBN 978-7-114-17998-3

Ⅰ.①监… Ⅱ.①陈… Ⅲ.①建筑工程—监理工作—高等职业教育—教材 Ⅳ.①TU712.2

中国版本图书馆CIP数据核字(2022)第091957号

职业教育·道路运输类专业教材

书　　名: 监理概论(第2版)
著 作 者: 陈方晔
责任编辑: 岑　瑜
责任校对: 孙国靖　宋佳时
责任印制: 张　凯
出版发行: 人民交通出版社股份有限公司
地　　址: (100011)北京市朝阳区安定门外外馆斜街3号
网　　址: http://www.ccpcl.com.cn
销售电话: (010)59757973
总 经 销: 人民交通出版社股份有限公司发行部
经　　销: 各地新华书店
印　　刷: 中国电影出版社印刷厂
开　　本: 787×1092　1/16
印　　张: 14
字　　数: 356千
版　　次: 2007年3月　第1版
2022年6月　第2版
印　　次: 2023年7月　第2版　第2次印刷　总第14次印刷
书　　号: ISBN 978-7-114-17998-3
定　　价: 42.00元
(有印刷、装订质量问题的图书由本公司负责调换)

第2版
前·言
Preface

“监理概论”是高等职业教育道路运输类、建筑工程及工程监理相关专业的一门专业核心课程，是土建工程类专业学生职业岗位教育必须掌握的内容。本课程通过建设工程监理基本理论和主要内容、相关法规、目标控制、合同管理等内容的学习，使学生了解建设工程监理的基本理论知识与工程监理的工作程序和方法，使学生具有从事工程监理岗位实际工作能力，具有编制监理规划的动手能力，并掌握建设工程投资控制、进度控制、质量控制方法和建设工程合同管理、信息管理、风险管理基本方法。培养学生守法、诚信、公正、科学的职业道德和对所学专业知识进行综合利用的能力；同时也要注重培养学生们之间的团结合作精神和高度的社会责任感。

自2007年3月《监理概论》第1版出版以来，得到广大读者的支持和厚爱，并进行了多次重印。近年来，我国工程建设监理相关法律法规及标准更新、颁布、修订，从国家实行强制监理制度到自主决定监理发包方式的转变，鼓励建设单位选择全过程工程咨询服务等创新管理模式，工程监理的定位和职责得到进一步明确。为了适应工程监理企业及监理工作发展和创新要求，依据最新颁布的《建设工程监理规范》(GB/T 50319—2013) 及与监理制度有关的《建设工程监理合同(示范文本)》(GF-2012—0202) 、《建设工程施工合同(示范文本)》(GF-2017-0201) 等法律法规，对本书第1版已不能适应新时代需要的部分内容进行修编。与第1版相比，主要对与《建设工程监理规范》《建设工程监理合同(示范文本)》《建设工程施工合同(示范文本)》不适应的部分内容进行修订，增加工程监理工作内容和主要方式、文件资料管理、监理实施细则等相关内容，突出了本书对工程监理实践的可操作性。

本次修订在总结多年教学研究和教学改革的基础上,分析《国家职业技能标准》相关职业工作岗位要求以及企业对监理工作岗位的能力要求,结合职业教育类型特点与定位,按照职普融通、产教融合、科教融汇、教育数字化建设的教育战略,借鉴先进的课程开发理念,设置了本版教材的内容。本教材共六章,主要包含以下内容:第一章为绪论,主要讲述工程监理的基本概念及其内涵、监理的性质、作用及监理工作内容。第二章为工程质量保证体系,主要讲述工程质量保证体系的组成。第三章为监理组织机构,主要讲述监理组织结构的组成、人员配置、监理人员的资质与素质及监理组织结构的职责与权限。第四章为监理工程师和监理企业,主要讲述了监理工程师的执业特点、职业道德准则与法律责任、兼职(监理)工程师职业资格考试、注册及继续教育等内容。第五章为工程监理的主要内容,主要讲述了监理工作中的风险管理、目标控制、安全与文明施工、环保监理及合同管理等内容。第六章为工程监理规划性文件与监理文档管理,主要讲述了工程监理大纲、工程监理规划及监理实施细则等文件的编制。

本教材修订后体现的主要特点如下:

(1)教材紧跟目前企业应用,突出操作技能和解决问题的能力培养,充分考虑1+X证书制度试点工作需要,将监理员、监理工程师等职业技能等级标准有机融入教材内容,力求实现课证融通。

(2)本书修订过程中紧密结合教育改革的发展方向,与国家职业技能标准对接,丰富了教学内容,凸显职业教育特点。

(3)修订后教材主审有多年的企业工作经历,在修订编写过程中得到行业、企业专家指导,做到校企合作开发,产教深度融合。

(4)教材修订编写过程中融入课程思政元素,力求学生在学到知识和技能的同时,提升其职业道德和职业素养。

(5)教材修订过程中积极推进数字化教育资源建设,新增了大量线上资源,学生可通过移动终端扫描二维码即可轻松自主学习。

此次修订工作是在广泛征求各使用院校和部分工程单位意见的基础上,对教材内容进行完善,陈方晔教授拟定教材大纲和总负责。参加本书编写工作的有:第一章(陈方晔、李传元),第二章(杨帆),第三章(李传元、陈方晔),第四章(李传元),第五章(杨帆、孟敏),第六章(孟敏、杨帆),附录一、二(李传元、杨帆),附录三、四(陈方晔)，附录五(李传元、孟敏)。本教材由陈方晔统稿，杨帆协助统稿，湖北省交通规划设计院股份有限公司全国交通建设优秀监理工程师何凯担任主审。

修订过程中，参阅了一些实际工程监理经验总结和参考资料，特此向提供这些素材的监理单位、企业专家和作者表示深深敬意和感谢。本教材在修编过程中得到了交通职业教育教学指导委员会的关心与指导，全国各交通职业技术学院的领导也给予了大力支持，在此，一并向他们表示诚挚的谢意。

由于编者水平有限，本书一定存在不足之处，敬请各位读者批评和指正。

编　者

2022年4月

为深入贯彻落实《高等教育面向21世纪教学内容和课程体系改革计划》,按照教育部"以教育思想、观念改革为先导,以教学改革为核心,以教学基本建设为重点,注重提高质量,努力办出特色"的基本思路,交通职业教育教学指导委员会路桥工程专业指导委员会在总结道路桥梁工程技术专业教学文件编制及其教材编写工作经验的基础上,又组织开发了相关专业的教学指导方案及部分专业教材,其中包括三年制高职高专院校公路监理专业教学指导方案及7门课程的规划教材。

公路监理专业教材依据教育部对高职高专人才培养目标、培养规格、培养模式及与之相适应的知识、技能、能力和素质结构的要求进行编写,并融入了全国交通类高职高专院校公路监理专业的教学改革成果,紧密跟踪我国公路监理技术的发展,采用了最新的行业技术标准、规范、规程,具有较强的针对性。教材编写中全面贯彻素质教育思想,力求体现以人为本、注重知识实用性的现代职业教育理念,从交通行业岗位群对人才的知识结构和技能要求出发,结合对培养学生创新能力、职业道德方面的要求,提出教学目标和教学内容,在教材的理论体系、组织结构、内容描述上与传统教材有了明显的区别。

《监理概论》是高职高专院校公路监理专业规划教材之一,内容包括:工程监理的基本概念,监理阶段的划分,工程质量保证体系,监理组织机构,监理单位的选择,工程监理的主要内容,工程监理规划性文件的编写。

参加本书编写工作的有:湖北交通职业技术学院陈方晔(编写第一、二、五章)、杨太秀(与陈方晔共同编写第三章),广西交通职业技术学院仇益梅(编写第四章),云南交通职业技术学院赵友松(编写第六章),全书由陈方晔担任主编,河南交通职业技术学院夏连学担任主审。

本套教材是路桥工程专业指导委员会委员及长期从事公路监理专业教学与工程实践的教师们工作经验的总结。但是,随着各项改革的逐步深入,书中难免有不妥之处,敬请广大读者批评指正。

本套教材在编写过程中得到了交通职业教育教学指导委员会的关心与指导,全国各交通职业技术学院的领导也给予了大力支持,在此,一并向他们表示诚挚的谢意。

交通职业教育教学指导委员会
路桥工程专业指导委员会
2006 年 11 月

本书配套资源列表

序号	项　目	资 源 内 容
1	视频	1-项目安全标准化管理
		2-监理工作总结
		3-监理公司日常管理
		4-工程质量监理-桩基清孔验收
		5-工程质量监理-模板验收
		6-工程质量监理-墩柱钢筋验收
		7-工程质量监理-T 梁钢筋验收
		8-工程质量监里-系梁钢筋验收
		9-工程质量监理-系梁模板验收
		10-工程质量监理-预制箱梁验收
		11-工程质量监理-隧道初支验收
		12-工程质量监理-锚杆拉拔试验
		13-工程质量监理-桥墩钢筋验收
		14-工程质量监理-桩基钢筋验收
		15-工程质量监理-箱梁波纹管验收
2	工作任务	第一章　绪论　工作任务
		第二章　工程质量保证体系　工作任务
		第三章　监理组织机构　工作任务
		第四章　监理工程师和监理企业　工作任务
		第五章　工程监理的主要内容　工作任务
		第六章　工程监理规划性文件与监理文档管理　工作任务
3	教学案例	案例 1　湖北顺达公路工程咨询监理有限公司 监理手册
		案例 2　武汉至红安高速公路　合同协议书
		案例 3　武汉城市圈环线高速公路大随至汉十段　监理实施细则
		案例 4　武汉城市圈环线高速公路大随至汉十段　监理组织机构与职责
		案例 5　武汉城市圈环线高速公路大随至汉十段　监理计划
		案例 6　武汉城市圈环线高速公路大随至汉十段　监理目标、依据、内容、范围及保证体系
		案例 7　武汉城市圈环线高速公路大随至汉十段　施工准备阶段的监理
		案例 8　武汉城市圈环线高速公路大随至汉十段　施工阶段的监理
		案例 9　武汉城市圈环线高速公路大随至汉十段　竣工文件编制的监理
		案例 10　武汉城市圈环线高速公路大随至汉十段　交工验收及缺陷责任期的监理

续上表

序号	项　目	资 源 内 容
3	教学案例	案例 11　武汉城市圈环线高速公路大随至汉十段　监理工作制度
		案例 12　武汉城市圈环线高速公路大随至汉十段　图纸运作程序
		案例 13　武汉城市圈环线高速公路大随至汉十段　文件与资料管理
		案例 14　武汉城市圈环线高速公路大随至汉十段　信息管理
		案例 15　武汉城市圈环线高速公路大随至汉十段　监理实施细则编制大纲内容
4	课后习题库及答案	课后习题库(第 1 章 ~ 第 6 章)
		课后习题库(第 1 章 ~ 第 6 章)
5	“养护工”考试习题库及答案	“养护工”考试习题库
		“养护工”考试习题库答案
6	试题库及答案	试题库(试卷 1 ~ 6)
		试题库答案
7	知识拓展库	知识拓展库案例(1 ~ 18)
		知识拓展库案例 解析

资源使用说明：

1. 扫描封面二维码(注意每个码只可激活一次)；

2. 关注“交通教育”微信公众号；

3. 公众号弹出“购买成功”通知，点击“查看详情”，进入后即可查看资源；

4. 也可进入“交通教育”微信公众号，点击下方菜单“用户服务 - 开始学习”，选择已绑定的教材进行观看。

目·录

Contents

第一章
CHAPTER ONE
绪论

知识目标

掌握工程监理的概念、性质、目的和作用；掌握各监理工作阶段的工作内容；掌握工程监理的依据、范围和内容。

能力目标

能够描述推行工程监理制度的意义和指导思想；能够描述工程监理实施的原则和程序；能够分析监理未来的发展趋势。

素质目标

增强学生职业荣誉感和责任感，帮助学生树立敬业精神和严谨细致的工作态度。

第一节　工程监理概述

工程监理制度于1988年在我国建设工程领域开始试行，30多年的发展历程表明，这项制度在我国工程建设中发挥着重要作用，取得了丰硕成果，为国民经济发展作出了重要贡献。1998年3月1日，《中华人民共和国建筑法》经全国人民代表大会常务委员会通过并施行，从此工程监理制度在我国全面推行。但在公路工程监理方面，交通部（现交通运输部）利用世界银行贷款建设的西安至三原一级公路和京津塘高速公路上提前实施了工程监理制度，交通部因此成为全国实施工程监理的首批试点单位。交通部在总结全国各地的经验和教训的基础上，于1989年4月提出了《公路工程施工监理暂行办法》。

一、工程监理的概念

所谓工程监理，是指工程监理单位受建设单位委托，根据法律法规、工程建设标准、勘察设计文件及合同,在施工阶段对建设工程质量、安全、造价、进度进行控制,对合同、信息进行管理,对工程建设相关方的关系进行协调,并履行建设工程安全生产管理法定职责的服务活动。要正确理解工程监理的概念必须明确以下问题。

1. 工程监理的行为主体是工程监理企业

工程监理的行为主体是明确的,即工程监理企业。只有工程监理企业才能按照独立、自主的原则,以"公正的第三方"的身份开展工程监理活动。非工程监理企业进行的监督活动不能称为工程监理。即使是作为管理主体的建设单位所进行的对工程建设项目的监督管理,也非工程监理。同样,总承包单位对分包单位的监督管理也不能视为工程监理。

2. 工程实施监理的前提是建设单位的委托

《建设工程质量管理条例》中明确规定,实行监理的建设工程,建设单位应当委托具有相应资质等级的工程监理单位实施监理。建设单位与其委托的工程监理企业应当订立书面建设委托监理合同。这样,建设单位与工程监理企业委托和被委托的关系就确立了,并且工程监理企业应根据委托监理合同和有关建设工程合同的规定实施监理。这种受建设单位委托而进行的监理活动,同政府对工程建设所进行的行政性监督管理是完全不同的。这种委托的方式说明,工程监理企业及监理人员的权力主要是由作为管理主体的建设单位委托而转移过来的,而工程建设项目建设的主要决策权和相应风险仍由建设单位承担。

3. 工程监理活动主要涉及建设单位、工程监理企业和承建单位三个主体

建设单位又称业主、项目法人或发包商,是委托监理一方。建设单位在工程建设中拥有确定建设工程规模、标准、功能,以及选择勘察、设计、施工、监理单位等工程中重大问题的决定权。

工程监理企业是指取得企业法人营业执照,具有监理资质证书的依法从事工程监理业务活动的经济组织。

承建单位又称承包单位或承包商,它是指通过投标或其他方式取得某项工程的施工权,材料、设备的制造与供应权,并和建设单位签订合同,承担工程费用、进度、质量、安全责任的单位和个人。

在工程建设中,必须明确上述三个主体之间的关系:第一,建设单位和承包单位通过合同确定经济法律关系,建设单位将工程发包给承包商,承包商按合同的约定完成工程,得到利润,违约者要赔偿对方损失。第二,建设单位和工程监理企业之间是委托合同关系,按监理合同的约定,监理代表业主利益工作,建设单位不得随意干涉监理工作,否则为侵权违约;同时,监理必须保持公正,不得和承包商有经济联系,更不能串通承包商侵犯建设单位利益。第三,工程监理企业和承包单位没有合同关系,而是监理、被监理的关系,这个关系在建设单位与承包商签订的合同中予以明确。在监理过程中,监理代表建设单位利益工作,但也要维护承包商的合法权益,正确而公正地处理好工程变更、索赔和款项支付。若监理的行为是不公正的,承包商可以向有关部门申诉。

需要特别强调的是,行使政府监督职能的各级质量监督部门(交通运输部基本建设质量监督总站,各省、自治区、直辖市质量监督站等)在整个建设活动中将对上述三者实施强有力的监督,四方之间的关系如图 1-1 所示。

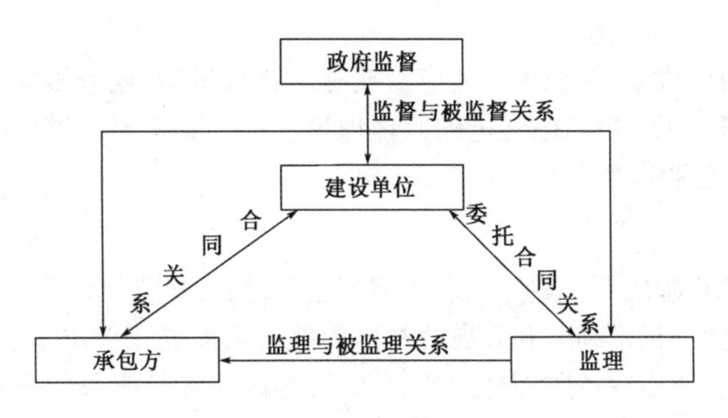

图 1-1　工程建设中四方的关系

工程监理不同于建设行政主管部门的监督管理,也不同于总承包单位对分包单位的监督管理,其行为主体是具有相应资质的工程监理企业。工程监理企业经建设单位授权,代表其对承建单位的建设行为进行监控。当然,工程监理企业同时应依据国家有关的法律、法规和标准、规范及有关的建设工程合同开展监理工作。

工程监理适用于工程建设投资决策阶段和实施阶段,其工作的主要内容包括:协助建设单位进行工程项目可行性研究,优选设计方案、设计单位和施工单位,审查设计文件,控制工程质量、投资和进度,监督、管理建设工程合同的履行,以及协助建设单位与工程建设有关各方的工作关系等。

工程监理工作具有技术管理、经济管理、合同管理、组织管理和工作协调等多项业务职能,因此,对其工作内容、方式、方法、范围和深度均有特殊要求。鉴于目前监理工作在建设工程投资决策阶段和设计阶段尚未形成系统、成熟的经验,需要通过实践进一步研究探索,所以,我国的工程监理主要有建设工程监理和设备工程监理。实质上现阶段的工程监理主要发生在建设工程施工阶段。

二、工程监理的性质

1. 服务性

服务性是工程监理的重要特征之一。工程监理是一种高智能、有偿技术服务活动,它是监理人员利用自己的工程知识、技能和经验为建设单位提供的管理服务。它既不同于承建商的直接生产活动,也不同于建设单位的直接投资活动,它不向建设单位承包工程造价,不参与承包单位的利益分成,它获得的是技术服务性的报酬。

工程监理管理的服务客体是建设单位的工程项目,服务对象是建设单位。这种服务性的活动是严格按照监理合同和其他有关工程合同来实施的,是受法律约束和保护的。

2. 科学性

工程监理应当遵循科学性准则。监理的科学性体现为其工作的内涵是为工程管理与工程技术提供知识的服务。监理的任务决定了它应当采用科学的思想、理论、方法和手段;监理的社会性、专业化特点要求监理单位按照高智能原则组建;监理的服务性质决定了它应当提供科技含量高的管理服务;工程监理维护社会公众利益和国家利益的使命决定了它必须提供科学性服务。

按照工程监理科学性要求,监理单位应当拥有足够数量的、业务素质合格的监理工程师,要有一套科学的管理制度,要掌握先进的监理理论、方法,要积累足够的技术、经济资料和数据,要拥有现代化的监理手段。

3. 公正性

公正性是监理工程师应严格遵守的职业道德之一,是工程监理企业得以长期生存、发展的必然要求,也是监理活动正常和顺利开展的基本条件。工程监理单位和监理工程师在工程建设过程中,应作为能够严格履行监理合同各项义务、竭诚为客户服务的服务方,同时应当成为公正的第三方,也就是在提供监理服务的过程中,工程监理单位和监理工程师应当排除各种干扰,以公正的态度对待委托方和被监理方,特别是当工程建设单位方和被监理方发生利益冲突或矛盾时,应以事实为依据,以有关法律、法规和双方所签订的工程合同为准绳,站在第三方的立场上公正地解决和处理,做到"公正地证明、决定或行使自己的处理权"。

4. 独立性

独立性是工程监理的一项国际惯例。国际咨询工程师联合会(FIDIC)认为,工程监理企业是"一个独立的专业公司,受聘于业主去履行服务的一方",监理工程师应"作为一名独立的专业人员进行工作"。从事工程监理活动的监理单位是直接参与工程项目建设的"三方当事人"之一,它与建设单位、承建商之间是一种平等主体关系。监理单位是作为独立的专业公司根据监理合同履行自己权利和义务的服务方,为维护监理的公正性,它应当按照独立自主的原则开展监理活动。在监理过程中,监理单位要建立自己的组织,要确定自己的工作准则,要运用自己的理论、方法、手段,根据监理合同和自己的判断独立地开展工作。

三、工程监理的目的

工程监理的中心任务就是控制工程项目,即控制经过科学规划所确定的工程项目的投资、进度、质量和安全目标。这四大目标是相互关联、相互制约的目标系统。工程项目必须在一定的投资限额条件下,实现其功能,达成其使用要求,以及满足其他有关的质量标准,这是投资建设一项工程最基本的要求。一般来说,实现工程项目并不十分困难,但要在计划的投资、进度和质量目标范围内实现,则需要采取强有力的综合措施,这也是社会需要工程监理的原因之一。

由于工程监理具有委托性,所以工程监理企业可以根据建设单位的意愿,并结合自身的情况来协商确定监理范围和业务内容。既可承担全过程监理,也可承担阶段性监理,甚至可以只承担某专项监理服务工作。其中,全过程监理要力求全面实现工程项目总目标,阶段性监理要力求实现本阶段工程项目的目标。因此,具体到某监理单位承担的工程监理活动要达到什么目的,会由于它们服务范围和内容的差异而有所不同。

工程监理要达到的目的是力求实现工程项目目标。工程监理企业和监理工程师不是任何承建单位的保证人。在监理过程中,工程监理企业只承担服务相应责任,也就是在委托监理合同中明确的职权范围内的责任。监理方的责任就是力求通过目标规划、动态控制、组织协调、合同管理、风险管理、信息管理,与建设单位和承包商(承建单位)共同实现工程项目目标。

四、工程监理的作用

建设单位的工程项目实现专业化、社会化管理在国外已有100多年的历史，现在工程监理越来越显现出其强大的生命力，在提高投资的经济效益方面也发挥了重要的作用。在我国，工程监理实施的时间虽然不长，但已经发挥着越来越重要、越来越明显的作用，为政府和社会所承认。工程监理的作用主要表现在以下几个方面。

1. 有利于提高工程投资决策的科学化水平

在建设单位委托工程监理企业实施全过程监理的条件下，在建设单位有了初步的项目投资意向之后，工程监理企业可协助建设单位选择工程咨询单位，监督工程咨询合同的实施，并对咨询结果（如项目建议书、可行性研究报告）进行评估，提出有价值的修改意见和建议；或者直接从事工程咨询工作，为建设单位提供建设方案。这样，不仅可使项目投资符合国家经济发展规划、产业政策、投资方向，而且可使项目投资更加符合市场需求。

工程监理企业参与或承担项目决策阶段的监理工作，有利于提高项目投资决策的科学化水平，避免项目投资决策失误，也为实现建设工程投资综合效益最大化打下了良好的基础。

2. 有利于规范工程项目参与各方的建设行为

工程项目参与各方的建设行为都应当符合法律、法规、规章和市场准则。要做到这点，仅仅依靠自律机制是远远不够的，还需要建立有效的监督约束机制。为此，首先需要政府对工程建设参与各方的建设行为进行全面的监督管理，这是最基本的约束，也是政府的主要职能之一。但是，由于客观条件所限，政府的监督管理不可能深入到每一项建设工程的实施过程中，因此还需要建立另外一种约束机制，以在工程建设实施过程中对工程建设参与各方的建设行为进行约束。工程监理制就是这样一种约束机制。

在工程建设实施过程中，工程监理企业可依据法律、法规、规章、委托监理合同和有关的工程建设合同等，对承建单位的建设行为进行监督管理。另外，监理单位也可以向建设单位提出合理化建议，避免决策失误或发生不当的建设行为，这对规范建设单位的建设行为也可起到一定的约束作用。

当然，要发挥上述约束作用，工程监理企业首先必须规范自身的行为，并接受政府的监督管理。

3. 有利于保证工程质量和使用安全

建设工程是一种特殊的产品，不仅价值大、使用寿命长，而且关系人民的生命财产安全。因此，保证建设工程质量和使用安全就显得尤为重要，在这方面不允许有丝毫的懈怠和疏忽。工程监理企业对承建单位建设行为的监督管理，实际上是对工程建设生产过程的管理，它与产品生产者自身的管理有很大的不同。按照国际惯例，监理工程师是既懂工程技术又懂经济、法律和管理的专业人士，凭借丰富的工程建设经验，有能力及时发现建设工程实施过程中出现的问题，发现工程所用材料、设备以及阶段产品中存在的问题，从而最大限度地避免工程质量事故或留下工程质量隐患。因此，实行工程监理制之后，在加强承建单位自身对工程质量管理的基础上，由工程监理企业介入工程建设生产过程的监督管理，对保证建设工程质量和使用安全有着重要作用。

4.有利于提高工程的投资效益和社会效益

工程项目投资效益最大化有三种不同表现:

(1)在满足建设工程预定功能和质量标准的前提下,建设投资额最少。

(2)在满足建设工程预定功能和质量标准的前提下,工程建设寿命周期费用(或全寿命费用)最少。

(3)工程建设本身的投资效益与社会效益、环境效益的综合效益最大化。

实践证明,实行工程监理制之后,工程监理企业一般都能协助建设单位实现上述工程建设投资效益最大化的第一种表现,也能在一定程度上实现上述第二种和第三种表现。随着工程建设全寿命周期费用观念和综合效益理念被越来越多的建设单位所接受,工程建设投资效益最大化的第二种和第三种表现的比例将越来越大,从而将大大地提高我国全社会的投资效益,促进国民经济健康、可持续发展。

第二节 推行工程监理制度的指导思想

作为监理单位,它可以为建设单位提供种类繁多的服务。按我国的有关规定,监理单位可以分别在设计、施工招标、施工和缺陷责任期阶段提供20多项服务。国际咨询工程师联合会(FIDIC)的《IGRA 1980 PM》中规定,监理单位可以在工程技术、采购、技术监督、技术检查、施工管理以及代办服务6个方面提供30多项不同内容的服务。面对千头万绪的工作,监理单位和监理工程师应当把握住监理的关键,使监理工作有系统、按部就班地在一个总体思想的指导下进行。

一、把握工程监理的中心任务

工程监理的中心任务就是控制工程项目目标,也就是控制经过科学规划所确定的工程项目的质量、进度和投资目标。这三大目标构成相互关联、相互制约的目标系统。

任何工程项目都应在一定的投资额度内和一定的投资限制条件下实现。任何工程项目的实现都会受到时间的限制,都有明确的项目进度和质量要求,并要实现它的功能要求、使用要求和其他有关的质量标准,这是投资建设一项工程最基本的需求。实现建设项目并不十分困难,但要使工程项目能够在计划的质量、进度、投资目标内实现则比较困难,这就是社会需要工程监理的原因。工程监理的出现就是为了解决这样的困难和满足这种社会需求。因此,目标控制应当成为工程监理的中心任务。

二、掌握工程监理的基本方法

工程监理是一个系统的过程,它由不可分割的若干个子系统组成。它们相互联系,互相支持,共同运行,形成一个完整的方法体系。这就是目标规划、动态控制、组织协调、信息管理、合同管理。

1. 目标规划

目标规划是以实现目标控制为目的的规划和计划，它是围绕工程项目质量、进度和投资规模目标进行研究确定、分解综合、安排计划、风险管理、制订措施等项工作的集合。目标规划是目标控制的基础和前提，只有做好目标规划的各项工作才能有效地实施目标控制。目标规划得越好，目标控制的基础就越牢，目标控制的前提条件也就越充分。

工程项目目标规划是一个由粗而细的过程。它随着工程的进展，分阶段地根据可能获得的工程信息对前一阶段的规划进行细化、补充、修改和完善。

目标规划工作包括：正确地确定质量、进度、投资目标或对已经初步确定的目标进行论证；按照目标控制的需要将各目标进行分解，使每个目标都形成一个既能分解又能综合满足控制要求的目标划分系统，以便实施控制；把工程项目实施的过程、目标和活动编制成计划，用动态的计划系统来协调和规范工程项目的实施，为实现预期目标构筑一座桥梁，使项目协调有序地达到预期目标；对计划目标的实现进行风险分析和管理，以便采取针对性的有效措施实施主动控制；制定各项目目标的综合控制措施，力保项目目标的实现。

2. 动态控制

动态控制是开展工程监理活动时采用的基本方法。动态控制工作贯穿于工程项目的整个监理过程，是积极的目标控制方法。

所谓动态控制，就是在完成工程项目的过程当中，通过对过程、目标和活动的跟踪，全面、及时、准确地掌握工程建设信息，将实际目标值和工程建设状况与计划目标和状况进行对比，如果偏离了计划和标准的要求，就采取措施加以纠正，以实现计划总目标的要求。这是一种不断循环的过程，直至项目建成交付使用。

这种控制是一个动态的过程：工程在不同的空间展开，控制就要针对不同的空间来实施；工程项目的实施分不同的阶段，控制也就分成不同的阶段；工程项目的实现总要受到外部环境和内部因素的各种干扰，因而也就必须采取应变性的控制措施。计划的不变是相对的，计划总是在调整中运行，控制就要不断地适应计划的变化，从而达到有效的控制。监理工程师只有把握住工程项目运动的脉搏才能做好目标控制工作。

动态控制是在目标规划的基础上针对各级分目标实施的控制，以期实现计划总目标。整个动态控制过程都是按事先安排的计划来进行的。一项好的计划应当首先是可行、合理的，它要经过可行性分析来保证计划在技术上可行、资源上可行、财务上可行、经济上合理。同时，要通过必要的反复完善过程，力求达到优化的程度。

3. 组织协调

在实现工程项目的过程中，监理工程师要不断进行组织协调，它是实现项目目标不可缺少的方法和手段。

组织协调与目标控制是密不可分的。协调的目的就是实现项目目标。在监理过程中，当设计概算超过投资估算时，监理工程师要与设计单位进行协调，使设计与投资限额之间达成妥协，既要满足项目的功能和使用要求；又要力求使费用不超过限定的投资额度；当施工进度影响到项目最终完成时间时，监理工程师就要与施工单位进行协调或改变投入，或修改计划，或调整目标，直到制定出一个较理想的解决问题的方案为止；当发现承包单位的管理人员不称职，给工程质量造成影响时,监理工程师要与承包单位进行协调,以便更换人员,确保工程质量。

组织协调包括项目监理组织内部人与人、机构与机构之间的协调。例如,项目总监理工程师与各专业监理工程师之间、各专业监理工程师之间的人际关系,以及纵向监理部门与横向监理部门之间关系的协调。组织协调还存在于项目监理组织与外部环境组织之间,其中主要是与项目业主、设计单位、施工单位、材料和设备供应单位之间的协调,以及与政府有关部门、社会团体、咨询单位、科研部门、工程毗邻单位之间的协调。协调的问题集中在它们的接合部位上,组织协调就是在这些接合部位上做好调和、联合和联结的工作,以使大家在实现工程项目总目标上做到步调一致,达到运行一体化。

为了开展好工程监理工作,要求项目监理组织内的所有监理人员都能主动地在自己负责的范围内进行协调,并采用科学有效的方法。为了搞好组织协调工作,需要对经常性事项的协调加以程序化,事先确定协调内容、协调方式和具体的协调流程;需要经常通过组织系统和项目组织系统,利用权责体系,采取指令等方式进行协调;需要设置专门机构或专人进行协调;需要召开各种类型的会议进行协调。只有这样,项目系统内各子系统、各专业、各工种、各项资源以及时间、空间等方面才能实现有机配合,使工程项目成为一体化运行的整体。

4. 信息管理

工程监理离不开工程信息。在实施监理的过程中,监理工程师要对所需要的信息进行收集整理、处理存储传递、应用等工作,这些工作总称为信息管理。

信息管理对工程监理十分重要。监理工程师在开展监理工作的过程中要不断预测或发现问题,要不断地进行规划、决策、执行和检查。而做好这每项工作都离不开相应信息。规划需要规划信息,决策需要决策信息,执行需要执行信息,检查需要检查信息。监理工程师在监理过程中主要的任务是进行目标控制,而控制的基础是信息,任何控制只有在信息的支持下才能有效地进行。如果监理控制部门能够确信它们可以获得足够的信息支持,那么这个控制部门就会对做好控制工作充满信心,同时会取得上级部门的信任。如果在制订计划的时候能够保证足够的信息支持,那么控制部门和其他管理部门就会对实现计划具有信心,它们就能够专心致力于目标控制和其他各项管理工作。

项目监理组织的各部门为完成各项监理任务需要哪些信息,完全取决于这些部门实际工作的需要。因此,对信息的要求是与各部门监理任务和工作直接联系的。不同的项目,由于情况不同,所需的信息也就不同。例如,当采用不同承发包模式或不同的合同方式时,监理需要的信息种类和信息数量也就会发生变化。对于固定总价合同,或许关于进度款和变更通知是主要的;对于成本加酬金合同,则必须有关于人力、设备材料、管理费用和变更通知等多方面的信息;而对于固定单价合同,完成工程量方面的信息就更重要。

控制与多方面因素发生联系。诸如设计变更、计划改变、进度报告、费用报告、变更通知等都是通过信息传递将它们与控制部门联系起来。监理的控制部门必须随时掌握项目实施过程中的反馈信息,以便在必要时采取纠正措施。例如,当材料供应推迟、设备或管理费用增加、承包单位不能满足规定的工期要求时,都有可能修改工程计划。而修改的工程计划又以变更通知的形式传递给有关方,然后对相关要素采取措施,才能起到控制的作用。可见,控制把工程项目的各个要素联系起来,每个要素必须通过适当的信息流通渠道与控制功能发生联系。

为了有效地进行控制,全面、准确、及时地获得工程信息十分重要。这需要建立一个科学的报告系统,通过这个报告系统来传递经过核实的准确、及时、完整的工程信息。必须选派专门的人员从事信息的收集、加工、处理、传递工作。同时,要通过计算机辅助做好这项工作,但主要是人的作用。信息的收集工作要由人来完成,信息的及时性需要有关人员对信息管理持主动积极的态度,信息的准确性要求管理人员认真负责去对待。这就要求监理工程师能够事先了解存在的问题并对工程状况进行预测。只有熟悉并研究工程项目的实际情况,才能对来自各方面的信息进行分析判断,去伪存真,掌握可用的信息。对众多的费用、时间和质量等方面的信息必须进行加工、处理、分类和归纳等工作,否则难以分析大量资料和数据。在这方面,计算机是最好的帮手,它可以利用信息编码很快地进行分类、汇总,并进行对比,输出所需要的各种报表。

监理工程师进行信息管理的基础工作是设计一个以监理为中心的信息流结构,确定信息目录和编码;建立信息管理制度以及会议制度等。

5.合同管理

监理单位在工程监理过程中的合同管理主要是根据监理合同的要求,对工程承包合同的签订、履行、变更和解除进行监督、检查,对合同双方争议进行调解和处理,保证合同的依法签订和全面履行。

合同管理对于监理单位完成监理任务同样非常重要。根据国外经验,合同管理产生的经济效益往往大于技术优化所产生的经济效益。一项工程合同,应当对参与建设项目的各方的建设行为起到控制作用,同时具体指导一项工程如何操作完成。从这个意义上讲,合同管理起着控制整个项目实施的作用。例如,按照国际咨询工程师联合会(FIDIC)实施的工程,通过其72条、194项条款,详细地列出了在项目实施过程中所遇到的各方面的问题,并规定了合同各方在遇到这些问题时的权利和义务,同时规定了监理工程师在处理各种问题时的权限和职责。在工程实施过程中经常发生的有关设备、材料、开工、停工、延误、变更、风险、索赔、支付、争议、违约等问题,以及财务管理、工程进度管理、工程质量管理诸方面工作合同条件都涉及了。

监理工程师在合同管理中应当着重于以下几个方面的工作:

(1)合同分析。

合同分析是指对合同各类条款进行分门别类的认真研究和解释,并找出合同的缺陷和弱点,以发现和提出需要解决的问题。更为重要的是,对引起合同变化的事件进行分析研究,以便采取相应措施。合同分析对于促进合同各方履行义务和正确行使合同赋予的权力、对于监督工程的实施、对于解决合同争议、对于预防索赔和处理索赔等项工作都十分必要。

(2)建立合同目录编码和档案。

合同目录和编码是采用图表方式进行合同管理的很好的工具,它为合同管理自动化提供了方便条件,使计算机辅助合同管理成为可能。合同档案的建立可以将合同条款分门别类地存放,便于查询、检索合同条款,也为分解和综合合同条款提供了方便。合同资料的管理应当起到为合同管理提供整体性服务的作用。它不仅要起到存放和查找的简单作用,还应当进行高层次的服务。例如,采用科学的方式将有关的合同程序和数据指示出来。

(3)合同履行的监督、检查。

通过检查发现合同履行中存在的问题,并根据法律、法规和合同的规定加以解决,以提高合同的履约率,使工程项目能够顺利地建成。合同监督还包括经常性地对合同条款进行解释,常念“合同经”,以促使承包方能够严格地按照合同要求实现工程进度、工程质量和费用要求。按合同的有关条款作出工作流程图、质量检查表和协调关系图等,可以有效地进行合同监督。合同监督需要经常检查合同双方往来的文件、信函,记录建设单位指示等,以确认它们是否符合合同的要求和对合同的影响,以便采取相应对策。根据合同监督、检查所获得的信息进行统计分析,以发现费用金额、履约率、违约原因、纠纷数量、变更情况等问题,向有关监理部门提供情况,为目标控制和信息管理服务。

(4)索赔的控制与处理。

索赔是合同管理中的重要工作,又是关系合同双方切身利益的问题,同时牵扯监理单位的目标控制工作,是参与项目建设的各方都关注的事情。监理单位应当首先协助建设单位制订并采取防止索赔的措施,以便最大限度地减少无理索赔的数量和索赔影响量。其次,要处理好索赔事件。对于索赔,监理工程师应当以公正的态度对待,同时按照事先规定的索赔程序做好处理索赔的工作。

合同管理直接关系着投资、进度、质量控制,是工程监理方法系统中不可分割的组成部分。做好合同管理的关键在于:

(1)参与合同制订和谈判。这对了解签订合同的双方和合同内容都有好处。它为今后的合同管理奠定了良好的基础,是掌握合同管理第一手资料的最好办法。

(2)认真弄清合同的各项内容,这样才能进行合同管理,才能管理好每一个合同。

(3)切记少用或不用口头协议、“君子协定”等,防止引起合同争执。

(4)监理单位应当努力履行自己的职责,恰当地使用自己的权利,当好“公正的第三方”。这种严格按合同办事的精神对于做好合同管理工作是必不可少的。它可以促使合同双方当事人履行各自的义务和恰当地行使各自的权力。

(5)委任具有应变能力又能坚持合同原则的监理工程师担任合同管理工作,以应付合同管理中的各种复杂问题。

(6)拟订各种工程文件记录、指示、报告、信件时,应当全面、细致、准确、具体。因为它们是合同管理,尤其是索赔的基本依据。

(7)在拟订合同文件时应当写清细节,力求达到可操作的程度,以防止日后双方在细节上纠缠不清。

(8)特别注意工程变更对合同的影响,应当对每次变更进行可行性分析,防止由此而引起的索赔。

(9)拟订合同条款时应当在文字语言方面做到清楚明白,避免含糊不清、词不达意的现象发生。这既有利于合同的执行,又有利于监理单位实施合同管理。

(10)合同谈判中注意风险合理转移。

第三节 工程监理实施的原则和程序

一、工程监理实施的原则

工程监理单位受建设单位委托对工程实施监理时，应遵守以下基本原则。

1. 公平、独立、诚信、科学的原则

监理工程师在工程监理中必须尊重科学、尊重事实，组织各方协同配合，维护有关各方的合法权益。为此，工程监理单位应公平、独立、诚信、科学地开展工程监理与相关服务活动。工程监理与相关服务活动除遵循《建设工程监理规范》（GB/T 50319—2013）外，还应符合法律法规及有关建设工程标准的规定。

2. 权责一致的原则

监理工程师承担的职责应与建设单位授予的权限相一致。监理工程师的监理职权，依赖于建设单位的授权。这种权力的授予，除体现在建设单位与监理单位之间签订的委托监理合同之中，还应作为建设单位与承建单位之间建设工程合同的合同条件。因此，监理工程师在明确提出的监理目标和监理工作内容要求后，应与建设单位协商，明确相应的授权，达成共识后明确反映在委托监理合同中及建设工程合同中。据此，监理工程师才能开展监理活动。

总监理工程师代表监理单位全面履行建设工程委托监理合同，承担合同中确定的监理方向建设单位方所承担的义务和责任。因此，在委托监理合同实施中，监理单位应给总监理工程师充分授权，体现权责一致的原则。

3. 总监理工程师负责制的原则

总监理工程师负责制是指由总监理工程师全面负责工程项目监理实施工作。总监理工程师是由工程监理单位法定代表人书面任命的项目监理机构负责人，是工程监理单位履行工程监理合同的全权代表。总监理工程师负责制的内涵如下：

（1）总监理工程师是工程监理的责任主体。责任是总监理工程师负责制的核心，它构成了对总监理工程师的工作压力与动力，也是确定总监理工程师权力和利益的依据。所以，总监理工程师应是向建设单位和监理单位所负责任的承担者。

（2）总监理工程师是工程监理的权力主体。根据总监理工程师承担责任的要求，总监理工程师全面领导建设工程的监理工作，包括组建项目监理机构，主持编制工程监理规划，组织实施监理活动，对监理工作进行总结、监督、评价。

4. 严格监理、热情服务的原则

严格监理，就是各级监理人员严格按照国家政策、法规、规范、标准和合同，控制建设工程的目标，依照既定的程序和制度，认真履行职责，对承建单位进行严格监理。

监理工程师还应为建设单位提供热情的服务，“应运用合理的技能，谨慎而勤奋地工作”。

由于建设单位一般不熟悉建设工程管理与技术业务,监理工程师应按照委托监理合同的要求多方位、多层次地为建设单位提供良好的服务,维护建设单位的正当权益。但是,不能因此而一味向各承建单位转嫁风险,损害承建单位的正当经济利益。

5. 综合效益的原则

工程监理活动既要考虑建设单位的经济效益,也必须考虑与社会效益和环境效益的有机统一。工程监理活动虽经建设单位的委托和授权才得以进行,但监理工程师应首先严格遵守国家的建设管理法律、法规、标准等,以高度负责的态度和责任感,既对建设单位负责,谋求最大的经济效益,又要对国家和社会负责,取得最佳的综合效益。只有在符合宏观经济效益、社会效益和环境效益的条件下,建设单位投资项目的微观经济效益才能实现。

二、工程监理实施的程序

1. 任命项目总监理工程师,成立项目监理机构

工程监理单位应根据建设工程的规模、性质,建设单位对监理的要求,任命称职的人员担任项目总监理工程师,代表监理单位全面负责该工程的监理工作。总监理工程师全面负责工程监理的实施工作,是实施监理工作的核心人员。总监理工程师往往由主持监理投标、拟订监理大纲、与建设单位商签委托监理合同等工作的人员担任。

总监理工程师在组建项目监理机构时,应符合监理大纲和委托监理合同中有关人员安排的内容,并在今后的实施监理过程中进行必要的调整。工程监理单位,应于委托监理合同签订的10日内,将项目监理机构的组织形式、人员构成及对总监理工程师的任命书面通知建设单位。

2. 编制工程监理计划

工程监理计划是指导工程项目监理机构全面开展监理工作的指导性文件。总监理工程师主持编制整个工程项目的监理计划,所属各监理合同段的驻地监理工程师应根据总监理工程师的要求和需要,组织编制本监理合同段的监理计划。

3. 编制各专业监理细则

监理细则是根据已经批准的监理计划进行编制的,其可按技术复杂、专业性较强、危险性较大的分部分项工程,以及采用新技术、新材料、新工艺或在特殊季节施工的分项、分部工程进行编制。

4. 规范化地开展监理工作

规范化是指在实施监理时,各项监理工作都应按一定的逻辑顺序先后开展。监理工作的规范化体现如下:

(1)工作的时序性。每一项监理工作都有事先确定的具体目标和工作时限,从而使监理工作能有效地达到目标而不致造成工作状态的无序和混乱。

(2)职责分工的严密性。工程监理工作是由不同专业、不同层次的专家群体共同来完成的,他们之间严密的职责分工是协调进行监理工作的前提和实现监理目标的重要保证。

(3)工作目标的确定性。在职责分工的基础上,每一项监理工作的具体目标都应是确定

的,完成的时间也应有时限规定,从而能通过报表资料对监理工作及其效果进行检查和考核。

5. 参与验收,签署工程监理意见

建设工程完成施工后,由总监理工程师组织有关人员进行竣工预验收,发现问题及时与承包单位沟通,提出整改要求。整改完毕由总监理工程师签署工程竣工报验单,并提出工程质量评估报告。

项目监理机构,应参加由建设单位组织的工程竣工验收,并提供相关监理资料。对验收中提出的整改问题,项目监理机构应要求承包单位进行整改。工程质量符合要求,由总监理工程师会同参加验收的各方签署竣工验收报告。

6. 向建设单位移交工程监理档案资料

项目监理机构应设专人负责监理资料的收集、整理和归档工作。工程监理工作完成后,项目监理机构向建设单位移交的监理档案资料应在委托监理合同文件中约定。不管在合同中是否作出明确规定,项目监理机构移交的资料应符合有关规范规定的要求,一般应包括设计变更、工程变更资料、监理指令性文件、各种签证资料等档案资料。

7. 监理工作总结

监理工作完成后,项目监理机构应及时从以下两方面进行监理工作总结。

其一是向建设单位提交监理工作总结。其主要内容包括:委托监理合同履行情况概述,监理组织机构,监理人员和投入的监理设施,监理任务或监理目标完成情况的评价,工程实施过程中存在的问题和处理情况,由建设单位提供的供监理活动使用的办公用房、车辆、试验设施等的清单,必要的工程图片,表明监理工作终结的说明等。

其二是向监理单位提交的监理工作总结。其主要内容如下:

(1)监理工作的经验,可以是采用某种监理技术、方法的经验,也可以是采用某种经济措施、组织措施的经验,以及委托监理合同执行方面的经验或如何处理好与建设单位、承包单位关系的经验等。

(2)监理工作中存在的问题及改进的建议。

第四节　监理工作的依据、范围和内容

工程监理的行为主体是监理单位,实行监理的建设工程是由建设单位委托具有相应资质的工程监理企业实施监理。监理企业依法成立,具有独立性、社会性、专业化等特点。

一、监理工作依据

通常来说,监理工作依据下列文件进行:

(1)工程监理合同。

(2)工程施工合同文件,包括招标文件、投标文件、中标通知书、询标记录、补遗书等。

(3)建设方与第三方签订的其他与建设相关的合同,包括采购合同、服务合同和专业发包合同等。

(4)国家和地方的相关建设法律、法规及国家、行业和地方的建设规范、规程和标准。

(5)勘察、设计文件,包括地质勘察报告、施工图、设计变更联系单、图纸会审纪要以及施工图引用的标准图等。

(6)政府批准的工程建设文件,包括建设规划许可证、施工许可证、质量监督登记和施工环境影响评估等开工必须具备的审批文件。

二、监理工作范围

监理工作范围应包括两个方面的内容:一是监理工作的建设阶段范围,二是监理工作的项目组成范围。一般工程项目分为决策、设计、施工三个阶段。监理工作的建设阶段范围是指建设单位委托的是哪个建设阶段的监理工作,是从项目决策到维修保养的全过程监理,还是仅仅是决策、设计、施工中的某一个阶段的监理。监理工作的项目由哪些工程内容所组成,仅仅是主体工程还是包括附属工程,是整个工程项目还是其中的部分单项或单位工程。

三、监理工作内容

不同的监理项目及在项目的不同建设阶段,其监理工作的内容也完全不同。一般来说,在项目实施的过程中,通常包括下述内容。

1. 工程项目决策阶段

(1)项目建议书编制监理。

(2)项目可行性研究监理。

2. 设计阶段

(1)编写设计任务书。

(2)组织设计方案竞赛或设计招标。

(3)组织勘察招标或采用其他方式选择勘测设计单位。

(4)勘察工作现场监理。

(5)检查和控制设计进度。

(6)配合设计单位开展技术经济分析,搞好方案比选,督促优化设计。

(7)配合设计进度,组织好设计单位与有关部门的协调工作,组织好设计单位之间的协调工作。

(8)参与主要设备、材料的选型。

(9)审核工程项目设计图纸、工程估算和概算、主要设备和材料清单。

(10)组织设计文件的报批。

3. 施工阶段

施工阶段的监理工作内容如下:

(1)参加图纸交底,对图纸中存在的问题进行会审。

(2)审查施工组织设计,提出审查意见。

(3)审查施工单位的质量保证体系、施工项目部的组织机构和人员上岗资格。

(4)审查分包单位资质。

(5)审查进场施工设备。

(6)检查施工单位测量人员资格和设备检定证书,检查复核测量成果。

(7)审批开工报告。

(8)参加第一次工地会议,并主持今后的工地例会。

(9)审查重点部位、关键工序的施工方案及质量保证措施。

(10)审查新材料、新工艺、新设备的工艺方案、证明材料,必要时组织专题论证。

(11)复验确认施工测量放线成果。

(12)考核施工单位的试验室。

(13)审核进场材料质量保证资料,按有关规定进行签证取样,监督施工单位复试,或进行平行检测,监督试验不合格材料退场。

(14)定期检查直接影响工程质量的计量设备。

(15)整个施工过程进行巡视检查,对隐蔽工程的隐蔽过程、下道工序施工完后难以检查的重点部位以及对工程质量关系特别重大的施工过程进行旁站监督。

(16)验收隐蔽工程,签认隐蔽工程验收单。

(17)组织检验批、分项工程、分部工程质量验收。

(18)针对重大质量隐患下达停工令,要求施工单位停工整改。整改完毕,经验收符合要求,签发复工令。

(19)监督质量缺陷的整改,针对重大隐患下达停工令,并监督施工单位停工整改,整改符合要求时,签发复工令,监督对质量事故的返工或加固。

(20)分析投资控制风险,制定防范对策。

(21)对工程量进行现场计量,并签发支付凭证。

(22)审批工程变更,确定变更费用。

(23)审核竣工结算书。

(24)处理索赔,主持合同争议调解,主持合同解除工作。

(25)对进度目标进行风险分析,制定防范性对策。

(26)审批施工单位的施工总进度计划和年、月度计划。

(27)检查、记录和分析计划实施情况,指令施工单位采取补救措施。

(28)审查施工单的竣工资料,并组织对工程质量进行预验收。

(29)参加监理委托方组织的竣工验收,并提供相关监理资料。

(30)编写监理总结报告。

(31)对监理委托方进行回访,对施工单位的修复活动进行监理,对修复工程的质量进行验收。

(32)确定质量缺陷责任归属,审批修复费用支付凭证。

除此之外,一般认为施工阶段监理还可以包括以下内容:

(1)协助监理委托方草拟招标文件和评标细则。

(2)协助监理委托方草拟标底编制委托书,协助监理委托方审查标底。

(3)参与开标、评标。

(4)为监理委托方提供有关施工承包合同洽谈的建议。

第五节 监理阶段的划分

对于道路运输类等专业的高职学生,主要应了解工程施工监理阶段的划分。工程施工监理是一个施工全过程的监理,它贯穿于整个合同执行过程的始终。根据施工的过程,将公路工程施工监理阶段划分为施工准备、施工、交工验收与缺陷责任期三个阶段。

《公路工程施工监理规范》(JTG G10—2016)明确规定:监理合同签订之日至合同工程开工令确定的开工之日为施工准备阶段,合同工程开工之日至合同工程交工验收申请受理之日为施工阶段,合同工程交工验收申请受理之日至缺陷责任终止证书签发之日为交工验收与缺陷责任期段。公路机电工程监理应增加试运行期阶段。

由于每个阶段有不同的特点,所以监理的内容和重点也不尽相同。

一、施工准备阶段监理

监理单位在与建设单位签订监理服务合同之后,即进行施工准备阶段监理。施工准备阶段监理的主要内容是进一步熟悉和研究合同文件(包括监理合同及施工单位与建设单位签订的合同协议书、招投标文件)、审批实施性施工组织设计、复核施工图纸、参加施工招标和放样定线、督促施工单位提交施工组织设计、准备第一次工地会议、准备发布开工通知等。

1. 准备工作

1)配备试验室设备

总监理工程师办公室中心试验室应按监理合同要求配备常规的试验检测设备,驻地监理工程师办公室试验室应按监理合同要求配备现场抽查常用的试验检测设备。

2)熟悉合同文件

监理机构应组织监理人员熟悉本规范规定的有关法律、法规、文件等,当发现有关文件不一致或有错误时,应及时书面报告建设单位。

3)调查施工环境条件

监理工程师应对施工合同约定的施工条件进行调查,掌握有关情况。

4)编制监理计划

总监理工程师应在合同规定的期限内主持编制监理计划,按合同规定报批后执行。

监理计划应明确监理目标、依据、范围和内容,监理机构各部门及岗位职责,监理人员和设备的配备及进退场计划,监理制度,监理程序及表格,监理设施等。

5）编制监理细则

驻地监理工程师应根据监理计划在相应工程开工前主持编制监理细则，明确监理的重点、难点、具体措施及方法步骤，经总监理工程师批准后实施。

2. 监理主要工作内容

1）参加设计交底

监理工程师应参加设计交底，掌握本工程的设计意图、设计标准和要点，熟悉对材料与工艺的要求，施工中应特别注意的事项，以及对施工安全、环保工作的要求等，澄清有关问题，收集资料及记录。

2）审批施工组织设计

总监理工程师应在合同规定的期限内及时审批施工单位提交的施工组织设计，重点包括：

（1）审核施工组织设计的审批手续是否齐全有效。

（2）施工质量、安全、环保、进度、费用目标是否与合同一致。

（3）质量、安全和环保等保证体系是否健全有效。

（4）安全技术措施、施工现场临时用电方案及工程项目应急救援抢险方案是否符合要求。

（5）施工总体部署与施工方案和安全、环保等应急预案是否合理可行。

技术复杂或采用新技术、新工艺或在特殊季节施工的分项、分部工程和危险性较大的分部工程，应要求施工单位编制专项施工方案，并由驻地监理工程师审核，总监理工程师批准后实施。

3）检查保证体系

监理工程师应检查施工单位质量、安全和环保等保证体系是否落实，重点检查项目经理、技术负责人、工地试验室负责人的资格，质量、安全、环保人员的履约情况。

4）审核工地试验室

监理工程师应审核施工单位工地试验室的人员、设备和试验检测能力是否满足合同要求，管理制度是否健全。

5）审批复测结果

监理工程师应对施工单位提交的原始基准点、基准线和基准高程的复测结果进行审核和平行复测。当双方复测结果一致并满足规范要求时，监理工程师应在合同规定的期限内批复。

6）验收地面线

监理工程师应监督施工单位在原始地面线未被扰动前测定地面线，并对测定结果进行抽测，抽测频率应能判定施工单位测定结果是否真实可靠并不低于施工单位测点的30%，应对施工单位提交的土石方工程量计算资料进行审核。

7）审批工程划分

总监理工程师应于总体工程开工前对施工单位提交的分项、分部、单位工程划分予以批复，并报建设单位备案。

8）确认场地占用计划

监理工程师应对施工单位提交的场地占用计划及临时增减的用地计划予以确认，并及时提交建设单位。

9)核算工程量清单

监理工程师应对工程量清单复核结果进行核算。

10)签发开工预付款支付证书

总监理工程师应在施工单位提交了开工预付款担保后,按合同规定的金额签发开工预付款支付证书,报建设单位审批。

11)召开监理交底会

总监理工程师应在合同规定的开工日期前主持召开由施工单位项目经理、技术负责人及相关人员参加的监理交底会,介绍监理计划的相关内容。

12)召开第一次工地会议

总监理工程师应主持召开第一次工地会议。会议的组织和要求应符合本监理规范有关的规定。

13)签发合同工程开工令

监理工程师收到施工单位提交的合同工程开工申请后,应对合同工程的开工条件进行核查。具备开工条件的,由总监理工程师签发合同工程开工令,并报建设单位备案。

二、施工阶段监理

这个阶段是工程实施的阶段。施工单位按有关规范规定的施工方法和监理工程师批准的施工组织设计中的施工方案及进度计划等进行工程施工,以达到设计文件的要求。在这一阶段中,监理工程师应加强对质量、费用、进度、安全、施工环境保护的监理。

1. 质量监理

1)审查工程分包

监理工程师应按规定对工程分包进行审查。

2)审批施工测量放线

监理工程师应检查施工单位使用的测量仪器是否按规定进行了校准,审查其提交的施工测量放线数据、图表及放线成果并予以批复。监理工程师应对从基准点引出的工程控制桩进行复测,对施工放线的重点桩位100%复测,其他桩位按不低于30%抽测。

3)审批工程原材料及混合料

监理工程师应审查施工单位申报的原材料、混合料试验资料。对原材料应独立取样,进行平行试验;对混合料可在施工单位标准试验的基础上进行试验验证,必要时做标准试验,在合同规定的期限内予以批复。监理工程师应对施工单位申请使用的商品混凝土或商品混合料配合比进行审查,并进行试验验证。

4)审查施工组织及人员配备

分项工程开工前,监理工程师应审查该分项工程的施工组织,包括项目负责人、技术负责人及质量、安全、环保等施工管理、自检人员和主要施工操作人员的配备是否符合合同要求并满足施工需要。

5)审查施工机械设备

监理工程师应审查施工单位进场的施工机械设备是否满足合同要求,重点审查机械设备是否满足施工质量、安全、环保、进度等要求。施工单位使用合同约定外的施工机械,监理工程师应要求施工单位另行提出使用申请。

6)审查施工方案及主要工艺

监理工程师应审查施工单位提交的分项、分部工程的施工方案及主要工艺,对技术复杂或采用新技术、新工艺、新材料、新设备的工程,应根据试验工程结果进行审批。

7)审批分项(部)工程的开工申请

监理工程师应要求施工单位提交分项、分部工程的开工申请,在合同规定的时间内重点按规定审查其是否具备开工条件,并批复开工申请。

8)验收构、配件或设备

对施工单位外购或定做用于永久工程的构、配件或设备,监理工程师应要求施工单位提交产品合格证和自检报告。可采用常规仪器设备进行检测的,监理工程师应按不低于施工单位自检频率的20%进行抽检,合格后方可准予使用。

9)巡视

监理人员应重点巡视:正在施工的分项、分部工程是否已批准开工;质量检测、安全管理人员是否按规定到岗;特种作业人员是否持证上岗;现场使用的原材料或混合料、外购产品、施工机械设备及采用的施工方法与工艺是否与批准的一致;质量、安全及环保措施是否实施到位;试验检测仪器、设备是否按规定进行了校准;是否按规定进行了施工自检和工序交接。监理人员每天对每道工序的巡视应不少于1次,并按规定的格式详细地做好巡视记录。

10)旁站

监理人员应对试验工程、重要的隐蔽工程和完工后无法检测其质量或返工会造成较大损失的工程进行旁站。

旁站监理人员应重点对旁站项目的工艺过程进行监督,并对规定的内容进行检查,对发现的问题应责令立即改正;对可能危及工程质量、安全或环境的情况,应予制止并及时向驻地监理工程师或总监工程师报告。

旁站监理工程人员应按规定的格式如实、准确、详细地做好旁站记录。旁站项目完工后,监理工程师应组织检查验收,验收合格的方可进行下一道工序。

11)抽样

监理机构应审查施工单位报审的原材料和混合料试验资料,对主要原材料独立取样进行平行试验,对主要混合料的配合比和路基填料的击实试验结果进行验证,审验合格、经批复后方可在工程上使用。

监理机构应在施工单位自检合格的基础上按下列规定进行抽检,抽检要求如下:

①对钢筋、水泥、沥青、石灰和碎石等原材料及水泥混凝土、沥青混合料和无机结合料稳定材料等混合料,抽检频率按批次应不低于规定施工检验频率的10%。

②对分项工程中的关键项目和结构主要尺寸,抽检频率应不低于规定施工检验频率的20%。

③当监理工程师对工程材料或实体质量有疑问时,应进行抽检。

12)关键工序签认

完工后无法检查的关键工序须经监理工程师签认,并留存相应的图像资料,未经签认不得进行下一道工序。

13)质量事故处理

当发生可由监理机构处理的质量缺陷、质量隐患时,监理工程师应立即向施工单位发出工程暂时停工指令,并要求其立即书面报告质量缺陷,质量隐患发生的时间、部位、原因及已采取的措施和进一步处理方案;监理工程师应对处理方案进行审核后报建设单位批准,对处理方案的实施进行监理并予以验收,处理合格、隐患消除的可发出复工指令。当发生不属于监理机构处理的质量事故时,监理工程师应要求施工单位按规定速报有关部门。监理机构应和施工等单位一起保护事故现场,抢救人员和财产,防止事故扩大,积极配合调查。对加固、返工或重建的工程,除特殊规定外,应视为正常施工工程进行监理。总监理工程师办公室应建立专门台账,记录质量事故发生、处理和返工验收的过程与结果。

14)中间交工验收

监理工程师收到分项工程中间交工申请后,应检查各道工序的施工自检记录、交接单及监理工程师签认的关键工序的交验单;检查分项工程的质量自检和质量等级评定资料;检查质量保证资料的完整性。驻地监理工程师办公室应按合同规定对交工的分项工程进行质量等级评定并签发《中间交工证书》。

2. 费用监理

(1)监理工程师必须以质量合格、手续齐全且符合安全和环保要求作为计算预支付的先决条件。未经总监理工程师签字不得支付。

(2)监理工程师在计量与支付时应符合合同规定,并做到客观、公正、准确、及时。计量与支付的项目和数量应不漏、不重、不超。

(3)对实体质量合格,存在外观质量缺陷但不影响使用和安全的工程,监理工程师可依据合同规定折减计量与支付,并报建设单位批准。

(4)监理工程师应建立计量与支付台账,根据施工单位申请和有关规定及时登账记录,实行动态管理。当有较大差异时应报建设单位。

(5)监理工程师收到施工单位计量申请后应及时计量,对路基基底处理、结构物基础的基底处理及其他复杂、有争议需要现场确认的项目,应会同建设、设计、施工等单位现场计量。

(6)监理工程师须依据规范规定和经监理工程师签发的《中间交工证书》及核定的工程量清单等进行计量。

(7)监理工程师应对施工单位提交的工程支付申请进行审核,确认无误后签发支付证书并报建设单位。

3. 进度监理

1)监理原则

进度监理应在确保质量和安全的基础上,以计划控制为主线进行。监理工程师应要求施工单位按时提交进度计划,严格进度计划审批,及时收集、整理、分析进度信息,发现问题及时按照合同规定纠正。

2)计划编制

监理工程师应要求施工单位在合同规定的期限内编制并提交进度计划。进度计划应有文字说明、进度图表和保证措施等。总体进度计划中宜绘制网络图,并标注关键路线和时间参数。总体进度计划和月度计划应绘制资金流量S曲线图。

3)计划审核

监理工程师应在合同规定的期限内审批施工单位提交的进度计划。总体进度计划应由总监理工程师审核;月进度计划等应由驻地监理工程师审核并报总监办。经批准的进度计划作为进度监理的依据。

4)计划检查

监理工程师应根据进度计划检查工程实际进度,并通过实际进度与计划进度的比较,对每月的工程进度进行分析和评价。评价结论写入工程监理月报。

5)计划调整

(1)对总体工程进度起控制作用的分项工程的实际工程进度明显滞后于计划进度且施工单位未获得延期批准时,监理工程师必须签发监理指令,要求施工单位采取措施加快工程进度。需要调整工程进度时,调整后的工程进度计划必须报监理工程师重新审核。

(2)施工单位获得延期批准后时,监理工程师应要求施工单位根据延期批复调整工程进度计划,调整后的工程进度计划应报监理工程师审核。

(3)由于施工单位自身原因造成工程进度延误,在监理工程师签发监理指令后施工单位未明显改进,致使合同工程在合同工期内难以完成时,监理工程师应及时向建设单位提交书面报告,并按照合同规定处理。

(4)建设单位或施工单位提出工程进度重大调整时,应按合同或签订的补充合同执行。

4.施工安全监理

(1)工程开工前,监理工程师应审查施工单位编制的施工组织设计中的安全技术措施或专项施工方案是否符合强制性标准,审查合格后方可同意工程开工。审查的重点有:

①安全管理和安全保证体系的组织机构,包括项目经理、专职安全管理人员、特种作业人员、设备的数量及安全资格培训持证上岗的情况。

②是否制定了施工安全生产责任制、安全管理规章制度、安全操作规程。

③施工单位的安全防护用具、机械设备、施工工具是否符合国家有关安全规定。

④是否制订了施工现场临时用电方案的安全措施和电气防火措施。

⑤施工场地布置是否符合有关安全要求。

⑥生产安全事故应急救援方案的制订情况,针对重点部分和环节制订的工程项目危险源监控措施和应急方案。

⑦施工人员安全教育计划、安全交底安排。

⑧安全技术措施费用的使用计划。

(2)监理工程师应审查分包合同中是否明确了施工单位与分包单位各自在安全生产方面的责任。

(3)监理工程师在巡视、旁站过程中应监督施工单位按专项安全施工方案组织施工,若发现施工单位未按有关安全法律、法规和工程强制性标准施工,违规作业时,应予制止。对危险性较大的工程作业等要定期巡视检查,如发现安全事故隐患,应立即书面指令施工单位整改;情况严重的应签发《工程暂停令》要求施工单位暂停施工,并及时报告建设单位。施工单位拒不整改或者不停止施工的,监理工程师应及时向有关主管部门报告。

(4)督促施工单位进行安全生产自查工作、落实施工生产安全技术措施,参加施工现场的安全生产检查。

(5)建立施工安全监理台账。

监理机构应建立施工安全监理台账,并由专人负责。监理人员每次巡视、检查、旁站时,对涉及施工安全的情况、发现的问题、监理的指令及施工单位处理的措施和结果等均应记入台账。总监理工程师和驻地监理工程师应定期检查施工安全监理台账记录情况。

(6)分项、分部工程交工验收时,若安全事故的现场处理未完成,不得签发《中间交工证书》。

5. 施工环境保护监理

(1)监理工程师应审查施工组织设计文件是否按计划文件和环境影响评价报告的关要求制订施工环境保护措施,审查合格后方可同意工程开工。

(2)监理工程师在巡视、旁站中应随时检查施工单位制订的环境保护措施的落实情况,检查的主要内容有:

①是否落实了施工环境保护责任人。

②是否对施工人员进行了环保要求。

③施工场地布置、布设是否符合相关环保要求。

④职业危害的防护措施是否健全。

⑤施工现场(含临时便道、拌和站、预制场等)和料场等是否洒水防尘。

⑥是否按有关要求采取降噪措施。

⑦材料堆场设置环境的合理性及采取措施减少运输漏撒情况。

⑧施工废水、渣土、生活污水、垃圾的处置是否合理。

⑨是否按照批准在拟定的取弃土场取弃土,取土结束后是否采取了有效的排水防护和植被恢复措施。

(3)如发现施工中存在违反有关环保规定、未按合同要求落实环保措施的情况,监理工程师应书面指令施工单位改正;情况严重的应签发工程暂停令,要求施工单位暂时停工,并及时报告建设单位。

(4)施工中发现文物时,监理工程师应要求施工单位依法保护现场,并报告有关部门和建设单位。

(5)监理工程师应要求施工单位依法取得砍伐许可后按照砍伐许可的面积、株数、树种进行砍伐,并注意保护野生动植物。

三、交工验收与缺陷责任期阶段监理

一项工程完工后,首先需进行交工验收,验收合格后才能投入使用。但施工单位还需在合同规定的期限内继续完成交工验收时未完工的项目,或修补在使用条件下因施工质量问题而出现的任何缺陷,监理工程师应继续检查该部分工程的质量。这个规定期限即为质量缺陷责任期,一般合同规定为一年,起算日期必须以签发的交工验收日期为准。而对有一个以上交工日期的工程,缺陷责任期应分别计算。在缺陷责任期监理工程师的工作主要包括以下内容。

1. 审查交工验收申请

监理工程师应按照合同及有关规定要求,审查施工单位提交的合同工程交工验收申请,重点检查合同约定的各项内容的完成情况、施工自检结果、各项资料的完整性、工程施工数量核对情况、对现场清理情况等。

2. 评定工程质量与编制监理工作报告

监理工程师应根据工程实际情况、抽检资料及工程质量评定结果，编制并向项目法人提交监理工作报告。

3. 参加交工验收

监理工程师应参加建设单位组织的合同工程交工验收，接受对监理单位独立抽查的资料、监理工作报告及质量评定资料的检查，协助建设单位检查施工单位的合同执行情况，核对工程数量，评定各合同段的工程质量。

4. 签认交工结账证书

合同工程交工验收证书签发后，监理工程师应认真审核施工单位提交的合同工程交工结账单，并在规定的期限内签认合同工程交工结账证书，报建设单位审批。

5. 缺陷责任期的监理

在合同工程的缺陷责任期内，监理工程师应检查施工单位剩余工程的实施；巡视检查已完工程；记录发生的工程缺陷，指示施工单位进行修复，并对工程缺陷发生的原因、责任及修复费用进行调查、确认；督促施工单位按合同规定完成竣工资料。

6. 签发缺陷责任终止证书

在合同工程缺陷责任期结束，收到施工单位向建设单位提交的终止缺陷责任的申请后，监理工程师应进行检查。符合条件时，经建设单位同意，监理工程师应在规定的时间内签发合同工程缺陷责任终止证书，并按照规定向建设单位提交缺陷责任期工作总结。

7. 签认最后支付证书

监理工程师收到施工单位提交的最后结账单及所附资料后应进行审核。审核后的最后结账单经施工单位认可后，由总监理工程师签认并报建设单位审批。

8. 参加工程竣工验收

监理单位应参加工程竣工验收工作，负责提交监理工作报告，提供工程监理资料，配合竣工验收检查工作。

对照上述监理工作内容，监理工程师应配备缺陷责任期的监理工作人员，包括现场巡视和旁站、试验检测、合同事宜、资料整理等方面的人员。

第六节　工程监理的服务费用

一、工程监理服务收费的必要性

服务业是国民经济的重要组成部分，服务业的发展水平是衡量现代社会经济发达程度的重要标志。我国工程监理有关规定指出：“工程监理是有偿的技术服务活动，酬金多少应根据监理深度确定。酬金及计费办法，由监理单位与建设单位协商，并在合同中明确。”这条规定与国际惯例是吻合的,不同的服务规模所要求的费用是不同的,这些都由建设单位和监理单位事先谈判确定,并在委托合同中预先说明。从建设单位的立场看,为了使监理单位能顺利地完成任务,达到自己所提出的要求,必须付给他们适当的报酬,用以补偿监理单位去完成任务时的支出(包括合理的劳务费用支出以及需要交纳的税金),这也是委托方的义务,支付这部分费用是必需的。

二、工程监理费的计算

1. 工程监理费的构成

工程监理费是指建设单位依据委托监理合同支付给监理企业的监理酬金,由直接成本、间接成本、税金和利润四部分构成。

1)直接成本

直接成本是指监理企业履行委托监理合同时所发生的成本,主要包括以下几方面:

(1)监理人员和监理辅导人员的工资、奖金、津贴、补助、附加工资等。

(2)用于监理工作的常规检测工器具、计算机等办公设施的购置费和其他仪器、设备的租赁费。

(3)用于监理人员和辅导人员的其他专项开支,包括办公费、通信费、差旅费、书报费、文印费、会议费、医疗费、劳保费、保险费、休假探亲费等。

(4)其他费用。

2)间接成本

间接成本是指全部业务经营开支及非工程监理的特定开支,具体内容如下:

(1)管理人员、行政人员以及后勤人员的工资、奖金、补助和津贴。

(2)经营性业务开支,包括为招揽监理业务而发生的广告费、宣传费、有关合同的公证费等。

(3)办公费,包括办公用品、报刊、会议、文印、上下班交通费等。

(4)公用设施使用费,包括办公使用的水、电、气、环卫、保安等费用。

(5)业务培训费、图书、资料购置费。

(6)附加费,包括劳动统筹、医保社保、福利基金、工会经费、人身保险、住房公积金、特殊补助等。

(7)其他费用。

3)税金

税金是指按照国家规定,工程监理企业应交纳的各种税金总额,如增值税、所得税、印花税等。

4)利润

利润是指工程监理企业的监理活动收入扣除直接成本、间接成本和各种税金之后的余额。

2. 监理费的计算方法

工程监理与相关服务收费根据建设项目性质的不同,分别实行政府指导价或市场调节价。依法必须实行监理的建设工程施工阶段的监理收费实行政府指导价,其他建设工程施工阶段的监理收费和其他阶段的监理与相关服务收费实行市场调节价。

实行政府指导价的建设工程施工阶段监理收费，其基准价根据《工程监理与相关服务收费标准》(发改价格〔2007〕670 号)计算，浮动幅度为上下 20%。建设单位和监理单位应当根据建设工程的实际情况在规定的浮动幅度内协商确定收费额。自 2015 年 3 月 1 日起，实行市场调节价的工程监理与相关服务收费，按照国家发改委《关于进一步放开建设项目专业服务价格的通知》(发改价格〔2015〕299 号)、中国工程监理协会《关于指导监理企业规范价格行为和自觉维护市场秩序的通知》(中建监协〔2015〕52 号)等文件精神，结合本地实际，由建设单位和监理单位协商确定收费额。

工程监理与相关服务收费，应当体现优质优价的原则。在保证工程质量的前提下，若监理单位提供的监理服务能节省投资、缩短工期、取得显著经济效益，建设单位可根据合同约定奖励监理单位。

3. 施工监理服务收费

铁路、水运、公路、水电、水库工程的施工监理服务收费按建筑安装工程费分档定额计费方式计算收费。其他工程的施工监理服务收费按照建设项目工程概算投资额分档定额计费方式计算收费。施工监理服务收费按照下列公式计算：

(1)施工监理服务收费 = 施工监理服务收费基准价 ×(1 + 浮动幅度值)。

(2)施工监理服务收费基准价 = 施工监理服务收费基价 × 专业调整系数 × 工程复杂程度调整系数 × 高程调整系数。

施工监理服务收费基价是完成国家法律法规、规范规定的施工阶段监理基本服务内容的价格。施工监理服务收费基价按《施工监理服务收费价表》(表 1-1)确定，计费额处于两个数值区间的，采用直线内插法确定施工监理服务收费基价。

施工监理服务收费基价表

表 1-1

单位：万元

序　号	计　费　额	收费基价	序　号	计　费　额	收费基价
1	500	16.5	9	60000	991.4
2	1000	30.1	10	80000	1255.8
3	3000	78.1	11	100000	1507.0
4	5000	120.8	12	200000	2712.5
5	8000	181.0	13	400000	4882.6
6	10000	218.6	14	600000	6835.6
7	20000	393.4	15	800000	8658.4
8	40000	708.2	16	1000000	10390.1

施工监理服务收费调整系数包括专业调整系数、工程复杂程度调整系数和高程调整系数。

1)专业调整系数

专业调整系数是对不同专业建设工程的施工监理工作复杂程度和工作量差异进行调整的系数。计算施工监理服务收费时，专业调整系数在《施工监理服务收费专业调整系数表》(表 1-2)中查找确定。

施工监理服务收费专业调整系数表　　表1-2

工程类型	专业调整系数
1. 矿山采选工程	
黑色、有色、黄金、化学、非金属及其他矿采选工程	0.9
选煤及其他煤炭工程	1.0
矿井工程、铀矿采选工程	1.1
2. 加工冶炼工程	
冶炼工程	0.9
船舶水工工程	1.0
各类加工工程	1.0
核加工工程	1.2
3. 石油化工工程	
石油工程	0.9
化工、石化、化纤、医药工程	1.0
核化工工程	1.2
4. 水利电力工程	
风力发电、其他水利工程	0.9
火电工程、送变电工程	1.0
核能、水电、水库工程	1.2
5. 交通运输工程	
机场场道、助航灯光工程	0.9
铁路、公路、城市道路、轻轨及机场空管工程	1.0
水运、地铁、桥梁、隧道、索道工程	1.1
6. 建筑市政工程	
园林绿化工程	0.8
建筑、人防、市政公用工程	1.0
邮政、电信、广播电视工程	1.0
7. 农业林业工程	
农业工程	0.9
林业工程	0.9

2)工程复杂程度调整系数

工程复杂程度调整系数是对同一专业建设工程的施工监理复杂程度和工作量差异进行调整的系数。工程复杂程度分为一般、较复杂和复杂三个等级,其调整系数分别为:

一般(Ⅰ级)0.85,较复杂(Ⅱ级)1.0,复杂(Ⅲ级)1.15。计算施工监理服务收费时,公路工程复杂程度在表1-3、表1-4中查找。

公路、城市道路、轨道交通、索道工程复杂程度系数表　　表1-3

等　级	工程特征	系　数
Ⅰ级	1. 三级、四级公路及相应的机电工程； 2. 一级公路、二级公路的机电工程	0.85
Ⅱ级	1. 一级公路、二级公路； 2. 高速公路的机电工程； 3. 城市道路、广场、停车场工程	1.0
Ⅲ级	1. 高速公路工程； 2. 城市地铁、轻轨； 3. 客(货)运索道工程	1.15

注：穿越山岭重丘区的复杂程度Ⅱ、Ⅲ级公路工程项目的部分复杂程度调整系数分别为1.1和1.26。

公路桥梁、城市桥梁和隧道工程复杂程度系数表　　表1-4

等　级	工程特征	系　数
Ⅰ级	1. 总长<1000m或单孔跨径<150m的公路桥梁； 2. 长度<1000m的隧道工程； 3. 人行天桥、涵洞工程	0.85
Ⅱ级	1. 总长≥1000m或150m≤单孔跨径<250m的公路桥梁； 2. 1000m≤长度<3000m的隧道工程； 3. 城市桥梁、分离式立交桥、地下通道工程	1.0
Ⅲ级	1. 主跨≥250m拱桥，单跨≥250m预应力混凝土连续结构，≥400m斜拉桥，≥800m悬索桥； 2. 连拱隧道、水底隧道、长度≥3000m的隧道工程； 3. 城市互通式立交桥	1.15

3)高程调整系数

高程调整系数分为海拔高程2001m以下的为1，海拔高程2001~3000m的为1.1，海拔高程3001~3500m的为1.2，海拔高程3501~4000m的为1.3，海拔高程4001m以上的，高程调整系数由建设单位和监理单位协商确定。建设单位将施工监理服务中的某一部分单独委托给监理单位，按其占施工监理服务工作量的比例计算施工监理服务收费，其中质量控制和安全生产监督管理服务收费不宜低于施工监理服务收费总额的70%。

4. 其他阶段的相关服务收费

其他阶段的相关服务收费一般按相关服务工作所需工日和表1-5收费。

工程监理与相关服务人员人工日费用标准　　表1-5

单位：元

建设工程监理与相关服务人员职级	工日费用标准
一、高级专家	1000~1200
二、高级专业技术职称的监理与相关服务人员	800~1000
三、中级专业技术职称的监理与相关服务人员	600~800
四、初级及以下专业技术职称的监理与相关服务人员	300~600

注：本表适用于提供短期服务的人工费用标准。

［例1-1］ 某高速公路项目其海拔高程为3600～3900m，建安费为10亿元，建设单位委托某监理单位进行施工监理，并在合同商谈中确定监理费浮动幅度下浮10%。试计算该工程项目的施工监理服务收费应为多少。

［解］

(1)按我国《工程监理与相关服务收费管理规定》，根据工程项目特点查得，该工程属公路工程，专业调整系数为1.0，工程复杂程度为Ⅲ级，调整系数为1.15；海拔高程为3600～3900m，高原调整系数为1.3。

(2)计算施工监理服务收费基价。经查得1507.0(万元)。

(3)施工监理服务收费基准价＝施工监理服务收费基价×专业调整系数×工程复杂程度调整系数×高程调整系数＝1507.0×1.0×1.15×1.3＝2252.965(万元)。

(4)施工监理服务收费＝施工监理服务收费基准价×(1＋浮动幅度值)＝2252.965×(1－10%)＝2027.6685(万元)。

第七节 工程监理的发展趋势

一、我国工程监理的发展

我国工程建设的历史已有几千年，但现代意义上的工程监理制度的建立是从1988年开始的。

在改革开放以前，我国工程建设项目的投资由国家拨付，施工任务由行政部门向施工企业直接下达。当时的建设单位、设计单位和施工单位都是完成国家建设任务的执行者，都对上级行政主管部门负责，相互之间缺少互相监督的职责。政府对工程建设活动采取的是单向的行政监督管理，在工程建设的实施过程中，对工程质量的保证主要依靠施工单位的自我监督。

20世纪80年代以后，我国处于改革开放初期，工程建设活动逐步市场化。为了适应这一形势的需要，从1983年开始，我国开始实行政府对工程质量的监督制度，全国各地及国务院各部门都成立了专业质量监督部门和各级质量检测机构，代表政府对工程建设质量进行监督和检测。各级质量监督部门在不断进行自身建设的基础上，认真履行职责，积极开展工作，在促进企业质量保证体系的建立、预防工程质量事故、保证工程质量上发挥了重大作用。从此，我国的工程建设监督由原来的单向监督向政府专业质量监督转变，由仅靠企业自检自评向第三方认证和企业内部保证相结合转变。这种转变使我国工程建设监督向前迈进了一大步。

20世纪80年代中期，随着我国改革的逐步深入和开放的不断扩大，“三资”工程项目在我国逐步增多，加之国际金融机构向我国贷款的工程项目都要求实行招标投标制、承包发包制和工程监理制，使得国外专业化、社会化的监理公司、咨询公司、管理公司的专家们开始出现在我国“三资”工程项目建设管理中。他们按照国际惯例，以受建设单位委托与授权的方式，对工程建设进行管理，显示出高速度、高效率、高质量的管理优势。其中，值得一提的是在我国建设的鲁布革水电站工程，作为世界银行贷款项目，在招标中，日本大成公司以低于概算43%的悬殊标价承包了引水系统工程,而仅以30多名管理人员和技术骨干组成的项目管理班子,雇用了400多名中国劳务人员,采用非尖端的设备和技术手段,靠科学管理创造了工程造价、工程进度、工程质量三个高水平纪录。这一工程实例震动了我国工程界,对我国传统的政府专业监督体制造成了冲击,引起了我国工程建设管理者的深入思考。

1985年12月,我国召开了基本建设管理体制改革会议,这次会议对我国传统的工程建设管理体制作出了深刻的分析与总结,指出了我国传统的工程建设管理体制的弊端,肯定了必须对其进行改革的思路,并指明了改革的方向与目标,为实行工程监理制奠定了思想基础。1988年7月,建设部(现住房和城乡建设部)在征求有关部门和专家意见的基础上,发布了《关于开展工程监理工作的通知》,接着又在一些行业部门和城市开展了工程监理试点工作,并颁发了一系列有关工程监理的法规,使工程监理制度在我国建设领域得到了迅速发展。

我国的工程监理制自1988年推行以来,大致经过了三个阶段:工程监理试点阶段(1988—1993年),工程监理稳步发展阶段(1993—1995年),工程监理全面推行阶段(1996年至今)。

1. 工程监理试点阶段

1988年,建设部发出了《关于开展工程监理工作的通知》。该通知对工程监理的范围、对象、内容、步骤等都作了明确规定。同年建设部又印发了《关于开展工程监理试点工作的若干意见》,确定了北京、上海、天津、南京、宁波、沈阳、哈尔滨、深圳八市和能源部、交通部两部的水电和公路系统,作为全国开展工程监理工作的试点单位。

经过几年的试点工作,建设部于1993年在天津召开了第五次全国工程监理工作会议。这次会议总结了试点工作的经验,对各地区、各部门的工程监理工作给予了充分肯定,并决定在全国结束工程监理制度的试点工作。工程监理制从试点阶段转入稳步发展阶段。

2. 工程监理稳步发展阶段

从1993年工程监理转入稳步发展阶段以来,我国工程监理工作得到了很大发展。截至1995年年底,全国的29个省、自治区、直辖市和国务院39个工业、交通等部门推行了工程监理制度。全国已开展监理工作的地级以上的城市有153个,占总数的76%,已成立的监理单位有1500家,其中甲级监理单位有64家;监理工作从业人员达8万,其中有1180多名监理工程师获得了注册证书;一支具有较高素质的监理队伍正在形成,全国累计受监理的工程投资规模达5000多亿元,受监理工程的覆盖率在全国平均约有20%。

3. 工程监理全面推行阶段

1995年12月,建设部在北京召开了第六次全国工程监理工作会议。会上,国家建设部和国家计委联合颁布了737号文件,即《工程监理规定》。这次会议总结了我国7年来工程监理工作的成绩和经验,对今后的监理工作进行了全面部署。这次会议的召开标志着我国工程监理工作已进入全面推行的新阶段。但是,由于工程监理制度在我国起步晚,基础差,有的单位对实行工程监理制度的必要性还缺乏足够的认识,一些应当实行工程监理的项目没有实行工程监理,并且有些监理单位的行为不规范,没有起到工程监理应当起到的公正监督作用。为使我国已经起步的工程监理制度得以完善和规范,适应建筑业改革和发展的需要,并将其纳入法制化的轨道上来,1997年10月全国举行了首届注册监理工程师执业资格考试,同年12月全国人大通过了《中华人民共和国建筑法》,并将工程监理列入其中,它标志着我国以法律的形式确立了推行工程监理制度的重大举措。

二、国外工程监理的发展

工程监理制度在国际上已有较长的发展历史,西方发达国家已经形成了一套较为完善的工程监理体系和运行机制,可以说,工程监理已经成为建设领域中的一项国际惯例。世界银行、亚洲开发银行等国际金融机构和发达国家政府贷款的工程项目都把工程监理作为贷款条件之一。

工程监理制度的起源可以追溯到工业革命发生以前的16世纪,随着社会对房屋建造技术要求的不断提高,建筑师队伍出现了专业分工,其中有一部分建筑师专门向社会传授技艺,为工程建设单位提供技术咨询,解答疑难问题,或受聘监督管理施工,工程监理制度出现了萌芽。18世纪60年代的英国工业革命大大促进了整个欧洲大陆城市化和工业化的发展进程,社会大兴土木,建筑业空前繁荣,然而工程项目建设单位却越来越感到单靠自己的监督管理来实现建设工程高质量的要求是很困难的,工程监理的必要性开始为人们所认识。19世纪初,随着建设领域商品经济关系的日趋复杂,为了明确工程项目建设单位、设计者、施工者之间的责任界限,维护各方的经济利益并加快工程进度,英国政府于1830年以法律手段推出了总合同制度,这项制度要求每个建设项目要由一个承包商进行总包,这样就导致了招标投标方式的出现,同时促进了工程监理制度的发展。

自20世纪50年代末期,科学技术飞速发展,工业和国防建设及人民生活水平不断提高,需要建设大量的大型、巨型工程,如航天工程、大型水利工程、核电站、大型钢铁公司、石油化工企业和新城市开发等。对于这些投资巨大、技术复杂的工程项目,无论是投资者还是建设者都不能承担由于投资不当或项目组织管理失误而带来的巨大损失,因此项目建设单位在投资前要聘请有经验的咨询人员进行投资机会论证和项目的可行性研究,在此基础上再进行决策。并且在工程项目的设计、实施等阶段,还要进行全面的工程监理,保证实现其投资目的。

近年来,西方发达国家的工程监理制正逐步向法律化、程序化发展,在西方国家的工程建设领域中已形成工程项目建设单位、承包商和监理单位三足鼎立的基本格局。进入20世纪80年代以后,工程监理制在国际上得到了较大的发展。一些发展中国家也开始效仿发达国家的做法,结合本国实际,设立或引进工程监理机构,对工程项目实行监理。目前,在国际上工程监理已成为工程建设必须遵循的制度。

三、工程监理未来的发展趋势

1. 工程监理应回归其“为业主提供建设工程专业化监督管理服务”的本来定位

工程监理应抛开“工程监理”还是“项目管理”这种名词之间的无谓争执,让工程监理回归其“为业主提供建设工程专业化监督管理服务”的本来定位。从工程监理市场的竞争和开放性本质的论述,我们可以清楚地看到工程监理的本质是随着工程建设领域技术的发展,随着社会专业分工的不断细化,由客观存在的市场需求引发的一项符合市场经济规律的惯例。因此,它的本质是根据建设项目建设单位的需求为工程建设提供相应的专业化监督管理服务,以自己的专业能力求得生存。在我国,随着市场经济的不断发育完善,监理更多的是根据建设单位的需求提供相应的技术、管理、咨询等服务,服务形式将更多样化。而且,随看我国固定资产投资体制改革的不断深入,法人责任制的深度贯彻落实,未来建设单位对项目投资回报的日益重视,建设单位更关心的将是投资效益问题,因此未来工程监理的工作重心将逐步转移到如何用有限的资源(工程投资、工期等)去实现最佳的目标(工程质量、合理的建设规模),或者说更关心的是如何实现工程建设投资、工期、质量、建设规模等多目标之间的最佳组合,从而最大限度地发挥建设项目投资的综合效益。只有这样,工程监理才能体现其存在的价值,才能拥有旺盛的生命力。

2. 政府对工程监理的管理将进一步从微观转向宏观,重点放到政策引导上

随着市场经济的发育完善,随着市场信用体系的建立健全和全社会信用意识真正地深入人心,政府应逐步退出具体细微的事务性管理工作,充分发挥市场经济规律自身的调节作用。例如,随着工程建设领域各方行为的日益规范及信用机制的建立和完善,可以逐步淡化监理企业资质管理制度。政府在退出微观经济事务管理的同时,要加强宏观政策的研究,重点放在界定违法违规行为、制定相关法律法规并切实做好监管,为行业发展提供一个良好的政策环境以及公平竞争的平台。

3. 强制监理和政府定价制度将逐步退出历史舞台

强制监理存在的问题:

一是现阶段强制监理已经成为让监理充当建设工程领域质量、安全问题责任的"垫背者"角色的最佳理由,一些地方、部门在处理建设工程质量、安全问题的时候,首先想到的是监理而不是工程建设的实施主体——施工单位,个别严重的甚至出现重罚监理、偏袒施工单位的怪现象,偏离了工程监理是受建设单位委托、代表建设单位实施工程管理这一基本的出发点。也正因如此,相当一部分建设单位是因为政府规定必须强制监理以及监理能帮其承担相当的责任而请监理,并非真正从节约项目投资、控制工程质量、实现项目建设目标的最佳完成这个角度来考虑问题,若非如此,为什么现阶段在请监理的同时,相当多的建设单位还要保留工程专业人员成立基建班子?

二是少部分素质较差的施工企业更是"躺在"监理身上,结果监理人员成了施工企业的质量、安全监督员,稍有闪失就成了质量、安全事故的责任人,这种责任界限的模糊不清形成了表面上人人有责任、事实上相互推诿扯皮的现象,结果是损害了工程建设的效率。

三是由于强制监理,形成了工程监理市场的表面繁荣,因此也滋生了一批素质不高的监理企业,这些监理企业往往通过压价竞争、人情关系等非实力比拼途径获取业务,这样的企业一旦取得业务后,又不派出或者说是根本就派不出实力强大的监理队伍开展监理工作,成为监理行业的"老鼠屎",而一些本来实力尚可的监理企业为了生存不得不"同流合污",严重败坏了企业的声誉。

因此,随着市场经济的不断发育完善,强制监理和政府定价逐步退出历史舞台是必然的,但这会有一个过程,而且应该是一个逐步缩小范围的、有选择的、理性的退出过程,现阶段强制监理和政府定价的范围可以主要集中在政府投资的建设项目上,这也是中国特色的监理。

4. 社会对监理的素质要求将越来越高

监理企业必须能提供满足建设单位需求的服务才能生存,因此,除了提高自身的能力和水

平,别无他法。监理企业和从业人员之间是一个双向选择的组合,什么样的企业需要什么样的人才,就能给予什么样的待遇;反之,什么样的人才能进什么样的企业,也就能得到什么样的报酬。因此,监理从业人员要想获得更大程度的个人满足,无论是个人的经济收入还是社会地位,除了努力提高自身的专业能力和职业道德水平,也别无捷径。

5. 监理行业结构将出现分化,出现金字塔形的构架

由于市场需求的多样化及企业自身能力的差异,监理行业的整体结构必将出现分化,现阶段存在的强势监理企业和弱势监理在同一平台上竞争的局面将不复存在,而且这种现象事实上也是极其不合理的。

第一类企业:在行业顶端的,将是拥有自主的知识产权、专有技术、实力强大的企业。其业务可能集中在某一项或多项专业工程领域,从事着从项目立项、可行性研究到初步设计、施工图设计、选择承包商、监督管理施工直至工程竣工验收,甚至包括项目后评估的项目全过程的管理和技术咨询服务。这样的企业不仅具有相当良好的社会信誉和知名度,而且在相关工程领域,甚至在国际工程建设领域中都处于领先地位,具有不可替代的能力。这样的企业为数很少,主要集中在一些技术含量高、工程复杂程度大的专业工程领域,其获利将相当可观。

第二类企业:处在金字塔中间部分的企业,不具备自有的专有技术或知识产权,但是具有良好的社会信誉、实力较强,而且有结构合理的人才队伍、相当丰富的建设项目管理经验、在某一项或多项专业工程技术上有专长。这样的企业将有能力根据市场的需要提供建设项目全过程或某一阶段的技术咨询和管理服务,这样的企业获利水平可能比不上第一类企业,不存在暴利,但是总体规模将远大于第一类企业,成为工程监理行业的中坚力量,其从业人员将具有相当的社会地位、受人尊敬。

第三类企业:处在金字塔底层的企业,主要在施工现场实施旁站或仅仅实施施工阶段质量、投资、安全等某一专项监管的企业。这样的企业可以是受建设单位的委托,也可以是受第一类企业的委托,甚至可以是受施工承包单位的委托,受谁委托即为谁服务。该类型企业的服务利润十分有限。其从业人员的地位和收入也远不如第一、第二类企业人员。

综上所述,中国工程监理的发展需要政府更为有效的政策支持,需要更为公平、诚信的市场环境,需要所有从业人员的不懈努力。不管贯它以何种名称,这种"为业主的工程建设提供专业化监督管理服务"的工作终将有其旺盛的生命力。

1. 什么是工程监理?工程监理具有哪些性质?

2. 工程监理的目的什么?

3. 试述工程监理实施的原则和程序。

4. 简述公路工程监理的工作依据。

5. 公路工程监理划分为几个阶段?简述各监理阶段的工作内容。

6. 工程监理费由哪几部分组成?监理费是怎样计取的?

7. 某高速公路项目的海拔高程为3200~3400m,建筑安装工程费(建安费)为20亿元,建设单位委托某监理单位进行施工监理,并在合同商谈中确定监理费浮动幅度下浮12%。试计算该工程项目的施工监理服务收费应为多少。

第二章
CHAPTER TWO

工程质量保证体系

 知识目标

掌握工程质量保证体系主要内容和作用。

 能力目标

能够归纳政府监督、社会监理及企业自检的依据和任务。

 素质目标

增强学生依法规范自己行为的意识和习惯。

公路工程建设对国民经济的发展和人民生活水平的提高具有极其重要的作用,如何确保公路工程建设质量是很重要的工作。交通运输部《公路工程施工监理规范》(JTG G10—2016)明确规定:凡列入基本建设计划的公路工程建设项目,都应实行"政府监督、社会监理、企业自检"的公路工程质量保证体系。

第一节 政府监督

一、政府监督的由来

改革开放以前,在高度集中的计划经济管理体制下,政府主要是以资产所有者的身份,处于经济活动的组织和管理者的地位,直接对经济活动进行组织和指挥。行政隶属系统直接而全面地控制社会的微观系统,不仅使经济活动僵化、缺少活力,而且使诸如公路工程建设的管理等社会公共事务约束于条条块块之中,缺少宏观效应,导致标准不一、相互矛盾,起不到统一协调和监督控制的作用。

改革开放以来,经济体制改革的目的之一就是建立充满活力的社会主义市场经济,大力发展生产力,转变政府的管理职能,使政府从经济活动的直接组织者变为间接的宏观监督控制者,从管理体制、管理组织、管理行为等方面实行政企完全分开是必要的。这种变化对企业来说,意味着摆脱政府机关的直接控制,从附属的地位转变为独立的商品生产者,以增强其活力。而对政府机关来说,则意味着退出具体的经济活动,放弃直接组织和指挥生产经营的权力,由经济活动直接组织者的身份转为公共秩序维持管理者,由行政系统内部的组织权转变为面向社会的公共权力。随着这一段转变的实现,政府将有更多的时间和精力对经济活动进行宏观计划调节和对社会公共事务进行监督管理,其中对工程建设活动进行监督管理就是一个重要的方面。

改革开放以来,工程建设活动发生了一系列重大的变化,这些变化使原有的高度集中的计划经济体制下的工程建设管理模式越来越不适应社会主义市场经济发展的要求。在这种转化的过程中,由于新、旧体制的并存、摩擦和碰撞,工程建设中存在着不少问题,其中一个突出问题就是工程质量下降,施工企业自评自检水分很大。这些都迫切需要建立和健全新的管理体制,特别是工程质量方面,在完善企业内部质量检查体系的同时,建立严格的外部监督体系。

政府监督是公路工程质保证体系中极其重要的质量监督环节之一,是政府部门强化对工程质量管理的具体体现。从中央到地方通过授权或认可制度,建立各级从事审核、鉴定、监督、检测工作的机构,对工程的规划、设计、施工和各类工程上使用的材料、设备等进行监督、检查、评定,实施有权威的第三方认证。

在这种形势下,1983 年我国开始实行政府对工程质量监督的制度。1984 年 9 月国务院颁发《国务院关于改革建筑业和基本建设管理体制若干问题的暂行规定》,明确提出了建立有权威的政府工程质量监督机构。

就公路工程来说,交通部主管全国公路工程质量监督工作。按照统一的规划、分级管理原则,交通部于 1987 年 10 月设立了基本建设工程质量监理总站,并指令各省、自治区、直辖市交通部门设交通(或公路)基本建设工程质量监督站(简称省级质监站);各省、自治区、直辖市交通主管部门根据当地工程实际情况确定是否设立地、州、市交通(或公路)基本建设工程质量监督分站(简称市级质监分站)或派出质监机构。

各级质监站为独立核算的事业单位,隶属同级政府交通主管部门,业务上受上一级质监站指导。

各级质监站要按监督工程范围配备质量监督人员,其岗位分为监督工程师和监督员,直接从事工程质量监督工作的工程技术人员不得少于该站人员总数的 70%。

各级质监站还必须配备必要的试验检测仪器设备和交通工具。

质监站的监督程序、管理与经费均在 2005 年 5 月 8 日交通部发布的《公路工程质量监督规定》(原 1992 年 6 月颁发的《公路工程质量监督规定》同时作废)中有明确规定。

政府监督具有以下性质:

(1)强制性。政府的管理行为象征着国家机器的运转,国家机构的管理职能是通过授权于法来实现的。因此,政府实施的管理监督行为,对于被管理者、被监督者来说,是强制性的、必须接受的。

(2)执法性。政府监督主要依据国家法律、法规、方针、政策和国家及交通部颁布的技术规范、标准进行监督,并严格遵照有关规定的监督程序行使监督、检查、许可、纠正、强制执行等权力。监督人员每一个具体的监督行为都有充分的依据,带有明显的执法性,显著区别于通常的行政领导和行政指挥等一般性的行政管理行为。

(3)全面性。政府监督针对整个工程建设活动,就管理空间来说,覆盖了社会;就一个工程项目的建设过程来说,则贯穿于工程建设的全过程。但在我国,工程建设的决策咨询、施工监理等不同阶段的监督管理则是由我国不同的政府职能部门分别负责、共同完成的。

(4)宏观性。政府监督侧重于宏观的社会效益,主要保证工程建设行为的规范性,维护社会公众的利益和工程建设各参与者的合法权益。对一项具体的工程建设来说,政府监督不同于后述的监理工程师的直接、连续、不间断的监理。

二、政府监督的依据

各级交通(或公路)基本建设工程质量监督站作为政府的职能部门,对公路建设实施强制性、有力的政府监督。这种政府监督是通过有关法律、法规和规定实现的,政府监督实际上是管理性的经济法律关系。执行政府监督的各级质监站,为了维护社会秩序,要对建设单位和承建单位的行为进行管理。同时要对监理工程师(单位)进行有关的资格认证和实施管理,这类管理性的法规伴随着工程监理制度的产生而产生,并日臻完善。

有关政府职能机构在制定有关法规和规定时必须慎重而全面地考虑以下几个因素:

(1)结合国情,从全局考虑。工程监理的法规体系必须服从国家法律体系及工程建设法律体系的要求,适应我国执行的立法体制及工作实际。

(2)法规和规定要构成一个完整的系统,应尽量覆盖工程监理的全部工作,使每一项工作都有法可依。

(3)多层次的相互协调。工程监理每个层次的法规、规定都要有特定的目的和调整内容,注意避免重复交叉和矛盾,下一层次的法规要服从上一层次的法规,所有的法规、规定、办法都要服从国家法律。

(4)注意借鉴国际经验,在结合国情的基础上,尽量向国际标准靠拢。

因此公路工程政府监督的依据有:

(1)国家有关公路工程建设的政策、法律和法规。

政策是指与公路工程建设密切相关的经济发展战略、产业发展规划、固定资产投资计划等。

法律是指与公路工程建设有关的法律,特别是经济法律,如“土地管理法”“城市规划法”“环境保护法”以及“经济合同法”等。法规主要包括:

①国务院制定的行政法规。

②省级人大及常委会制定的地方性法规。

③国务院各部门制定的法规、规章和办法。

(2)政府批准的建设计划、规划、设计文件是政府有关部对工程建设进行审查、控制和结算的依据,也是一种许可,理所当然是政府监督的依据。

(3)国家和交通部等有关部委颁布的有关技术规范和标准。

三、政府监督的任务

各级公路工程质量监督部门是政府对公路工程质量进行监督管理的专职机构,依据国家有关法规和颁布的技术规范、规程和质量评定标准,代表政府对公路工程质量进行强制性的监督管理。建设、设计、施工、监理单位在工程实施阶段都应接受质量监督部门的监督,以保证审查批准的公路建设规模和建设目标的实现。

1. 交通部基本建设工程质量监督总站的主要任务

(1)贯彻执行国家有关工程质量监督工作方针、政策和施工监理法规,制定交通系统建设工程质量监督、施工监理法规并监督实施。

(2)归口管理、检查、指导公路、水运工程质量监督和监理工作;组织质检人员和监理人员业务培训;组织对公路、水运工程质量监督站、监督单位、质检人员和监理人员的资质审批工作。

(3)统一规划建立和管理公路、水运工程质量检验测试中心。

(4)对国家和部署重点工程建设项目的工程质量和监理工作进行检查,发布工程质量动态。

(5)参与部级优秀勘察、优秀设计、优质工程的评审工作,参与国家级优秀勘察、优秀设计、优秀工程的行业评审工作。

(6)组织对重大工程质量事故的调查处理,仲裁工程质量争端。

(7)掌握全行业工程质量动态,组织开展工程质量监督、工程施工监理的经验交流。

2. 省、自治区、直辖市交通(或公路)基本建设工程质量监督站的主要任务

(1)贯彻执行国家和上级交通主管部门颁发的工程质量监督、施工监理工作方针、政策和法规,制定本地区的公路工程质量监督实施细则。

(2)规划、管理本地区公路工程质量监督和施工监理工作;负责下级质监站及其人员的考核发证工作;审核申报监理单位和监理工程师资格的报告,根据有关规定审批专项监理工程师。

(3)监督检查施工监理单位、监理工程师、施工单位工程质量保证体系及其人员的工作。

(4)主持交工工程质量鉴定,参加工程竣工验收。

(5)组织工程质量检查,定期发布工程质量动态。

(6)组织工程质量事故调查、处理、仲裁工程质量争端,监督检查重大工程(产品)质量事故的处理方案执行情况。

(7)参与本地区本行业优秀勘察、优秀设计、优质工程的评审工作,对申报省(部)、国家级"三优"工程的项目进行质量鉴定。

(8)组织交流本地区质量监督和施工监理工作经验,组织质检人员和监理人员业务培训。

市级质监分站或省派出质监机构的任务,由省级质监站根据交通部2005年5月8日发布的《公路工程质量监督规定》的精神制定。

第二节 社会监理

社会监理是具有法人资格的社会监理单位对工程实施的监理。这是在我国经济体制改革的深化、引进国外建设资金的过程中,逐步认识、结合我国国情而实施的一种工程建设管理的新体制和新模式。建设单位委托或指定监理工程师(单位)全面监督、管理工程实施,对工程质量、工程进度、工程费用等全面监理。根据交通运输部的规定,目前公路工程的监理主要在施工阶段实施,因而也称为“施工监理”。

施工是工程建设过程中极其重要的一个阶段,它不仅要将经过慎重、周密考虑的可行性研究和设计的工程付诸实践,即把图上的东西变为实际的工程结构;还要根据施工过程中所遇到的社会环境、自然条件对工程设计做必要的修改。公路工程一般施工周期较长,受外部社会环境和自然环境的制约影响较大,综合平衡、相互协调问题较多。一般来说,公路工程的施工难度较大。同时,施工要花费大量的费用,工期的延误不仅会给工程参与各方带来不利影响,而且也会严重影响到公路工程建设的经济效益和社会效益。施工中出现的质量问题有的难以补救,有的甚至无法补救,给工程留下隐患。因此,施工监理的重要性是不言而喻的。

公路工程施工监理,是公路建设管理体制改革的重要内容,是强化质量管理、控制工程造价、提高投资效益及施工管理水平的有效方法。实践证明,一项工程实行了全委托监理,不但减少了不合理的额外开支,保证了工程质量和工期,还避免了过多的合同纠纷,并能确保国家建设计划和工程合同的顺利实施,对建设单位和承包单位双方均有利。

一、社会监理的优点

社会监理新体制的实质就是树立监理工程师在工程施工管理过程中的核心地位。作为建设单位、承包单位以外独立的第三方,监理工程师运用建设单位委托所赋予的权力,对工程质量、工程进度、工程费用等实行全面监理。

经过多年的实践证明,实行以监理工程师为核心的管理体制,和过去的管理体制相比,具有以下几个优点。

1.监理工程师制度有助于提高工程质量

新的管理体制赋予监理工程师在各阶段的全面监督管理权限和财务支付的签字权与否决权,加强了监理工程师在工作中的地位,真正使施工单位每一个工作计划、每一步工作质量都与其经济利益直接挂钩。如果某一个工艺得不到批准,某一部位工程质量达不到要求,施工单位就拿不到工程款,就要自己承担由于质量达不到要求造成的返工带来的损失和责任。过去,我国公路施工行业也有质量监理,但由于那时的监理人员有职无权,有的甚至就是施工单位内部职工去充任,对质量的控制成为一句空话。在新的体制下,监理工程师对工程进行全方位、全过程监理,发现问题提出警告、通过规劝后,施工单位马上纠正或改进其不良工艺,直至监理工程师满意并符合规范为止。各地的经验证明,新的监理制度依靠监理工程师的核心地位,利用巡视、检查、旁站,以及签认、支付等各种监理手段保证工程质量的办法,是行之有效的。

2.监理工程师制度有助于提高管理水平

这个制度强调监理工程师的独立性,即由一个技术密集型的专家集团,作为监理工程师行使权力。监理工程师制度使监督和管理工作制度化、规范化,并在组织上予以保证。一批具有施工、设计、管理经验的专家,专门承担工程监理工作,大大提高了管理水平。

3.监理工程师制度有助于各级政府主管部门的职能转变

以前的公路建设往往耗费各地政府许多精力,投资、征地、拆迁、工程管理、计划安排、施工组织等工作,事无大小都要主管部门介入,往往影响政府主管部门履行正常职能。实行监理工程师制度后,除了资金的筹备、征地拆迁及地方关系等问题需政府出面协调外,有关项目实施的技术、经济、合同、法律等问题都可以由监理工程师承担解决。例如,北京市政府主管部门在京津塘高速公路的建设中,针对一些人仍然习惯于抓具体事务、处理工程具体问题的情况,提出了“多协调,少干预,各司其职,强化监理”的原则,放手让监理工程师行使职权,使各项工作井井有条,分工有序。各方的积极性都调动起来,政府主管部门的宏观调控有所增强,整个工程进展顺利。

二、公路工程施工监理的关键问题

在推行公路工程施工监理的过程中,应注意抓住几个比较关键性的、核心的问题,即明确监理工程师的职权,落实保障监理工程师的权力,强化其在工程管理中的地位。

1.明确监理工程师的职责

在过去的“质量监理”的概念中,监理工作仅仅是工程质量的事后检查。由于对影响最终工程质量的各个环节,诸如进场材料质量、机械设备型号及设备情况、施工工艺和组织计划、各工序质量和工作质量等都不具备监督和管理职责,致使“质量监理”只能形如虚设。由于没有对工程施工实行全过程的监督和管理,所谓质量管理监督也是办不到的。因此,在推行公路工程施工监理工作时,首先要抓住扩大监理工程师职责范围这个关键环节,监理工程师要对工程计划、质量管理和造价控制三大方面负起监督和管理职责,从工程施工组织计划的审批开始,介入项目的全过程监理。原材料的产地、品质、运输方式,施工设备的型号、数量、配套情况,现场的技术人员和管理人员的配备,拟采用的施工方法和工艺,各道工序间的交接办法和中间检查验收程序,工地实验室的仪器种类、精度和实验方法,建设外部环境和施工条件的准备情况,到达现场材料的计量和估价,等等,凡是有关工程进度、质量、费用的一切信息都被监理工程师在不同层次上采集和储存,实行深度不同的监督和管理。各级监理工程师对项目施工中各类情况都可以做到心中有数,做到防患于未然,从工程的开始起,把住各个关口,确保工程进度、质量、费用按照所签合同和合理的轨道正常运转。同时,便于及时地发现问题,指导工程更合理地安排资源、组织施工,采取必要措施,以保证工程顺利进行。

2.明确监理工程师的权限

为了使监理工程师能够履行其所赋予的上述职责,必须使其具有控制工程实施的权力,否则，责权不一致，对工程的监督和管理只能是一句空话。监理工程师制度把对施工单位的工程支付权交给了监理工程师，监理工程师有了对工程的支付签认或否决权之后，才可能约束施工单位的行为，才可能在施工的各项环节上发挥其监督和管理的作用。这一点是推行监理制度的核心原则之一，要坚持不放。

为了保证监理工程师的这项权力，不仅应在施工过程的各个不同工序设置由监理签认的检查程序，尤其应重视监理工程师对中间（周/月/季）财务支付报表的一系列签认权力。没有各级监理工程师签认的工序或单项工程检验报告，不得列入支付报表，未经监理工程师签认的财务报表无效。这样一来，把施工过程中的所有环节都直接地与对该施工单位的财务支付挂钩，把工作质量与经济利益挂钩，也把国家和人民对工程期望的长远利益与各施工企业的短期和局部利益挂钩，在实践中，效果是很好的。这个经济杠杆作用的发挥，提高了监理工程师的权威性，也大大促进了施工企业内部管理水平的提高。把对工程财务支付的签认和否决权交给监理工程师，是执行好监理制度的关键。

3.强调建设单位的职能转变

监理工程师职责和权力的确定自然改变了监理工程师在项目施工管理过程中的地位和作用，由一个可有可无的“事后质量检查员”变成了施工过程中实施监督与管理的核心。在实行监理制度时，对建设单位而言，应特别注意充分发挥监理工程师的作用，要转变观念，要放手、放权、放心地由监理工程师管理、监督好项目。不少地方习惯于建设单位管项目，大包大揽、包办代替，监理工程师有名无实，有权无力。再加上现行体制上的“血缘关系”，一些人更认为监理工程师的地位“不能太突出”。

针对这种情况，尤其要强调建设单位的职能转变，充分发挥监理工程师的核心地位，各司其职，各负其责。要严格树立按合同办事、依法办事的好作风，从法律上保证监理有职有权有地位。同时，无论建设单位还是监理单位，都要受到合同的约束，受到国家法规、法令、标准、规范的约束，接受国家有关行政或技术部门的监督和指导，只有这样才能保证监理工程师的职权有效、正确地行使，从而保证其在项目施工活动管理中心的核心地位。

三、社会监理的性质

1.服务性

监理单位是智力密集型的组织，本身不是建设产品的直接生产者和经营者，为建设单位提供智力服务。监理工程师通过对工程施工进行组织、协调、监督和控制，保证工程施工合同的顺利实施，达到建设单位的建设意图。监理工程师在合同的实施过程中，有权监督建设单位和承建单位严格遵守国家有关建设标准和规范，贯彻国家的建设方针和政策，维护国家利益和公共利益。监理单位的劳动与相应的报酬是技术服务性，它和施工企业不同，它不同于承包工程，不参与工程承包的盈利分配，而是根据支付技术服务劳动量的大小取得相应的监理报酬。

2.公正性和独立性

公正性和独立性是监理单位顺利实施监理职能的重要条件。监理单位在工程监理中必须具备组织各方协作配合以及调解各方利益的职能，因此必须要求监理单位坚持公正。而公正性又以独立性为前提，监理单位首先必须保持自己的独立性。

监理单位在人际关系、业务关系和经济关系上必须独立,不得同参与工程建设的各方发生利益关系。我国工程监理有关规定指出,监理单位的"各级监理负责人和监理工程师不得是施工、设备制造和材料供应单位的合伙经营者,或与这些单位发生经营性隶属关系,不得参与承包商施工和建材销售业务,不得在政府机关、施工、设备制造和材料供应单位任职"。这种规定就是为了避免监理单位和其他单位之间的利益牵制,从而保持其公正性和独立性。

监理单位与建设单位的关系是平等的合同约定关系,监理单位可以不承担合同以外建设单位随时指定的任务。如果实际工作中出现这种需要,双方必须通过协商,并以合同形式对增加的工作加以确定。监理委托合同一经确定,建设单位就不得干涉监理工程师的正常工作。

在实施监理的过程中,监理单位是处于建设单位和施工单位之间的独立的一方,依法行使监理委托合同所确认的职权,承担相应的法律和职业道德责任。监理单位既不是以建设单位的名义,也不是作为建设单位的"代表"行使职权。

3. 科学性

监理单位必须具有能发现与解决工程建设中所存在的技术和管理方面问题的能力,能够提供高水平的专业服务,所以必须具有科学性。这是监理单位区别其他一般服务性组织的重要特征,也是其赖以生存的重要条件。监理人员的高素质是监理单位科学性的前提条件。监理工程师都必须具有相当的学历,并有长期从事工程建设工作的丰富的实践经验,精通技术与管理,通晓经济与法律,否则,监理单位将不能正常开展业务,也是没有生命力的。

四、社会监理的依据

建设单位委托监理工程师监督承包人执行其与建设单位形成的施工契约,即签订的合同。这种复杂的委托关系建立和延续的过程中,由于各个主体之间的经济利益不同,再加上一些社会环境和自然条件的影响,往往会出现违反合同的情况。因此,工程监理的依据除了有前述的国家有关公路工程建设的政策、法律和法规及政府批准的建设计划、规划、设计文件之外,更重要的是建设单位和承包人签订的合同文件。

监理工程师应按照建设单位签订的监理委托合同,在委托的范围内执行。否则,应事先征得建设单位的同意。另外,在合同执行期间,凡是监理工程师和承包人围绕工程实施有关的会议记录、函电和其他文字记载以及监理工程师的所有图纸、监理工程师发出的所有指令等都是工程监理的依据。

建设单位和承包人签订的合同是依法成立的反映工程费用、进度、安全、环保及按国家有关部委颁布的技术规范、标准和质量要求,或者由建设单位提出的要求而规定的工程质量目标的文件。监理工程师依据合同进行监理,就能确保国家建设计划和工程合同的顺利实施,使公路建设的费用、进度、质量、安全、环保目标最优地实现。

五、社会监理的任务

施工阶段监理的任务是监理工程师利用建设单位授予的权力,从组织、技术、合同和经济的角度采取措施,对工程质量、进度、费用、安全、环保实施全面监理,并严格地进行合同管理、信息管理,高效有序地进行组织协调,使工程建设的五大目标最合理地实现。

1.质量监理

质量是工程建设的关键,影响公路工程质量的因素很多,监理工程师应按照合同要求对影响工程质量的各个因素(从原材料、施工工艺到成品)进行监理,任何一个环节出现疏忽,包括施工时监理人员自身的疏忽、大意和放松质量检查,都会给公路工程最终质量带来严重的损害,因而监理工程师必须对整个工程施工实行全过程监理。

2.进度监理

一个工程项目,一般在合同文件中对工期都做了明确规定。承包人应根据合同规定的工期进行计划安排,制订出切实可行的工程总进度计划,提交监理工程师审查批准。监理工程师应按照此计划对其进行监理。当出现导致工程延误的关键因素时,监理工程师应及时要求承包人采取加强计划管理和技术管理等措施并调整计划,增加施工机械或人力,以保证在竣工期限内完成工程。

3.费用监理

施工监理还应在质量符合标准、工期遵照合同要求的基础上对工程费用进行监理。工程费用包括合同文件中工程量清单内所列的以及因承包人索赔或建设单位未履行义务而涉及的一切费用。监理工程师应尽可能合理地减少工程量清单中所列费用以外的附加支出,达到控制费用的最佳效果。

4.安全监理

监理工程师应审批施工单位提交的安全生产保证体系,并要求其可行、有效、可靠,以达到安全生产目标。

5.环境保护

监理工程师应审查施工组织设计是否按设计文件和环境影响评价报告的有关要求制订施工环境保护措施,以满足公路施工环境保护的要求。

6.合同管理

工程建设目标反映在工程参与者之间签订的合同之中,监理工程师应依照合同的约定,对工程的质量、进度、费用、安全、环保实施全面管理,并及时按工作程序处理各种问题。其主要内容包括工程分包、工程变更、工程延期、费用索赔、工程计量与支付、工程保险、建设单位违约、承包人违约等。

7.信息管理

工程施工过程中,会产生形式多样的反映工程建设五大目标实施状况及参与者之间往来关系的信息,这些信息是监理工程师处理问题、进行决策的基础。因此,在工程建设过程中,必须准确、及时、完整地收集各类信息,并在此基础上去伪存真,抓住主要矛盾。信息的收集、整理、归档使用都是信息管理的内容。

8.组织协调

社会监理单位是独立于建设单位和承包单位的第三方,又处于工程建设过程中实施监督和管理的核心地位,因而具有组织协调工程建设参与各方的职责,这也是监理工程师必须完成的任务。

六、各监理阶段的主要任务

施工监理分为施工准备阶段的监理,施工阶段的监理,竣工及缺陷责任期阶段的监理。各个阶段的主要任务如下。

1. 施工准备阶段的监理

在正式开工前应熟悉合同文件的内容,了解现场用地占有权和使用权的解决情况,核查设计图纸,复核定线数据,制定监理程序,审查承包人的工程总进度计划,现金流动估算,临时用地计划,审查承包人自检系统,落实承包人的材料来源等。

2. 施工阶段的监理

施工阶段的监理工作,主要是指开工后对施工质量、进度和费用等实施监理,以及进行合同管理和信息管理。

3. 竣工及缺陷责任期阶段的监理

竣工及缺陷责任期阶段的监理,主要是在竣工或部分竣工后签发交接证书,以及对未完成的工程监理和对工程缺陷的修补、修复及重建进行监理。

第三节 企业自检

一、企业自检系统

公路工程的建设在各个不同的阶段都有细致和周密的工序和步骤,这些工序、步骤、阶段的逐步实施就逐渐形成了公路工程建设的最终费用、工期和质量。常言说,“产品的质量是生产出来的,而不是检验出来的”。事后检验只能在某种程度上控制不合格的工程交付使用,但已无法挽回在工程建设中费用的浪费、工期的延误和出现质量事故带来的损失,有时还会给工程留下隐患,带来难以预料的严重后果。施工企业作为公路工程产品的直接生产者,和政府监督机构、监理工程师(单位)不同,它要依照和建设单位签订的合同计划达到工程建设的费用、进度和质量的要求。因此,施工企业在公路工程质量保证体系中占有特别重要的地位。

为了按照合同的约定实现工程的目标,施工企业必须保证生产的公路工程产品达到标准,对产品实施自检是绝对不可少的质量保证环节。因此,施工企业应当建立周密的自检系统,这个工作包括以下几项内容。

1. 配备人员

施工企业应该根据工程规模的大小和工程结构的特点配备相应职称的自检人员。施工的每一道工序都应该由施工企业的自检人员按照监理工程师规定的程序提供自检报告和试验报表。

2. 配备试验设备

施工企业应配备与工程规模和结构特点相适应的试验设备。试验设备的类型、规格应符合合同文件中有关试验标准规定,并应对压力机等一些关键性设备进行核定。还应对某些实验设备的数量进行核实,分析是否能满足合同文件所需要的试验项目,以及试验设备能否在施工高峰期满足工程检验的需要。

3. 明确质量检验标准

首先要制定标准化、规范化的工作方法,建立和健全标准、规范化的工作制度。施工企业自检时,应该根据国家和交通运输部颁布的有关标准制定有关的工作制度,明确采用的工作方法和手段。《公路工程质量检验评定标准 第一分册 土建工程》(JTG F80/1—2017)和《公路工程施工监理规范》(JTG G10—2016)、《公路、水运工程试验检测人员资质管理暂行办法》等应作为施工企业自检的依据。

施工企业的自检系统和施工企业的整体管理水平有密切关系,应该在施工企业中实施全面质量管理。

二、全面质量管理的基本点

全面质量管理的基本点如下:

(1)全面质量管理建立了新的质量概念——广义的质量概念。产品的质量就是其使用价值。产品的性能、寿命、可靠性、安全性、适用性、经济性以及在建设、使用过程中及时、必要的服务都属于产品质量的范畴。工程质量的好坏是由人的工作质量决定的,要管好工程质量首先必须管好人的工作质量。

(2)产品有产生和形成的过程,产品的质量也相应有个产生和形成的过程。这个过程中的每一个阶段、每一个环节都会影响产品质量的好坏。即使是一条最简单的公路的施工也是由很多的施工工序组成的,因此应对施工的全过程进行管理,围绕施工的全过程,建立一套质量保证管理体系。

(3)工程质量是在施工过程中形成的,它涉及施工企业各部门、各环节的工作质量,要求通过工作质量来保证工程质量。施工企业的工作质量牵扯到全企业的各级领导和所有人员,施工企业中的每一个人都和工程质量有着直接或间接的关系。企业中的每一个人都应重视质量,都从自己的工作中去发现与工程质量有关的因素和特点,主动加强协作配合,互相服务,保证施工过程中的工作质量。

(4)工程质量管理的重点应从施工后的检验转移到施工前和施工中的控制指导,贯彻"预防为主"的原则。工程质量随着客观条件而变化,是一个动态的概念,必须加强动态控制,把出现质量问题的因素消灭在形成的过程中。

(5)公路是为国民经济和社会发展服务的,公路开通之后将交给社会使用,施工企业也要经受市场的检验和取舍。在施工过程中,上道工序要把下道工序作为自己的用户看待,要把自己工序的成果当作产品,使之符合下道工序的需要。树立"下道工序是用户"的观点,是质量管理尤为需要宣传、教育和提倡的,这是保证质量的根本所在。

(6)要严格按客观规律办事,尽量用数据说话。工程质量永远在波动,并且有随机分布的规律,质量的稳定只是相对的,起伏、波动、变化是绝对的。因此,对质量的分析、控制和管理,要采用数理统计方法来判断工程质量的好坏程度,是否达到标准,把数据中包含着带规律性的问题用图表的方式表示出来,从“定性”的管理上升到“定量”的管理。

三、全面质量管理的方法

全面质量管理的工作方法是“计划—执行—检查—处理”工作循环,简称PDCA(Plan-Do-Check-Action)循环。这套工作循环是由美国质量管理专家戴明博士提出的,所以又称“戴明循环”。

1. 计划阶段

计划阶段的主要内容是从适应施工要求出发,以社会经济效益为前提,通过调查研究、信息反馈,了解上一循环存在的问题、控制工作方法和目标,确定这些目标的具体措施。本阶段包含四个步骤:

(1)分析现状,找出存在的问题。

(2)分析产生问题的各种原因或影响因素。

(3)找出主要影响因素。影响因素是多方面的,从大的方面看可能有:人、机器、方法、环境等;从小的方面看,每项大的影响因素中又包含着许多具体小因素。要解决问题,就要全力找出主要影响因素,以便从主要影响因素入手。

(4)研究措施、对策,制订实施计划。在这一步骤中,应彻底弄清六个方面的问题,通常简称“5W1H”:

Why——必要性。为什么要制订这一措施或计划?有什么根据?

What——目的性。预期要达到什么目标?

Where——地点。由哪个部门在哪里执行这一计划或措施?

When——期限。什么时候开始执行?什么时候结束?

Who——执行人。由谁来执行?由谁来检查?

How——方法。如何执行?

2. 执行阶段

这一阶段应强调的问题:一是在执行措施前,必须对有关人员很好地传达、宣传教育和进行必要的培训;二是要充分信任对方,信任执行人,大胆放权,让其自主行事。管理的理想状态是:全体人员都可靠,不进行核对也可放心。

3. 检查阶段

对照计划内容,检查执行情况和效果,单靠检查来进行控制的管理必然失败,但没有检查也进行不了管理。若检查发现未达到计划的预期目标,就说明计划阶段有什么问题或生产工序中某些地方发生了异常,必须要检查出异常因素,通过进一步控制这一因素来管理,而不是单纯对质量进行检查。对工程质量的检查是生产中纯技术范畴的事,与管理是截然不同的。

4. 处理阶段

在这个阶段要把成功的经验加以肯定,纳入标准、规程或制度,以便今后照办。对失败的教训也要吸取,以防止再发生。对查出的问题能够解决的,立即采取措施解决;一时不能解决的,作为遗留问题,反馈到下一循环的计划阶段解决。

本阶段有两个步骤:

(1)巩固措施、进行标准化。

(2)遗留问题,转入下一循环。

四、PDCA 循环的特点

(1)四个阶段,缺一不可。这四个阶段不是完全割裂、截然分开的,而是紧密衔接、连成一体的。各个阶段之间存在着一定的交叉,但对每一个具体循环而言,先后次序不可以颠倒。

(2)循环转动,周而复始,连续不断。其中,处理阶段是推动循环转动的关键,使管理系统化、科学化、进入新水平。

(3)企业内部,各级都有,大环套小环,一环扣一环。例如,大中小环分别相当于公司、工程队、班组和个人。上一级循环是下一级循环的依据,下一级循环是上一级循环的组成部分和保证,大中小环同时转动,把企业各项工作有机地联系起来,纳入统一的管理体系,实现总的预定目标。

(4)在循环中提高,环转一圈,一定要完成预定目标。遗留的问题作为二次循环的依据。每转一周就是提高一步、前进一步,不停地转动,就能实现不断地提高,如同上阶梯一样,逐级上升。

PDCA 管理循环的四个阶段,符合"实践—认识—再实践—再认识"的认识论规律,是体现科学认识论的一种具体管理手段和一套完整科学的工作程序。按照这套具体程序进行管理,有助于把管理工作做得卓有成效,更好地达到预期目标。

1. 我国工程质量保证体系包括哪些内容?
2. 政府监督的任务是什么?
3. 社会监理的依据是什么?
4. 什么是全面质量管理?简述全面质量管理的方法。

第三章
CHAPTER THREE

监理组织机构

知识目标

掌握组织论的基本概念;掌握工程监理的组织机构设置要求;掌握监理设施的具体要求。

能力目标

能够总结监理组织机构的职责与权限;能否分辨监理单位的资质等级。

素质目标

增强学生职业荣誉感和责任感,帮助学生树立进取精神,坚决克服不思进取、得过且过的心态。

现代组织理论的研究表明,组织是除劳动力、劳动资料、劳动对象之外的第四大生产力要素,其他三大生产力要素可以相互替代,而组织是不能相互替代的,组织可以使其他生产力要素合理配置。随着其他生产力要素相互依赖的加深和生产力要素系统化、综合化的新趋势,组织在提高经济效益方面的作用也越来越显著。

第一节 组织论的基本原理

组织的沟通与协调是管理中的一项重要职能。建立精干、高效的项目监理机构并使之正常运行,是实现工程监理目标的前提条件。因此,组织的基本原理是监理工程师必备的理论知识。

组织理论的研究分为两个相互联系的分支学科,即组织结构学和组织行为学。组织结构学侧重于组织的静态研究,即组织是什么,其研究目的是建立一种精干、合理、高效的组织结构;组织行为学则侧重组织的动态研究,即组织如何才能够达到其最佳效果,其研究目的是建立良好的组织关系。

一、组织和组织结构

1. 组织

所谓组织,就是为了使系统达到它特定的目标,使全体参加者经分工与协作以及设置不同层次的权力和责任制度而构成的一种人的组合体。它含有三层意义:

(1)目标是组织存在的前提。

(2)没有分工与协作就不是组织。

(3)没有不同层次的权力和责任制度就不能实现组织活动与组织目标。

作为生产要素之一,组织有如下特点:其他要素可以相互替代,如增加机器设备可以替代劳动力,而组织不能替代其他要素,也不能被其他要素所替代。但是,组织可以使其他要素合理配合而增值,即可以提高其他要素的使用效益。随着现代化社会大生产的发展以及其他生产要素复杂程度的提高,组织在提高经济效益方面的作用也日益显著。

2. 组织结构

组织内部构成和各部分间所确立的较为稳定的相互关系和联系方式,称为组织结构。组织结构的基本内涵如下:

(1)确定正式关系与职责的形式。

(2)向组织各个部门或个人分派任务和各种活动的方式。

(3)协调各个分离活动和任务的方式。

(4)组织中权力、地位和等级关系。

1)组织结构与职权的关系

组织结构与职权形态之间存在着一种直接的相互关系,这是因为组织结构与职位以及职位间关系的确立密切相关,因而组织结构为职权关系提供了一定的格局。组织中的职权指的就是组织中成员间的关系,而不是某一个人的属性。职权的概念是与合法地行使某一职位的权力紧密相关的,而且是以下级服从上级的命令为基础的。

2)组织结构与职责的关系

组织结构与组织中各部门、各成员的职责的分派直接有关。在组织中,只要有职位就有职权,而只要有职权也就有职责。组织结构为职责的分配和确定奠定了基础,而组织的管理则是以机构和人员职责的分派和确定为基础的,利用组织结构可以评价组织各个成员的功绩与过错,从而使组织中的各项活动有效地开展起来。

3)组织结构图

组织结构图是组织结构简化了的抽象模型。但是,它不能准确、完整地表达组织结构,如它不能说明一个上级对其下级所具有的职权的程度以及平级职位之间相互作用的横向关系。尽管如此,它仍不失为一种表示组织结构的好方法。

二、组织设计

组织设计就是对组织活动和组织结构的设计过程,有效的组织设计在提高组织活动效能方面起着重大的作用。组织设计有以下几个要点:

第一,组织设计是管理者在系统中建立最有效相互关系的一种合理化的、有意识的过程。

第二,该过程既要考虑系统的外部要素,又要考虑系统的内部要素。

第三,组织设计的结果是形成组织结构。

1. 组织构成因素

组织构成一般是上小下大的形式,由管理层次、管理跨度、管理部门、管理职能四大因素组成。各个因素之间是密切相关、相互制约的。

1)管理层次

管理层次是指从组织的最高管理者到最基层的实际工作人员之间的等级层次的数量。

管理层次可分为三个层次,即决策层、协调层和执行层、操作层。决策层的任务是确定管理组织的目标和大政方针以及实施计划,它必须精干、高效;协调层的任务主要是参谋、咨询职能,其人员应有较高的业务工作能力,执行层的任务是直接调动和组织人力、财力、物力等具体活动内容,其人员应有实干精神并能坚决贯彻管理指令;操作层的任务是从事操作和完成具体任务,其人员应有熟练的作业技能。这三个层次的职能和要求不同,标志着不同的职责和权限,同时也反映出组织机构中的人数变化规律。

组织的最高管理者到最基层的实际工作人员权责逐层递减,而人数却逐层递增。

如果组织缺乏足够的管理层次将使其运行陷于无序的状态。因此,组织必须形成必要的管理层次。不过,管理层次也不宜过多,否则会造成资源和人力的浪费,也会使信息传递慢、指令走样、协调困难。

2)管理跨度

管理跨度是指一名上级管理人员所直接管理的下级人数。在组织中,某级管理人员的管理跨度的大小直接取决于这一级管理人员所需要协调的工作量。管理跨度越大,领导者需要协调的工作量越大,管理的难度也越大。因此,为了使组织能够高效地运行,必须确定合理的管理跨度。

管理跨度的大小受很多因素影响,它与管理人员性格、才能、个人精力、授权程度及被管理者的素质有关。此外,还与职能的难易程度、工作的相似程度、工作制度和程序等客观因素有关。确定适当的管理跨度,需积累经验并在实践中进行必要的调整。

3)管理部门

组织中各部门的合理划分对发挥组织效应是十分重要的。如果部门划分不合理,会造成控制、协调困难,也会造成人浮于事,浪费人力、物力、财力。管理部门的划分要根据组织目标与工作内容确定,形成既有相互分工又有相互配合的组织机构。

4)管理职能

组织设计确定各部门的职能,应使纵向的领导、检查、指挥灵活,实现指令传递快、信息反馈及时;使横向各部门间相互联系、协调一致,使各部门有职有责、尽职尽责。

2. 组织设计原则

项目监理机构的组织设计一般需考虑以下几项基本原则。

1)集权与分权统一的原则

在任何组织中都不存在绝对的集权和分权。在项目监理机构设计中,所谓集权,就是总监理工程师掌握所有监理大权,各专业监理工程师只是其命令的执行者;所谓分权,是指在总监理工程师的授权下,各专业监理工程师在各自管理的范围内有足够的决策权,总监理工程师主要起协调作用。

项目监理机构是采取集权形式还是分权形式,要根据建设工程的特点,监理工作的重要性,总监理工程师的能力、精力及各专业监理工程师的工作经验、工作能力、工作态度等因素进行综合考虑。

2)专业分工与协作统一的原则

对于项目监理机构来说,分工就是将监理目标,特别是投资控制、进度控制、质量控制三大目标分成各部门以及各监理工作人员的目标、任务,明确干什么、怎么干。在分工中特别要注意以下三点:

一是尽可能按照专业化的要求来设置组织机构。

二是工作上要有严密分工,每个人所承担的工作,应力求达到较熟悉的程度。

三是注意分工的经济效益。

在组织机构中还必须强调协作。所谓协作,就是明确组织机构内部各部门之间和各部门内部的协调关系与配合方法。在协作中应该特别注意以下两点:

一是主动协作。要明确各部门之间的工作关系,找出易出矛盾之点,加以协调。

二是有具体可行的协作配合办法。对协作中的各项关系,应逐步规范化、程序化。

3)管理跨度与管理层次统一的原则

在组织机构的设计过程中,管理跨度与管理层次成反比例关系。这就是说,当组织机构中的人数一定时,如果管理跨度加大,管理层次就可以适当减少;反之,如果管理跨度缩小,管理层次肯定就会增多。一般来说,项目监理机构的设计过程中,应该在通盘考虑影响管理跨度的各种因素后,在实际运用中根据具体情况确定管理层次。

4)权责一致的原则

在项目监理机构中应明确划分职责、权力范围,做到责任和权力相一致。从组织结构的规律来看,一定的人总是在一定的岗位上担任一定的职务,这样就产生了与岗位职务相适应的权力和责任,只有做到有职、有权、有责,才能使组织机构正常运行。由此可见,组织的权责是相对预定的岗位职务来说的,不同的岗位职务应有不同的权责。权责不一致对组织的效能损害是很大的。权大于责就容易产生瞎指挥、滥用权力的官僚主义;责大于权就会影响管理人员的积极性、主动性、创造性,使组织缺乏活力。

5)才职相称的原则

每项工作都应该确定为完成该工作所需要的知识和技能。可以通过考察每个人的学历与经历,进行测验及面谈等,了解其知识、经验、才能、兴趣等,并进行评审比较。职务设计和人员评审都可以采用科学的方法,使每个人现有的和可能有的才能与其职务上的要求相适应,做到才职相称,人尽其才,才得其用,用得其所。

6)经济效率原则

项目监理机构设计必须将经济性和高效率放在重要地位。组织结构中的每个部门、每个人为了一个统一的目标,应组合成最适宜的结构形式,实行最有效的内部协调,使事情办得简洁而正确,减少重复和扯皮。

7) 弹性原则

组织机构既要有相对的稳定性,不要总是轻易变动,又要随组织内部和外部条件的变化,根据长远目标作出相应的调整与变化,使组织机构具有一定的适应性。

三、组织机构活动基本原理

组织机构的目标必须通过组织机构活动来实现,组织活动应遵循如下基本原理。

1. 要素有用性原理

一个组织机构中的基本要素有人力、物力、财力、信息、时间等。运用要素有用性原理,首先应看到人力、物力、财力等要素在组织活动中的有用性,充分发挥各要素的作用,根据各要素作用的大小、主次、好坏进行合理安排、组合和使用,做到人尽其才、财尽其利、物尽其用,尽最大可能提高各要素的有用率。

一切要素都有作用,这是要素的共性,然而要素不仅有共性,而且有个性。例如,同样是监理工程师,由于其专业、知识、能力、经验等水平的差异,所起的作用也就不同。因此,管理者在组织活动过程中不但要看到一切要素都有作用,还要具体分析各要素的特殊性,以便充分发挥每一要素的作用。

2. 动态相关性原理

组织机构处在静止状态是相对的,处在运动状态则是绝对的。组织机构内部各要素之间既相互联系,又相互制约;既相互依存,又相互排斥,这种相互作用推动组织活动的进行与发展。这种相互作用的因子,叫作相关因子。充分发挥相关因子的作用,是提高组织管理效应的有效途径。事物在组合过程中,由于相关因子的作用,可以发生质变。一加一可以等于二,也可以大于二,还可以小于二。整体效应不等于其各局部效应的简单相加,这就是动态相关性原理。组织管理者的重要任务就在于使组织机构活动的整体效应大于其局部效应之和;否则,组织就失去了存在的意义。

3. 主观能动性原理

人和宇宙中的各种事物,运动是其共有的根本属性,它们都是客观存在的物质,不同的是,人是有生命、有思想,有感情、有创造力的。人会制造工具,并使用工具进行劳动;在劳动中改造世界,同时也改造自己;能继承并在劳动中运用和发展前人的知识。人是生产力中最活跃的因素,组织管理者的重要任务就是要把人的主观能动性发挥出来。

4. 规律效应性原理

组织管理者在管理过程中要掌握规律,按规律办事,把注意力放在抓事物内部的、本质的、必然的联系上,以达到预期的目标,取得良好效应。规律与效应的关系非常密切,一个成功的管理者懂得只有努力揭示规律,才有取得效应的可能,而要取得好的效应,就要主动研究规律,坚决按规律办事。

第二节 工程监理组织机构

监理单位受项目法人委托,对具体的工程项目实施监理,必须建立实施监理工作的组织,即监理组织机构。监理机构是由监理单位派出并代表监理单位履行监理合同的现场监理组织。

一、监理的组织机构

监理组织机构应根据工程项目组成、工程规模、难易程度、合同工期、施工合同段的划分及现场条件等来设置,在设置监理机构时,还应贯穿提高效率、明确分工、责任到人、相互协作、分级监督的基本原则。从我国公路工程项目的实际出发,根据不同情况设置现场机构,现场监理机构一般可视情况分别设置一级、二级监理机构。

《公路工程施工监理规范》(JTG G10—2016)对监理机构的设置有明确要求:

高速和一级公路可设置二级监理机构,即总监理工程师办公室(简称"总监办")和驻地监理工程师办公室(简称"驻地办")。开工里程在20km以下的,宜设置一级监理机构,即总监办。

二级和二级以下公路及养护工程可根据工程规模、难易程度、合同工期安排、现场条件等因素设置一级或二级监理机构。

公路机电工程可设置一级监理机构。

1.一级监理机构

对于工程规模不大,且施工内容相对比较单一的工程而言,一般设置一级监理机构即驻地监理工程师办公室,并通过若干合同段监理工程师来完成该项目的监理任务,如图3-1所示。例如,一般工程较集中的特大桥、隧道等就设置一级监理机构。

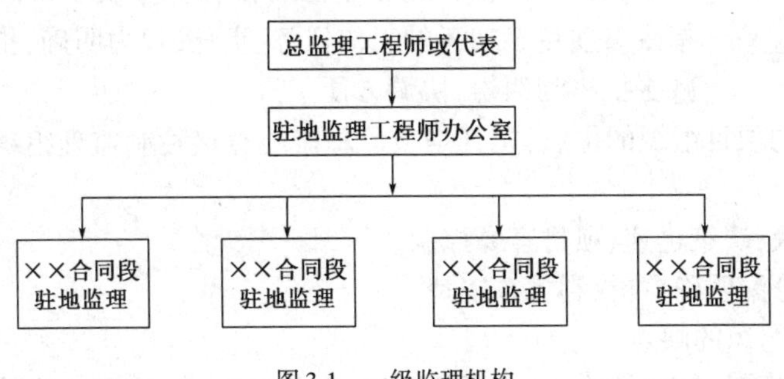

图3-1 一级监理机构

2.二级监理机构

当工程规模较大或工程施工内容较为复杂,存在两个独立工程项目或设置了不止一个监理合同段时,可以成立二级监理组织机构,即总监代表处和驻地监理工程师办公室(简称驻地办),如图 3-2 所示。

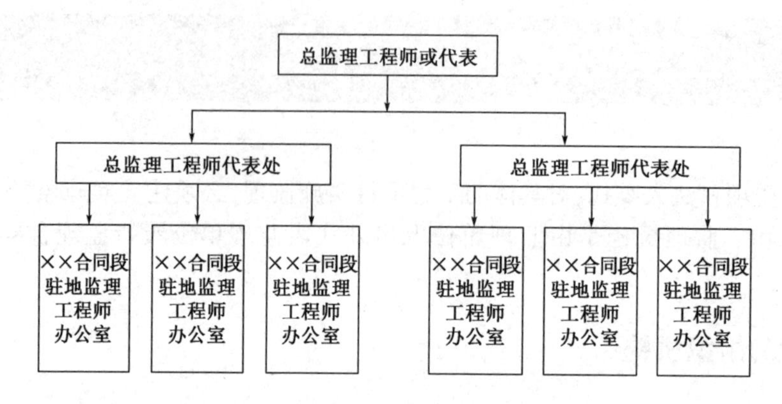

图 3-2　二级监理机构

二、监理的组织模式

项目监理组织形式有多种,常用的基本组织结构形式有以下三种。

1. 直线式项目监理组织

直线式项目监理组织是早期采用的一种项目管理形式,来自军事组织系统,它是一种线性组织结构,其本质就是使命令线性化。整个组织自上而下实行垂直领导,不设职能机构,可设职能人员协助主管人员工作,主管人员对所属单位的一切问题负责,其特点是:权利系统自上而下形成直线控制,权责分明,如图 3-3 所示。

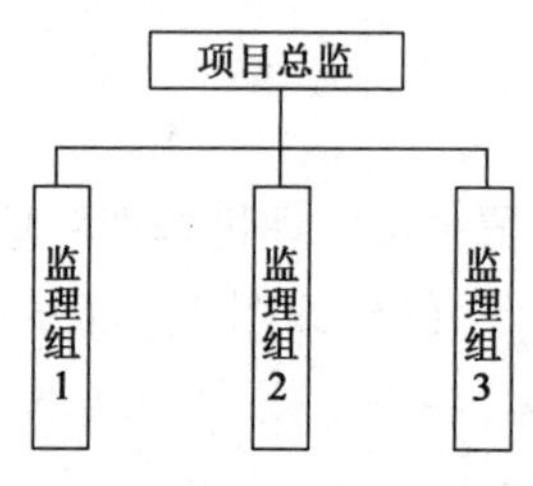

图 3-3　直线式项目监理组织形式示意图

1)直线式组织形式的应用

通常,独立的项目和单个中小型的工程项目都采用直线式组织形式。这种组织结构形式与项目的结构分解图有较好的对应性。

2)直线式项目组织的优点

(1)保证单头领导,每个组织单元仅向一个上级负责,一个上级对下级直接行使管理和监督的权力即直线职权,一般不能越级下达指令。项目参加者的工作任务、责任、权力明确,指令唯一,这样可以减少扯皮和纠纷,协调方便。

(2)具有独立的项目组织的优点,尤其是项目总监能直接控制监理组织资源,向建设单位负责。

(3)信息流通快,决策迅速,项目容易控制。

(4)项目任务分配明确,责权利关系清楚。

3)直线式项目组织的缺点

(1)当项目比较多、比较大时,每个项目对应一个组织,使监理企业资源难以达到合理使用。

(2)项目总监责任较大,一切决策信息都集中于他处,这要求他能力强、知识全面、经验丰富,是一个“全能式”人物,否则决策较难、较慢,容易出错。

(3)不能保证项目监理参与单位之间信息流通速度和质量。

(4)监理企业的各项目间缺乏信息交流,项目之间的协调、企业的计划和控制比较困难。

2. 职能式项目监理组织

职能式项目监理组织形式是在泰勒的管理思想的基础上发展起来的一种项目组织形式,是一种传统的组织结构模式,它特别强调职能的专业分工,组织系统是以职能为划分部门的基础,把管理的职能授权给不同的管理部门。这种监理组织形式,就是在项目总监之下设立一些职能机构,分别从职能角度对基层监理组织进行业务管理,并在总监授权的范围内,向下下达命令和指示。这种组织形式强调管理职能的专业化,即把管理职能授权给不同的专业部门,如图 3-4 所示。

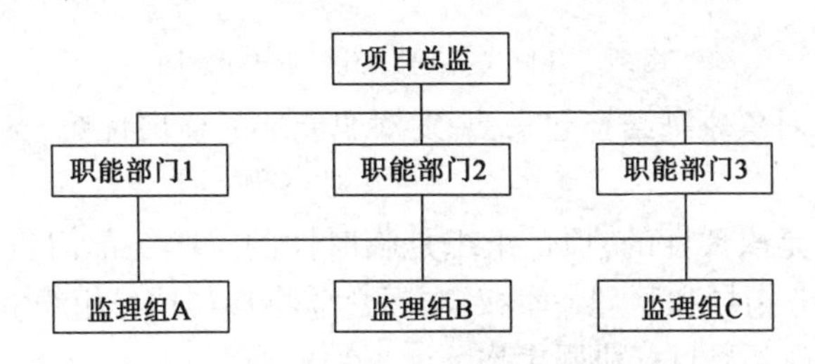

图 3-4　职能式项目监理组织形式示意图

在职能式的组织结构中,项目的任务分配给相应的职能部门,职能部门经理对分配到本部门的项目任务负责。职能式的组织结构适用于任务相对比较稳定明确的项目监理工作。

1)职能式项目监理组织形式的优点

(1)由于部门是按职能来划分的,因此各职能部门的工作具有很强的针对性,可以最大限度地发挥人员的专业才能,减轻项目总监的负担。

(2)如果各职能部门能做好互相协作的工作,对整个项目的完成会起到事半功倍的作用。

2)职能式项目组织形式的缺点

(1)项目信息传递途径不畅。

(2)工作部门可能会接到来自不同职能部门的互相矛盾的指令。

(3)当不同职能部门之间存在意见分歧,并难以统一时,互相协调存在一定的困难。

(4)职能部门直接对工作部门下达工作指令,项目总监对工程项目的控制能力在一定程度上被弱化。

3. 矩阵式项目监理组织

矩阵式项目监理组织是现代大型工程管理中广泛采用的一种组织形式,是美国于 20 世纪 50 年代创立的一种组织形式,它把职能原则和项目对象原则结合起来建立工程项目管理组织机构,使其既能发挥职能部门的横向优势,又能发挥项目组织纵向优势。从系统论的观点来看,解决问题不能只靠某一部门的力量,一定要各方面专业人员共同协作。矩阵式项目监理组织由横向职能部门系统和纵向子项目组织系统组成,如图 3-5 所示。

1)特征

(1)项目监理组织机构与职能部门的结合部同职能部门数相同,多个项目与职能部门的结合呈矩阵状。

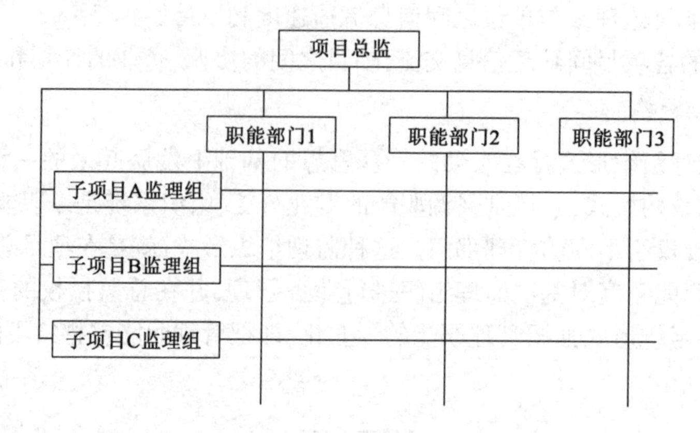

图3-5 矩阵式项目监理组织形式示意图

(2)把职能原则和对象原则结合起来,既发挥职能部的横向优势,又发挥项目组织的纵向优势。

(3)专业职能部门是永久性的,项目组织是临时性的。职能部门负责人对参与项目组织的人员有组织调配、业务指导和管理考察权,项目总监将参与项目组织的职能人员在横向上有效地组织在一起,为实现项目目标协同工作。

(4)矩阵中每个成员或部门,接受原部门负责人和项目总监的双重领导,但部门的控制力要大于项目的控制力,部门负责人有权根据不同项目的需要和忙闲程度,在项目之间调配本部门人员。一个专业人员可能同为几个项目服务,特殊人才可充分发挥作用,免得人才在一个项目中闲置又在另一个项目中短缺,大大提高了人才利用率。

(5)项目总监对"借"到本项目监理部来的成员,有权控制和使用,当感到人力不足或某些成员不得力时,他可以向职能部门求援或要求调换、退回原部门。

(6)项目监理部的工作有多个职能部门支持,项目监理部没有人员包袱。但要求在水平方向和垂直方向有良好的信息沟通及良好的协调配合,对整个企业组织和项目组织的管理水平及组织渠道畅通提出了较高的要求。

2)适用范围

(1)适用于平时承担多个需要进行项目监理工程的企业。在这种情况下,各项目对专业技术人才和管理人才都有需求,加在一起数量较大。采用矩阵制组织可以充分利用有限的人力资源对多个项目进行监理,特别有利于发挥稀有人才的作用。

(2)适用于大型、复杂的监理工程项目。因大型复杂的工程项目要求多部门、多技术、多工种配合实施,在不同的阶段,对不同人员,有不同数量和搭配各异的需求。显然,矩阵式项目监理组织形式可以很好地满足其要求。

3)优点

(1)能以尽可能少的人力,实现多个项目监理的高效率。原因是通过职能部门的协调,一些项目上的闲置人才可以及时转移到需要这些人才的项目上去,防止人才短缺,项目组织因此具有弹性和应变力。

(2)有利于人才的全面培养。可以使不同知识背景的人在合作中相互取长补短,在实践中拓宽知识面,发挥纵向的专业优势,使人才在深厚的专业训练基础之上成长。

4)缺点

(1)由于人员来自监理企业部门,且仍受职能部门控制,故凝聚在项目上的力量减弱,往往使项目组织的作用发挥受到影响。

(2)管理人员或专业人员如果身兼多职地监理多个项目,便往往难以确定监理目的优先顺序,有时难免顾此失彼。

(3)双重领导。项目组织中的成员既要接受项目总监的领导,又要接受监理业中原职能部门的领导,在这种情况下,如果领导双方意见和目标不一致甚至有矛盾,当事人便无所适从。要防止这一问题产生,必须加强项目总监和部门负责人之间的沟通,还要有严格的规章制度和详细的计划,使工作人员尽可能明确在不同时间内应当做什么工作。

(4)矩阵式组织对监理业管理水平、项目管理水平、领导者的素质、组织机构的办事效率、信息沟通渠道的畅通均有较高要求,因此要精于组织、分层授权、疏通渠道、理顺关系。矩阵式组织的复杂性和接合部多,造成信息沟通量膨胀和沟通渠道复杂化,致使信息梗阻和失真,所以要求协调组织内部的关系时必须有强有力的组织措施和协调办法以排除难题,层次、权限要明确划分。当意见分歧难以统一时,监理企业领导和项目总监要及时出面协调。

第三节 监理人员的配置

一、监理人员配备的依据和原则

公路工程施工监理项目的人员配备主要依据监理内容、工程规模的大小、合同工期、工程条件和施工条件等因素,并参照交通运输部颁发的《公路工程施工监理规范》(JTG G10—2016)和《公路工程施工监理办法》(交工发〔1992〕378 号)中有关指导性规定进行合理的配置。监理人员数量可按各阶段特点进行调整,详细安排应在施工监理服务合同中写明。监理人员的配备还以照顾各个主要工作面、各种专业技术和年龄结构适中、能够实施有效监控为原则。既要有基础理论知识扎实、技术水平高、有丰富的施工经验、具有设计和试验知识的高级监理人员,也要有相当专业技术水平和施工及监理经验、善于进行监督管理的中级人员,还要有能在关键工序进行全过程旁站监视的现场监理人员及辅助管理人员,构成一个专业配套合理、精明能干的监理组织,以保证能高效完成监理任务。

二、监理人员的组成

监理人员的组成应合理,总监理工程师及其办公室各专业部门负责人,以及驻地监理工程师等各类高级监理人员,一般应占监理总人数的 10% ~15%,各类专业监理工程师等中级专业监理人员(专业监理工程师)应占监理总人数的 50% ~55%,各类专业工程师助理及辅助人员等初级监理人员(监理员)一般应占监理总人数的 20% ~25%;行政事务人员一般应控制在监理总人数的 10% 以内。

三、监理人员的数量

监理人员的数量可由建设单位及监理单位依据交通运输部颁发的《公路工程施工监理规范》(JTG G60—2016)和《公路工程施工监理办法》(交工发〔1992〕378 号)中有关指导性的规定确定,并应明确写入《施工监理服务合同》中。

监理人员的数量要满足工程项目进行质量、安全、环保、费用、进度监理和合同管理、信息管理的需要,一般应按每年计划完成的投资额并结合工程的技术等级、工程种类、复杂程度、设计深度、通行条件、当地气候、工地地形、施工工期、施工方法等各项实际因素,综合进行测算确定。

高速公路、一级公路工程每年每5000 万元建安费宜配备交通运输部核准资格的监理工程师1 名;独立大桥、特长隧道工程每年每3000 万元建安费宜配备交通运输部核准资格的监理工程师1 名。

高速公路机电工程,每50km 每系统宜配备交通运输部核准资格的监理工程师1 名,根据工程情况,若系统复杂或隧道机电工程内容较多,可适当增加。

上述配置如遇重大工程变更等情况,人员配备应根据需要进行调整,并就工程内容的变化、人员的调整事宜签订补充合同。

第四节 监理组织机构的职责与权限

国际惯例中按FIDIC 合同实施的工程监理,是以建设单位为主导、监理为核心、承包单位为主力、合同为依据、经济为纽带的项目管理模式;它不是单纯的技术管理,而是技术、管理、经济、法律的统一,并以法律关系形式确定了建设单位、监理、承包单位在完成工程项目中的职责、义务和权限的关系。大量的工程监理实践证明:工程监理职责与权限的匹配,是工程监理组织设置时应考虑的主要因素,也是顺利开展监理工作,确保工程项目实现最终目标的重要条件。作为一名工程监理人员,必须掌握和深谙在工程监理组织及合同条件规定的范围内应有的职责与权限,严格按建设单位和监理单位签订的监理服务合同所授予的职权范围及按建设单位和承包单位签订的合同文件中明确规定的各项工作内容执行。

监理工程师受建设单位委托,行使合同中规定的职责,负责合同管理和工程监督。监理工程师对工程的监理管理与承包单位对工程的施工管理相比,其方法和要求不一样。承包单位是具体的工作实施者,需要制定详细的施工进度,按工程施工的先后次序调度工程,按照合同要求进行质量控制,以保证高速、优质地完成工程。监理工程师则不具体安排施工和具体去控制质量,而是客观上控制施工进度,按承包单位的周日计划、月计划进行检查督促。对施工质量主要是按照合同技术规范、图纸内的要求去检查,制止影响工程质量的各种不利因素。对于工程成本，承包人要精心研究如何降低成本、提高利润，而监理工程师主要是按照合同规定，特别是工程量表的规定，严格为建设单位把住支付这一关，并且防止承包单位不合理的索赔要求。

一、监理工程师的职责与权限

1. 工程质量监理的职责与权限

(1)向承包单位书面提供图纸中的原始基准点、基准线和基准高程等资料，进行现场交验并验收承包人的施工放样。

(2)在开工前和施工过程中，检查用于工程的材料、设备，对于不符合合同要求的，有权拒绝使用。

(3)签发各项工程的开工通知单，必要时通知施工单位暂时停止整个工程或任务部分工程的施工。

(4)对承包单位的检验、测试工作进行全面监理；有权利用施工单位或自备的测试仪器设备，对工程质量进行检验，凭数据对工程质量进行监理。

(5)按施工程序旁站，对每道工序、每个部门进行质量检查和现场监督，对重要工程跟班检查，对质量符合施工合同规定的部分和全部工程予以签认；对不符合质量要求的工程，有权要求承包单位返工或采取其他补救措施，以达到合同规定的技术要求。

2. 工程进度监理的职责与权限

(1)审批承包单位在开工前提交的总体施工进度计划、现金流动计划和总说明及在施工阶段提交的各种详细计划和变更计划。

(2)审批承包单位根据总体施工进度计划编制的年度计划。

(3)在施工过程中检查和监督计划的实施。当工程未能按计划进行时，应要求承包人调整或修改计划，并通知承包人采取必要的措施加快施工进度，以使实际施工进度符合施工合同的要求。

(4)定期向建设单位报告工程进度情况，当施工进度可能导致合同工期严重延误时，有责任提出中止执行施工合同的详细报告，供建设单位采取措施或作出相应的决定。

3. 工程费用监理的职责与权限

(1)签发动员预付款支付证书。

(2)按施工合同的规定，现场计量核实合同工程量清单规定的任何已完成工程的数量和价值。

(3)按合同规定审查、签发中期支付证书及合同中止后任何款项的支付证书。对不符合合同文件要求的工程项目和施工活动，有权暂拒支付，直到上述项目和施工活动达到要求。

(4)按施工合同文件规定，对合同执行期间由于国家(省、自治区、直辖市)颁布的法律、法令、法规等致使工程费用发生的增减和其他事项(人工、材料等)价格的涨落而引起的工程费用的变化，监理工程师在与建设单位和承包人协商后，计算确定新的合同价格或调整幅度，予以签认。

4. 合同管理监理的职责与权限

(1)主持开工前的第一次工地会议和施工阶段的常规工地会议,并签发会议记录;有权参加承包人为实施合同组织的有关会议,协调工地各承包人(含指定分包人)的有关联席会议。

(2)按施工合同规定的变更范围,对工程或其任何部分的形式、质量、数量及任何工程施工程序作出变更的决定,确定变更工程的单价和价格,经建设单位同意下达变更令。

(3)对承包人提出的竣工期延长或费用索赔,应就其中申述的理由,查清全部情况,并根据合同规定程序审定延长工期或索赔的款项,经建设单位批准后发出通知。

(4)审查承包人的任何分包人的资格和分包工程的类型、数量,按合同规定程序和权限审批。

(5)监督承包人进入本工程的主要技术、管理人员的构成、数量与合同所列名单是否相符;对不称职的主要技术、管理人员,监理工程师有权提出更换要求。

(6)对承包人的主要施工机械设备的数量、规格、性能按合同要求进行监督、检查。由于施工机械设备原因影响工程工期、质量的,监理工程师有权提出更换或停止支付。

(7)督促建设单位及时妥善履行合同规定的各项责任和法定承诺。

二、各级监理人员的职责与权限

1. 总监理工程师及其代表的职责与权限

(1)负责和主持总监办的监理业务工作,在合同规定范围内对工程项目的监理业务具有决定权。总监办是建设单位设置的二级监理机构,是总监理工程师办公室的简称。

(2)解释或纠正合同文件中不明确或不一致的地方。

(3)审查、批准和签发重大工程变更、工程延期、费用索赔、单价调整等命令和报告。

(4)主持工程项目重大质量事故的处理。

(5)签发支付证书、月进度报告、工程竣工移交证书和工程缺陷责任终止证书等。

(6)对监理人员进行协调和管理,对监理人员履行职责的能力、表现和职业道德进行考核、评价和处理。

2. 高级驻地监理工程师的职责与权限

(1)对总监理工程师负责,负责并主持驻地监理工程师办公室的一切监理业务,对其所属监理人员的工作进行管理、检查和协调。

(2)全面熟悉合同文件,及时解决合同执行过程中的一般性问题。

(3)审批一般工程变更,审理延期和索赔的原因,并提出处理意见。

(4)审查承包人的施工进度计划、施工组织设计与施工方案。

(5)签发分项工程开工令、中间交工证书,审核、签认中期支付证书和最终支付证书。

(6)对工程项目的进度、质量实施全面监控,对施工中出现的问题应按合同要求和技术规范的规定提出处理意见,向承包人签发工作指示。

(7)主持工地会议,研究和解决施工中的各种问题。

(8)办理总监、副总监交办的其他事项。

3. 监理员的职责与权限

(1)熟悉合同条款和本专业的技术标准、规范、规程、图纸及其变更或特殊要求,并予以落实和实施。

(2)严格施工现场监理,对施工现场进行有效的质量控制,对工程的重要环节或关键部位,实施全过程的现场察看监理。

(3)参加审查承包人的施工进度计划和施工方案,并督促检查其执行情况。

(4)监督检查承包人的各项试验、测量工作,复核所有试验、测量记录,认定并留下痕迹。

(5)初审承包人提交的各种资料和表格,核实承包人提交的工程计量表,提出审查意见。

(6)执行监理细则,做好监理日志和填好各种监理图表。

(7)复核承包人提出的延期、索赔申请的依据、期限和费用计算,并提出复核意见。

(8)办理高级驻地工程师、专业监理工程师交办的其他工作。

三、各级监理机构的职责与权限

《公路工程施工监理规范》(JTG G10—2016)中对监理机构的职责有明确规定:当采用二级监理机构和监理总承包时,应由中标的监理单位划分各级监理机构及监理人员的职责和权限;当对监理机构分别招标时,应由建设单位划分确定监理机构各自的职责和权限。

1. 总监办的职责与权限

(1)主持编制监理计划。

(2)主持召开监理交底会、第一次工地会议。

(3)按合同要求建立中心试验室。

(4)审批施工组织设计及总体进度计划、重要工程材料及配合比。

(5)签发支付证书、合同工程开工令、单位或合同工程的暂停令和复工令。

(6)审核变更单价和总额以及延期和费用索赔。

(7)协助建设单位审查交工验收申请,评定工程质量。

(8)组织编写监理月报,编制监理竣工文件,编写监理工作报告。

2. 驻地办的职责与权限

驻地办是建设单位设置的二级监理机构,是驻地监理办公室的简称。

(1)主持编制监理细则。

(2)主持召开工地会议。

(3)按合同要求建立驻地试验室。

(4)审批一般工程原材料和混合料配合比、施工单位的机械设备、施工方案。

(5)审批施工单位测量基准点的复测、原地面线测量及施工放线成果。

(6)审批分项工程开工申请,签发分项和分部工程暂停令和复工令。

(7)日常巡视、旁站、抽检,并做好记录。

(8)核算工程量清单,负责对已完工程进行计量。

(9)组织分项、分部工程中间验收和质量评定,签发中间交工证书。

(10)审批月进度计划,编写合同段监理工作报告。

四、各职能部门监理的职责与权限

1. 工程技术办公室的职责与权限

(1)指导、协调整个工程项目的计划、工程技术、质量管理工作,制定有关的管理制度、规定和工作程序,负责组织有关工程技术、质量计划管理方面人员的业务学习和交流。

(2)负责对承包人、主要管理人员和分包人的审批。

(3)负责解释、修正技术规范和设计图纸中的遗漏、错误与含糊不清的问题。

(4)协助驻地监理组审查承包人的总体施工计划和重要施工方案,检查和督促各项计划的实施,协助驻地监理组定期召开计划协调会议。

(5)负责解决施工中的重要技术、质量问题,参加重大质量、技术问题的处理。

(6)审查与处理工程变更报告,指导与帮助驻地监理组搞好一般变更;配合合同管理办公室处理工程延期、索赔及工程质量等问题。

(7)协助驻地监理组审查试验路段方案、工艺和特殊技术处理措施;抽查工程质量,掌握整个工程项目的工程质量动态。

(8)参加工程项目的竣工验收和缺陷责任期验收工作。

2. 合同管理办公室的职责与权限

(1)指导、协调整个工程项目的合同管理工作,制定有关合同管理的制度和工作程序,负责组织有关人员的合同管理业务学习和交流。

(2)负责解释合同条款,处理合同文件的遗漏、错误及含糊不清等问题,协助解决合同争端。

(3)审查驻地监理组报送的支付报表及原始凭证等,审核中期支付证书、最终支付证书及合同终止后任何付款的支付证书。

(4)审查、处理承包人提交的延期和费用索赔报告,及时向总监或总监代表报告计量支付、工程变更费用、索赔费用等合同管理情况。

(5)按合同规定协调各方利益,进行价格调整工作,有权确定所调单价和价格。

(6)提供有关计量、支付、延期、索赔等方面的表格及证书,并指导驻地监理组具体实施。

(7)协同驻地监理对承包人的工程进度计划进行审查,按期向建设单位或世界银行提出各种有关报表和月进度报告。

(8)参加工程项目竣工验收及缺陷责任期验收工作。

3. 中心试验室的职责与权限

中心试验室的任务,是对整个工程项目进行数据控制和检验测定,对各工程项目的材料、配合比和强度进行有效的控制,以确保工程的物理、化学性能达到规定要求。其主要职责与权限有:

(1)指导、协调整个工程项目的全部监理试验工作,制定有关的制度、规定和方法;组织试验人员的业务学习和交流。

(2)除应承担独立进行的试验项目外,还应对承包人的工地试验室和流动试验室的设备功能、人员资质、操作方法、资料管理等项工作进行有效的监督、检查和管理。

(3)编制、提供有关各种试验统一的报表格式,对各种试验采用统一的表格进行记录,并妥善地进行整理、上报、保存。

(4)定期或不定期地对承包人的试验仪器进行检验,并监督承包人定期交由政府监督部门对仪器进行标定。

(5)协助驻地监理组复核承包人所做的重要配合比试验,坚持经常性抽查其他的有关试验。

(6)参加工程项目新技术、新工艺、新材料及重大分项工程的试验工作。

(7)参加工程项目重大技术、质量问题的处理。

(8)参加工程竣工验收及缺陷责任期验收工作。

4. 行政办公室的职责与权限

(1)建立工程项目的资料档案管理系统,负责建设单位、监理工程师、承包人之间的来往函件、技术档案、财务档案、行政档案的分类编号,并妥善保存。

(2)负责总监理工程师办公室的翻译、打字、复印与微机、通信的管理工作,以及车辆调度等工作。

(3)负责办公室的财务开支、设备采购、资产管理等工作。

(4)办理总监理工程师和副总监工程师交办的其他事项。

第五节 监理人员的资质与素质

一、监理人员的资质

1. 监理人员的构成

按照《公路工程施工监理规范》(JTG G10—2016)的规定,公路工程监理机构中监理人员的数量和结构,应根据监理内容、工程规模、合同工期、工程条件和施工阶段等因素,按保证对工程实施有效监理的原则确定。监理机构设置岗位分为总监理工程师、驻地监理工程师(副驻地)、专业监理工程师(包括专业监理,如测量、试验、计量、环保、安全等)、监理员(主要指现场旁站人员)和行政文秘人员。

2. 监理人员的资质

《公路工程施工监理规范》(JTG G10—2016)编制说明中指出:为了规范公路监理市场和保证监理质量的需要,不是从事公路专业的、没有公路专业经验的,不得从事公路施工监理,而且要求:

(1)总监理工程师、驻地监理工程师,一般应具有高级工程师等相应的高级技术职称,并必须取得交通部颁发的监理工程师证书。

(2)专业监理工程师应具有工程师等中级技术职称,并应取得交通部颁发的公路工程监理工程师或专业监理工程师证书。专业监理工程师分别有路基、路面、桥梁、隧道、交通工程、机电、试验、测量及合同管理等方面的专业。

(3)测量、试验及现场旁站等监理员应具有初级技术职称或经过专业技术培训,且考试合格。

二、监理人员的素质

工程监理是高层次的咨询工作,也是一项技术性、政策性、经济性、社会性很强的综合监管工作,要求监理人员必须具备以下素质:

(1)掌握完整的知识结构,会管理、通经济、知法律、懂技术及专业外语知识。

(2)具有丰富的工程实践经验。

(3)具有较强的协调能力。

(4)具备高尚的道德情操和敬业精神。

(5)具备良好的文化素质。

(6)具备健康的身心。

具备以上素质,才能遵循“严格监理、优质服务、公正科学、廉洁自律”的监理原则,有效地控制工程质量、进度、费用、安全、环保。

第六节 监理设施

公路工程项目一般投资大,监理工作任务重。因此,为确保质量控制的检验测试及各项管理工作的顺利进行,必须在监理单位所承担的工程项目工地,配备足够数量和相应质量水平的监理设施。监理设施包括办公设施及其用品、生活设施及用品、试验设施、测量和气象仪器、监理工作设施及通信设施等。

一、试验室设备

监理工程师要坚持服务的客观性、科学性,要坚持用数据来判断工程质量,以达到质量监控的效果。只有把好试验关,通过可靠的试验设备、严格的试验操作和符合规范要求的试验成果才能实现。为此,中心试验室、工地试验室配备齐全、准确、可靠的试验设备十分重要。

二、测量仪器及设备

公路的平、纵、横指标,大中桥隧,路基,路面等工程几何尺寸的控制是否符合标准,工程量的收方计量,都必须进行测量检查、验收。为此,配备各类精密的测量仪器和设备是监理工作的重要保证之一。

三、交通工具及通信设备

公路工程施工路线长、内容多、任务重、要求严、时间紧,为了有效地对工程实施监理,随时沟通各方信息,及时协调配合处理问题,应配置必要的监理用车和通信设备。

四、气象监测设施

公路工程施工受气候条件影响较大,监理工程师要随时掌握和记录施工期间的气温及降雨信息,以便要求承包人采取相应的施工措施,避免不必要的损失。同时,恶劣的气候条件也是造成承包人提出工程延期的主要因素之一。因此可视现场具体情况设立气象观测人员,配备适当气象监测设备。

在有气象台站的地区,各施工合同段的气象资料应由建设单位、监理工程师与当地气象部门签订合同,由当地气象部门提供距合同段最近的气象哨的气象资料。

五、照相、摄像器材

施工现场、施工过程、施工技术以及覆盖前的隐蔽工程和基础状况,都需要一定数量的工程照片或录像作为原始记录和档案保存下来。为此,可视项目情况配置适当的摄、录像设备,一般照相设备是监理必须配置的。

六、办公设备和生活设施

为了提高监理工程师及其助手的工作效率及生活质量,应为他们提供良好的工作条件和生活环境,如办公室、生活住房和必需的办公设备与生活设施(计算机、复印机、冰箱、彩电、电扇等)。

各种监理设备的规格和数量应根据工程规模、工程种类、监理数额及通行条件等实际情况,由监理工程师与建设单位共同商定,在施工合同文件或监理合同文件中列出清单,一般,为监理工程师提出的设备和设施应在工程量清单第100章内。

监理设施一般应在施工合同规定的实际开工时间以前基本准备完善,以保证工作使用。监理设备一般应在施工合同文件中规定由承包人提供,也可以根据监理合同由建设单位直接提供。如建设单位或承包人不能如期提供,而监理工程师根据工程的实际计划安排需要使用某些设备,则可要求建设单位或承包人提供等效的临时设备以满足使用。监理设备的所有权归建设单位。

1. 组织的意义是什么？

2. 组织结构设计的基本原则是什么？

3. 简述《公路工程施工监理规范》(JTG G10—2016)对监理机构设置的要求。

4. 工程监理常用的组织模式有哪几种？各有什么优缺点？

5. 监理人员的资质有何要求？

6. 公路工程监理人员配备的数量有哪些要求？

7. 简述各级监理机构的职责与权限。

第四章
CHAPTER FOUR

监理工程师和监理企业

知识目标

掌握监理工程师的执业特点和素质道德要求;掌握工程监理企业资质管理包括的主要内容;掌握监理工程师执业资格考试和注册要求。

能力目标

能够总结和归纳不同资质监理企业的业务范围。

素质目标

增强学生的责任意识,帮助学生树立进取精神,努力提升综合素质能力。

第一节 监理工程师

注册监理工程师是指取得国务院建设主管部门颁发的监理工程师执业资格证书和执业印章,从事工程监理与相关服务等活动的人员。我国目前的监理工程师有总监理工程师、总监理工程师代表、专业监理工程师和监理员。

由于工程监理涉及技术、经济、管理等方面的知识,学科多、专业广,对执业资格条件要求较高,因此,监理工作需要由一专多能的复合型人才来承担。监理工程师要有理论知识,熟悉设计、施工、管理;要有组织、协调能力;还应掌握并应用好合同、经济、法律等多方面的知识。

一、监理工程师的执业特点

在国际上流行的各种工程合同条件中,几乎无一例外地都含有关于监理工程师的条款。在国际上多数国家的工程项目建设程序中,每一个阶段都有监理工程师的工作,如在国际工程

招标和投标过程中,凡是有关审查投标人工程经验和业绩的内容,都要提供这些工程的监理工程师的名称。随着人类社会的不断进步,社会分工更趋向于专业化。在工程建设领域诞生工程监理制度,正是社会分工发展的必然结果,而这一制度的核心是监理工程师。FIDIC 对从事工程咨询业务人员的职业地位和业务特点所作的说明是:“咨询工程师从事的是一份令人尊敬的职业,他仅按照委托人的最佳利益尽责,他在技术领域的地位等同于法律领域的律师和医疗领域的医生。他保持其行为相对于承包商和供应商的绝对独立性,他必须不得从他们那里接受任何形式的好处,而使他们的决定的公正性受到影响或不利于他行使委托人赋予的职责。”这个说明同样适合我国的注册监理工程师。我国的监理工程师执业特点主要如下。

1. 执业范围广泛

工程监理,就其监理的建设工程来看,包括土木工程、建筑工程、线路管道与设备安装工程和装修工程等类别,而各类工程所包含的专业累计多达 200 余项;就其监理服务过程来看,可以包含工程项目前期决策、勘察设计、招标投标、施工、项目运行等各阶段。因此,监理工程师的执业范围十分广泛。

2. 执业内容复杂

监理工程师执业内容的基础是合同管理,主要工作内容是建设工程目标控制和协调管理,执业方式包括监督管理和咨询服务。执业内容主要包括:在工程项目建设前期阶段,为建设单位提供投资决策咨询,协助建设单位进行工程项目可行性研究,提出项目评估;在设计阶段,审查、评选设计方案,选择勘察、设计单位,协助建设单位签订勘察、设计合同,监督管理合同的实施,审核设计概算;在施工阶段,监督、管理工程承包合同的履行,协调建设单位与工程建设有关各方的工作联系,控制工程质量、进度和造价,组织工程竣工预验收,参与工程竣工验收,审核工程结算;在工程保修期内,检查工程质量状况,鉴定质量问题责任,督促责任单位维修。此外,监理工程师在执业过程中,还要受环境、气候、市场等多种因素干扰。所以,监理工程师的执业内容十分复杂。

3. 执业技能全面

工程监理业务是高智能的工程技术和管理服务,涉及多学科、多专业,监理方法需要运用技术、经济、法律、管理等多方面的知识。监理工程师应具有复合型的知识结构,不仅要有专业技术知识,还要熟悉设计管理和施工管理,要有组织协调能力,能够综合应用各种知识解决工程建设中的各种问题。因此,工程监理业务对执业者的执业技能要求比较全面,资格条件要求较高。

4. 执业责任重大

监理工程师在执业过程中担负着重要的经济和管理等方面涉及生命、财产安全的法律责任,统称为监理责任。监理工程师所承担的责任主要包括两方面:一是国家法律法规赋予的行政责任。我国的法律法规对监理工程师从业有明确具体的要求,不仅赋予监理工程师一定的权利,也赋予监理工程师相应的责任,如《建设工程质量管理条例》所赋予的质量管理责任、《建设工程安全生产管理条例》所赋予的安全生产管理责任等。二是委托监理合同约定的监理人义务,体现为监理工程师的合同民事责任。

工程监理的实践证明,没有专业技能的人不能从事监理工作;有一定专业技能,从事多年工程建设工作,如果没有学习过工程监理知识,也难以开展监理工作。

二、监理工程师的素质

为了适应监理工作岗位的需要,监理工程师应该比一般工程师具有更好的素质,对这种高智能人才素质的要求,主要体现在以下几个方面。

1. 有较高的学历和广泛的理论知识

现代工程建设投资规模巨大,工艺越来越先进,材料、设备越来越新颖,应用科技门类复杂,组织千万人协作的工作十分浩繁,如果没有广博的理论知识是不可能胜任监理工作的。即使是规模不大、工艺简单的工程项目,为了优质、高效地做好工程建设,也需要具有较深厚的现代科技理论知识、经济管理知识和法律知识的人员进行组织管理。如果工程建设委托监理,监理工程师不仅要担负一般的组织管理工作,而且要指导参加工程建设的各方搞好工作。所以,监理工程师不具备上述理论知识就难以胜任监理工作。

工程建设涉及的学科很多,其中主要学科就有几十种。作为一名监理工程师,不可能学习和掌握这么多的专业理论知识。但是,起码应学习、掌握一种专业理论知识,没有专业理论知识的人员是难以胜任监理工作的。监理工程师还应力求了解或掌握更多的专业学科知识。无论监理工程师已掌握了多少专业技术知识,都必须学习、掌握一定的工程建设经济、法律和组织管理等方面的理论知识,从而达到一专多能,成为工程建设中的复合型人才,使工程监理企业真正成为智力密集型的知识群体。

2. 有丰富的工程建设实践经验

工程建设实践经验就是理论知识在工程建设中的成功应用。一般来说,一个人在工程建设中工作的时间越长,经验就越丰富;反之,则经验不足。大量的工程实践证明,工程建设中出现失误,往往与参与者的经验不足有关。当然,若不从实际出发,单凭以往的经验,也难以取得预期的成效。据了解,世界各国都很重视工程建设的实践经验。在考核某一个单位或某一个人的能力大小时,都把实践经验作为主要的衡量尺度之一。我国在监理工程师注册制度中,也对实践经验作出了相应的规定。

3. 有良好的品德和工作作风

监理工程师的良好品德和工作作风主要体现在:

(1)热爱祖国、热爱人民、热爱社会主义、热爱建设事业。只有这样,才能潜心钻研业务、努力进取和搞好工程监理工作。

(2)具有科学的工作态度和综合分析问题的能力。在处理任何问题时,都能从实际出发,以事实和数据为依据,从复杂的现象中抓住事物的本质和主要矛盾,使问题能得到迅速而正确的解决,而不是凭“想当然”“差不多”草率行事。

(3)具有廉洁奉公、为人正直、办事公道的高尚情操。对自己,不谋私利;对建设单位,既能贯彻其正确的意图,又能坚持正确的原则;对承建商,既能严格监理,又能正确处理其同建设单位的关系,公平地维护双方的合法权益。

(4)能听取不同意见,而且要有良好的包容性。对与自己不同的意见,能共同研究、及时磋商、耐心说服,而不是急躁行事,不轻易行使自己的否决权,以事实为依据,善于处理好各方面的关系。

4. 有较强的组织协调能力

在工程建设的全过程中,监理工程师依据合同对工程项目实施监督管理,监理工程师要面对建设单位、设计单位、承包单位、材料设备供应商等与工程有关的单位。只有协调好有关各方的关系、处理好各种矛盾和纠纷,才能使工程建设顺利地开展,实现项目投资目标。

5. 有健康的体魄和充沛的精力

尽管工程监理是一种高智能的管理和技术服务,以脑力劳动为主,但是也必须具有健康的身体和充沛的精力,才能胜任繁忙、严谨的监理工作。工程建设施工阶段,由于露天作业,工作条件艰苦,工期往往紧迫,业务繁忙,更需要有健康的身体。我国规定男性年满60周岁退休,也是从人们的体质上考虑的。一般来说,年满65周岁就不宜再在监理单位承担监理工作,国家规定对其不予注册。

三、监理工程师的道德要求

工程监理工作的特点之一是要体现公平原则。监理工程师执业过程中在维护建设单位的合法权益的同时,不能损害工程建设其他方的合法利益,因此对监理工程师的职业道德和工作纪律都有严格的要求,有关法规也作了具体的规定。

1. 职业道德守则

在监理行业中,监理工程师应严格遵守如下通用职业道德守则:

(1)维护国家的荣誉和利益,按照"守法、诚信、公平、科学"的准则执业。

(2)执行有关工程建设的法律、法规、标准、规范、规程和制度,履行监理合同规定的义务和职责。

(3)努力学习专业技术和工程监理知识,不断提高业务能力和监理水平。

(4)不以个人名义承揽监理业务。

(5)不同时在两个或两个以上监理单位注册和从事监理活动,不在政府部门和施工、材料设备的生产供应等单位兼职。

(6)不为所监理项目指定承包商及建筑构配件、设备、材料生产厂家和施工方法。

(7)不得收受被监理单位的任何礼金。

(8)不泄露所监理工程各方认为需要保密的事项。

(9)坚持独立自主地开展工作。

2. 工作纪律

(1)遵守国家的法律和政府的有关条例、规定和办法等。

(2)认真履行在《工程监理委托合同》中所承诺的义务,并承担约定的责任。

(3)坚持公正的立场,公平地处理有关各方的争议。

(4)坚持科学的态度和实事求是的原则。

(5)在坚持按《工程监理委托合同》的规定向建设单位提供技术服务的同时,帮助被监理者完成其担负的建设任务。

(6)不以个人名义在报刊上刊登承揽监理业务的广告。

(7)不得损害他人名誉。

(8)不泄露所监理工程需保密的事项。

(9)不在任何承建商或材料设备供应商中兼职。

(10)不得擅自接受建设单位额外的津贴,也不接受被监理单位的任何津贴。不接受可能导致判断不公的报酬。

监理工程师违背职业道德或违反工作纪律,由政府主管部门没收非法所得,收缴《监理工程师执业资格证书》,并可处以罚款。此外,监理单位还要根据企业内部的规章制度给予处罚。

3. FIDIC 道德准则

FIDIC 是国际上最有权威的被世界银行认可的咨询工程师组织。它认为工程师的工作对于社会及其环境的持续发展十分关键。下述准则是其成员行为的基本准则:

(1)接受对社会的职业责任。

(2)寻求与确认发展原则相适应的解决办法。

(3)在任何时候,维护职业的尊严、名誉和荣誉。

(4)保持其知识和技能与技术、法规、管理的发展相一致的水平,对于委托人要求的服务采用相应的技能,并尽心尽力。

(5)仅在有能力从事服务时才进行。

(6)在任何时候均为委托人的合法权益行使其职责,并且正直和忠诚地进行职业服务。

(7)在提供职业咨询、评审或决策时不偏不倚。

(8)通知委托人在行使其委托权时,可能引起的任何潜在的利益冲突。

(9)不接受可能导致判断不公的报酬。

(10)加强“按照能力进行选择”的观念。

(11)不得故意或无意地做出损害他人名誉或事务的事情。

(12)不得直接或间接取代某一特定工作中已经任命的其他咨询工程师的位置。

(13)通知该咨询工程师并且接到委托人终止其先前任命的建议前,不得取代该咨询工程师的工作。

(14)在被要求对其他咨询工程师的工作进行审查的情况下,要以适当的职业行为和礼节进行。

四、监理工程师的权利和义务

《建设工程质量管理条例》赋予监理工程师多项签字权,并明确规定了监理工程师的多项职责,从而使监理工程师执业有了明确的法律依据,确立了监理工程师作为专业人士的法律地位。监理工程师所具有的法律地位决定了监理工程师在执业中一般应享有的权利和应履行的义务。

1. 注册监理工程师享有的权利

(1)使用注册监理工程师称谓。

(2)在规定范围内从事执业活动。
(3)依据本人能力从事相应的执业活动。
(4)保管和使用本人的注册证书和执业印章。
(5)对本人执业活动进行解释和辩护。
(6)接受继续教育。
(7)获得相应的劳动报酬。
(8)对侵犯本人权利的行为进行申诉。

2. 注册监理工程师应当履行的义务

(1)遵守法律、法规和有关管理规定。
(2)履行管理职责,执行技术标准、规范和规程。
(3)保证执业活动成果的质量,并承担相应责任。
(4)接受继续教育,努力提高执业水准。
(5)在本人执业活动所形成的工程监理文件上签字、加盖执业印章。
(6)保守在执业中知悉的国家秘密和他人的商业、技术秘密。
(7)不得涂改、倒卖、出租、出借或者以其他形式非法转让注册证书或执业印章。
(8)不得同时在两个或者两个以上单位受聘或者执业。
(9)在规定的执业范围和聘用单位业务范围内从事执业活动。
(10)协助注册管理机构完成相关工作。

五、监理工程师的法律责任

1. 监理工程师法律责任的表现行为

监理工程师的法律责任与其法律地位密切相关,同样是建立在法律法规和委托监理合同的基础上的,因而监理工程师法律责任的行为表现主要有两方面:一是违反法律法规的行为(违法行为),二是违反合同约定的行为(违约行为)。

1)违法行为

现行法律法规对监理工程师的法律责任专门作出了具体规定,如《中华人民共和国建筑法》第35条规定:“工程监理单位不按照委托监理合同的约定履行监理义务,对应当监督检查的项目不检查或者不按照规定检查,给建设单位造成损失的,应当承担相应的赔偿责任。”

《中华人民共和国刑法》第137条规定:“建设单位、设计单位、施工单位、工程监理单位违反国家规定,降低工程质量标准,造成重大安全事故的,对直接责任人员,处五年以下有期徒刑或者拘役,并处罚金;后果特别严重的,处五年以上十年以下有期徒刑,并处罚金。”

《建设工程质量管理条例》第36条规定:“工程监理单位应当依照法律、法规以及有关技术标准、设计文件和建设工程承包合同,代表建设单位对施工质量实施监理并对施工质量承担监理责任。”

《建设工程安全生产管理条例》(国务院令393号)第14条规定:“工程监理单位和监理工程师应当依照法律、法规和工程建设强制性标准实施监理,并对建设工程安全生产承担监理责任。”

2)违约行为

监理工程师一般主要受聘于工程监理企业,从事工程监理业务。工程监理企业是与建设项目业主订立委托监理合同的当事人,是法定意义的合同主体。但委托监理合同在具体履行时,是由监理工程师代表监理企业来实现的。因此,如果监理工程师出现工作过失,违反了合同约定,其行为将被视为监理企业违约,由监理企业承担相应的违约责任。当然,监理企业在承担违约赔偿责任后,有权在企业内部向有相应过失行为的监理工程师追偿部分损失。所以,由监理工程师个人过失引发的合同违约行为,监理工程师应当与监理企业承担一定的连带责任,其连带责任的基础是监理企业与监理工程师签订的聘用协议或责任保证书,或监理企业法定代表人对监理工程师签发的授权委托书。一般来说,授权委托书应包含职权范围和相应责任条款。

2. 监理工程师的安全生产责任

监理工程师的安全生产责任是法律责任的一部分。

导致工作安全事故或问题的原因很多,有自然灾害、不可抗力等客观原因,也有建设单位、设计单位、施工企业、材料供应单位等方面的主观原因。监理工程师虽然不管理安全生产,不直接承担安全责任,但不能排除其间接或连带承担安全责任的可能性。如果监理工程师有下列行为之一,则应当与质量、安全事故责任主体承担连带责任。

(1)违章指挥或者发出错误指令,引发安全事故的。

(2)将不合格的工程建设、建筑材料、建筑构配件和设备按照合格签字,造成工程质量事故,由此引发安全事故的。

(3)与建设单位或施工企业串通,弄虚作假、降低工程质量,从而引发安全事故的。

2003 年 11 月 12 日发布的《建设工程安全生产管理条例》(国务院 393 号令)已经明确规定:工程监理单位应当审查施工组织设计中的安全技术措施或者专项施工方案是否符合工程建设强制性标准。工程监理单位在实施监理过程中,发现存在安全事故隐患的,应当要求施工单位整改,情况严重的,应当要求施工单位暂时停止施工,并及时报告建设单位。施工单位拒不整改或者不停止施工的,工程监理单位应当及时向有关主管部门报告。工程监理单位和监理工程师应当按照法律、法规和工程建设强制性标准实施监理,并对建设工程安全生产承担监理责任。

3. 监理工程师违规行为的处罚

监理工程师的违规行为及其处罚,主要有下列几种情况:

(1)对于未取得《监理工程师执业资格证书》《监理工程师注册证书》和执业印章,以监理工程师名义执行业务的人员,政府建设行政主管部门将予以取缔,并处以罚款,有违法所得的,予以没收。

(2)对于以欺骗手段取得《监理工程师执业资格证书》《监理工程师注册证书》和执业印章的人员,政府建设行政主管部门将吊销其证书、收回执业印章,并处以罚款;情节严重的,3 年之内不允许考试及注册。

(3)如果监理工程师出借《监理工程师执业资格证书》《监理工程师注册证书》和执业印章,情节严重的将被吊销证书、收回执业印章,3 年之内不允许考试和注册。

(4)监理工程师注册内容发生变更,未按照规定办理变更手续的,将被责令改正,并可能受到罚款处理。

(5)同时受聘于两个及以上单位执业的,将被注销其《监理工程师注册证书》,收回执业印章,并将受到罚款处理,有违法所得的,将被没收。

(6)对于监理工程师在执业中出现的行为过失,产生不良后果的,《建设工程质量管理条例》有明确规定:监理工程师因过错造成质量事故的,责令停止执业 1 年;造成重大质量事故的,吊销执业资格证书,5 年以内不予注册;情节特别恶劣的,终身不予注册。

第二节 监理工程师执业资格的获得

改革开放以来,我国开始逐步实行专业技术人员执业资格制度。自 1997 年起,在我国举行监理工程师执业资格考试,并将此项工作纳入全国专业技术人员执业资格制度实施计划。因此,监理工程师实际上是一种执业资格,若要获此称号,则必须参加侧重于工程监理实践知识的全国统考,考试合格者获得"监理工程师资格证书",否则就不具备监理工程师资格。

一、实施监理工程师执业资格考试制度的意义

执业资格考试制度是政府对某些责任较大、社会通用性强、关系公共利益的专业技术工作实行的市场准入制度,执业资格是专业技术人员依法独立开业或独立从事某种专业技术工作所必备的学识、技术和能力标准。监理工程师执业资格是中华人民共和国成立以来在工程建设领域设立的第一个执业资格。

实行监理工程师执业资格考试制度的意义如下:

(1)促进监理人员努力钻研监理业务,提高业务水平。

(2)统一监理工程师的业务能力标准。

(3)有利于公正地确定监理人员是否具备监理工程师的资格。

(4)合理建立工程监理人才库。

(5)便于同国际接轨,开拓国际工程监理市场。

二、监理工程师执业资格考试

1992 年 6 月,建设部发布了《监理工程师资格考试和注册试行办法》(建设部第 18 号令),我国开始实施监理工程师资格考试。1996 年 8 月,建设部、人事部下发了《建设部、人事部关于全国监理工程师执业资格考试工作的通知》(建监〔1996〕462 号),从 1997 年起,全国正式举行监理工程师执业资格考试。考试工作由建设部、人事部共同负责,日常工作委托建设部建筑监理协会承担,具体考务工作由人事部人事考试中心负责。考试每年举行一次,考试时间一般安排在 5 月中下旬。原则上在省会城市设立考点。

1. 报考条件

我国根据对监理工程师业务素质和能力的要求,对参加监理工程师执业资格考试的报名条件从两个方面作出限制:一是具有一定的专业学历,二是具有一定年限的工程建设实践经验。凡中华人民共和国公民,具有工程技术或工程经济专业大专(含)以上学历,遵纪守法并符合以下条件之一者,均可报名参加监理工程师执业资格考试:

(1)具有按照国家有关规定评聘的工程技术或工程经济专业中级专业技术职务,并任职满3年。

(2)具有按照国家有关规定评聘的工程技术或工程经济专业高级专业技术职务。

对从事工程监理工作并同时具备下列4项条件的报考人员可免试"工程建设合同管理"和"工程建设质量、投资、进度控制"2个科目:

(1)1970年(含)以前工程技术或工程经济专业大专(含)以上毕业。

(2)具有按照国家有关规定评聘的工程技术或工程经济专业高级专业技术职务。

(3)从事工程设计或工程施工管理工作15年(含)以上。

(4)从事监理工作1年(含)以上。

根据《关于同意香港、澳门居民参加内地统组织的专业技术人员资格考试有关问题的通知》(国人部发〔2005〕9号),凡符合注册监理工程师执业资格考试相应规定的香港、澳门居民均可按照文件规定的程序和要求报名参加考试。

2. 报名时间及方法

报名时间一般为上一年的12月份(以当地人事考试部门公布的时间为准)。报考者由本人提出申请,经所在单位审核同意后,携带有关证明材料到当地人事考试管理机构办理报名手续。党中央、国务院各部门、部队及直属单位的人员,按属地原则报名参加考试。

3. 考试内容和科目设置

由于监理工程师的业务主要是控制建设工程的质量安全、投资、进度,监督管理建设工程合同,协调工程建设各方的关系,所以,监理工程师执业资格考试的内容主要是工程建设基本理论、工程质量安全控制、工程进度控制、工程投资控制、建设工程合同管理和涉及工程监理的相关法律法规等方面的理论知识与实务技能。

考试设4个科目,具体是"工程监理基本理论与相关法规""建设工程合同管理""建设工程质量、投资、进度控制""工程监理案例分析"。其中,"工程监理案例分析"为主观题,在试卷上作答,其余3科均为客观题,在答题卡上作答。

考试分4个半天进行,"工程建设合同管理""工程监理基本理论与相关法规"的考试时间为2个小时,"工程建设质量、投资、进度控制"的考试时间为3个小时,"工程建设监理案例分析"的考试时间为4个小时。

4. 考试方式和管理

监理工程师执业资格考试是一种水平考试,是对考生掌握监理理论和监理实务技能的抽检。考试实行全国统考试大纲、统一命题、统一组织、统一时间、闭卷考试、分科记分、统录取标准的办法,一般每年举行一次。考试以两年为一个周期,参加全部科目考试的人员须在连续两个考试年度内通过全部科目的考试。免试部分科目的人员须在一个考试年度内通过应试科目。

三、监理工程师注册和注销

取得资格证书的人员申请注册,由省、自治区、直辖市人民政府建设主管部门初审,国务院建设主管部门审批。

取得资格证书并受聘于一个建设工程勘察、设计、施工、监理、招标代理、造价咨询等企业的人员,应当通过聘用单位向单位工商注册所在地的省、自治区、直辖市人民政府建设主管部门提出注册申请;省、自治区、直辖市人民政府建设主管部门受理,后提出初审意见,并将初审意见和全部申报材料报国务院建设主管部门审批;符合条件的,由国务院建设主管部核发注册证书和执业印章。

省、自治区、直辖市人民政府建设主管部门在收到申请人的申请材料后,应当即时作出是否受理的决定,并向申请人出具书面凭证:申请材料不齐全或者不符合法定形式的,应当在5日内一次性告知申请人需要补正的全部内容。逾期不告知的,自收到申请材料之日起即视为受理。

注册监理工程师按专业设置岗位,并在《监理工程师岗位证书》中注明专业。注册监理工程师依据其所学专业、工作经历、工程业绩,按照《工程监理企业资质管理规定》划分的工程类别,按专业注册:每人最多可以申请两个专业注册。对不予批准的,应当说明理由,并告知申请人享有依法申请行政复议或者提起行政诉讼的权利。

注册证书和执业印章是注册监理工程师的执业凭证,由注册监理工程师本人保管、使用。注册证书和执业印章的有效期为3年。

监理工程师的注册,根据注册内容的不同分为初始注册、延续注册、变更注册以及注销注册四种形式。

1.初始注册

初始注册者,可自资格证书签发之日起3年内提出申请。逾期未申请者,须符合继续教育的要求后方可申请初始注册。申请初始注册应当具备以下条件:

(1)经全国注册监理工程师执业资格统考试合格,取得资格证书。

(2)受聘于一个相关单位。

(3)达到继续教育要求。

初始注册需要提交下列材料。

(1)申请人的注册申请表。

(2)申请人的资格证书和身份证复印件。

(3)申请人与聘用单位签订的聘用劳动合同复印件。

(4)所学专业、工作经历、工程业绩、工程类中级及中级以上职称证书等有关证明材料。

(5)逾期初始注册的,应当提供达到继续教育要求的证明材料。

2.延续注册

注册监理工程师每一注册有效期为3年,注册有效期满需继续执业的,应当在注册有效期满30日前,按照《注册监理工程师管理规定》第七条规定的程序申请延续注册。延续注册有效期为 3 年。

延续注册需要提交下列材料：

(1)申请人延续注册申请表。

(2)申请人与聘用单位签订的聘用劳动合同复印件。

(3)申请人注册有效期内达到继续教育要求的证明材料。

3. 变更注册

在注册有效期内,注册监理工程师变更执业单位,应当与原聘用单位解除劳动关系,并按《注册监理工程师管理规定》第七条规定的程序办理变更注册手续,变更注册后仍延续原注册有效期。变更注册需要提交下列材料：

(1)申请人变更注册申请表。

(2)申请人与新聘用单位签订的聘用劳动合同复印件及社会保险机构出具的参加社会保险的清单复印件。

(3)申请人的工作调动证明(与原聘用单位解除聘用劳动合同或者聘用劳动合同到期的证明文件、退休人员的退休证明)。

(4)在注册有效期内或有效期届满,变更注册专业的,应提供与申请注册专业相关的工程技术、工程管理工作经历和工程业绩证明,以及满足相应专业继续教育要求的证明材料。

(5)在注册有效期内,所在聘用单位名称发生变更的,应提供聘用单位新名称的营业执照复印件。

申请变更注册程序同延续注册。

申请人有下列情形之一的,不予初始注册、延续注册或者变更注册：

(1)不具有完全民事行为能力的。

(2)刑事处罚尚未执行完毕或者因从事工程监理或者相关业务受到刑事处罚,自刑事处罚执行完毕之日起至申请注册之日止不满 2 年的。

(3)未达到监理工程师继续教育要求的。

(4)在两个或者两个以上单位申请注册的。

(5)以虚假的职称证书参加考试并取得资格证书的。

(6)年龄超过 65 周岁的。

(7)法律、法规规定不予注册的其他情形。

4. 注销注册

注册监理工程师有下列情形之一的,负责审批的部门应当办理注销手续,收回注册证书和执业印章或者公告其注册证书及执业印章作废：

(1)不具有完全民事行为能力的。

(2)申请注销注册的。

(3)注册证书和执业印章失效的。

(4)依法被撤销注册的。

(5)依法被吊销注册证书的。

(6)受到刑事处罚的。

(7)法律、法规规定应当注销注册的其他情形。

注册监理工程师有前款情形之一的,注册监理工程师本人和聘用单位应当及时向国务院建设主管部门提出注销注册的申请;有关单位和个人有权向国务院建设主管部门举报;县级以上地方人民政府建设主管部门或者有关部门应当及时报告或者告知国务院建设主管部门。注册监理工程师有下列情形之一的,其注册证书和执业印章失效:

(1)聘用单位破产的。

(2)聘用单位被吊销营业执照的。

(3)聘用单位被吊销相应资质证书的。

(4)已与聘用单位解除劳动关系的。

(5)注册有效期满且未延续注册的。

(6)年龄超过65周岁的。

(7)死亡或者丧失行为能力的。

(8)其他导致注册失效的情形。

四、监理工程师执业

取得资格证书的人员应当受聘于一个具有建设工程勘察、设计、施工、监理、招标代理、造价咨询等一项或者多项资质的单位,经注册后方可从事相应的执业活动。从事工程监理执业活动的,应当受聘并注册于一个具有工程监理资质的单位。

注册监理工程师可以从事工程监理、工程经济与技术咨询、工程招标与采购咨询、工程项目管理服务以及国务院有关部规定的其他业务。

工程监理活动中形成的监理文件由注册监理工程师按照规定签字盖章后方可生效。修改经注册监理工程师签字盖章的工程监理文件,应当由该注册监理工程师进行,因特殊情况,该注册监理工程师不能进行修改的,应当由其他注册监理工程师修改,并签字、加盖执业印章,对修改部分承担责任。

注册监理工程师从事执业活动,由所在单位接受委托并统一收费。

因工程监理事故及相关业务造成的经济损失,聘用单位应当承担赔偿责任。聘用单位承担赔偿责任后,可依法向负有过错的注册监理工程师追偿。

第三节 工程监理企业

工程监理企业是指从事工程监理业务并取得工程监理企业资质证书的经济组织,它是监理工程师的执业机构。

一、决定监理单位资质的因素

监理单位的资质主要体现在监理能力和监理效果两个方面。所谓监理能力是指能监理多大规模及复杂程度大小的工程项目。监理效果是指对工程项目实施监理后,在工程投资、质量进度控制等方面取得的成果。

监理单位的监理能力和监理效果主要取决于监理人员的素质、专业配套能力、技术装备、监理经历和管理水平等。我国现行的工程监理法规规定,按照这几方面的标准来划分与审定监理单位的资质等级。

监理单位是智能型企业,提供高智能的技术服务,其工作性质决定了监理单位是高智能的人才库。较之一般的物质生产企业来说,监理单位对人才素质的要求更高。

1. 监理人员要具有较高的工程技术或经济专业知识

监理单位的监理人员要具有较高的学历。一般说来,从事监理工作的人员都应具有大专及以上学历,同时具有大学本科学历人员应占大多数。

在技术职称方面,一般要求监理单位拥有中级及以上专业技术职称的人员超过70%,初级职称人员为20%左右,而其他人员应在10%以下。

对于监理单位负责人的素质要求更高,在技术方面应当具有高级专业技术职称,应具有较强组织协调和领导才能,并已取得国家确认的监理工程师资格证书。同时还要掌握与自己本专业相关的其他专业方面以及经营管理方面的知识,成为一专多能的复合型人才。

2. 专业配套能力

任何一项工程建设,均需要若干个专业人员的协同工作和相互配合,如主要从事民用建筑工程监理业务的监理单位,要配备建筑、结构、电气、给排水、供暖、测量工程、预算等专业人员,档次较高的民用建筑监理,还需要配备机械设备、电信、地下工程等专业人员等。一个监理单位,按照它所从事的监理业务范围的要求,配备的专业监理人员是否齐全,在很大程度上决定了它的监理能力的强弱。在审定监理单位资质的时候,专业监理人员的配备是否与其申请的监理业务范围相一致也是一项十分重要的考核内容。如果一个监理单位在某一方面缺少专业监理人员或者在某一方面专业监理人员素质很低,那么,这个监理单位就不能从事相应专业的监理工作。另外,各主要专业的监理人员中应当有1~2人具有高级专业职称。主要人员还应取得监理工程师岗位证书,这也是专业配套能力的重要标志。若达不到这个标准,则视为监理单位配套能力不强,应限制其承接监理业务的范围。

从工程监理的基本内容要求出发,监理单位还应当在质量控制、进度控制、投资控制、安全生产、环境保护、合同管理、信息管理和组织协调等方面具有专业配套能力。

3. 技术装备

监理单位技术装备的数量、检测水平的高低也是其资质要素的重要因素。监理单位应有必要的验证性的具体工程建设实施行为,对某些关键性部位结构或工艺设计进行复核,运用高精度的测量仪器对建筑物方位进行复核测定,从而对其作出科学判断,加强对工程建设的监督管理。因此,监理单位应具备一定数量的计算机、测量、试验检测仪器、通信、照相录像等设备。上述技术装备中,一般仪器可由监理单位自备使用;特殊设备,当建设单位无法提供的,可委托或联合有关检测单位进行检测,但所发生的费用一般应由建设单位支付。

4. 管理水平

监理单位管理水平的高低,首先是看监理单位的规章制度是否健全与贯彻执行,其次是看监理单位负责人的技术水平、品德作风、领导艺术和方法、民主意识及开拓进取精神。

监理单位的管理规章制度应当包括组织管理、人事管理、财务管理、生产经营管理、科技及设备方面的管理及考核等制度。这些制度要能有效执行和贯彻,并取得实效。同时,其管理水平主要反映为能否将本部门的人、财、物很好地调动起来,做到人尽其才、物尽其用。监理人员还要做到遵纪守法,模范地遵守监理工程师职业道德准则,能协调各专业工程矛盾,驾驭市场,占领市场,取得良好的社会效益和经济效益。

5. 监理的经历和业绩

一般地讲,监理单位自成立之后,从事监理工作的历程,即从事监理工作的年限越长,监理的工程项目会越多,监理的经验也会越丰富,因此其监理的效果也会很大。监理经历是监理单位的宝贵财富,是构成其资质的要素之一。

监理的业绩主要是指监理单位在开展项目监理业务中所取得的成绩,这里包括监理单位在控制工程建设投资,保证工程质量和按期完成等方面所取得的成效。因此,有关部门在审定监理单位资质时,一定要把监理单位监理过的竣工工程数量、监理过什么等级的工程、取得什么样的监理效果作为监理单位重要资质要素来审定。

二、工程监理企业的资质与管理

工程监理企业资质是企业技术能力、管理水平、业务经验、经营规模、社会信誉等综合实力的指标。对工程监理企业进行资质管理的制度是我国政府实行市场准入控制的有效手段。工程监理企业应当按照所拥有的注册资本、专业技术人员数量和工程监理业绩等资质条件申请资质,经审查合格,取得相应等级的资质证书后,才能在其资质等级许可的范围内从事工程监理活动。

1. 工程监理企业资质等级标准和相应许可的业务范围

1)工程监理企业资质等级标准

工程监理企业资质分为综合资质、专业资质和事务所资质三个序列。其中,综合资质只设甲级。专业资质原则上分为甲、乙、丙三个级别,并按照工程性质和技术特点划分为14个专业工程类别;除房屋建筑、水利水电、公路和市政公用4个专业工程类别设丙级资质外,其他专业工程类别不设丙级资质。事务所资质不分等级。

(1)综合资质标准

①具有独立法人资格且注册资本不少于600万元。

②企业技术负责人应为注册监理工程师,并具有15年以上从事工程建设工作的经历或者具有工程类高级职称。

③具有5个以上工程类别的专业甲级工程监理资质。

④注册监理工程师不少于60人,注册造价工程师不少于5人,一级注册建造师、一级注册建筑师、一级注册结构工程师或者其他勘察设计注册工程师合计不少于15人次。

⑤企业具有完善的组织结构和质量管理体系,有健全的技术、档案等管理制度。

⑥企业具有必要的工程试验检测设备。

⑦申请工程监理资质之日前一年内没有规定禁止的行为。

⑧申请工程监理资质之日前一年内没有因本企业监理责任造成重大质量事故。

⑨申请工程监理资质之日前一年内没有因本企业监理责任发生三级以上工程建设重大安全事故或者发生两起以上四级工程建设安全事故。

(2)专业资质标准

①甲级。

a. 具有独立法人资格且注册资本不少于300万元。

b. 企业技术负责人应为注册监理工程师,并具有15年以上从事工程建设工作的经历或者具有工程类高级职称。

c. 注册监理工程师、注册造价工程师、一级注册建造师、一级注册建建筑师、一级注册结构工程师或者其他勘察设计注册工程师合计不少于25人次,其中相应专业注册监理工程师不少于表4-1中要求配备的人数,注册造价工程师不少于2人。

专业资质注册监理工程师人数配备 表4-1

单位:人

序号	工程类别	甲级	乙级	丙级	序号	工程类别	甲级	乙级	丙级
1	房屋建筑工程	15	10	5	8	铁路工程	23	14	
2	冶炼工程	15	10		9	公路工程	20	12	5
3	矿山工程	20	12		10	港口与航道工程	20	12	
4	化工石油工程	15	10		11	航天航空工程	20	12	
5	水利水电工程	20	12	5	12	通信工程	20	12	
6	电力工程	15	10		13	市政公用工程	15	10	5
7	农林工程	15	10		14	机电安装工程	15	10	

注:表中各专业资质注册监理工程师人数配备是指企业取得本专业工程类别注册的注册监理工程师人数。

d. 企业近2年内独立监理过3个以上相应专业的二级工程项目,但是具有甲级设计资质或一级及以上施工总承包资质的企业申请本专业工程类别甲级资质的除外。

e. 企业具有完善的组织结构和质量管理体系,有健全的技术、档案等管理制度。

f. 企业具有必要的工程试验检测设备。

g. 申请工程监理资质之日前一年内没有规定禁止的行为。

h. 申请工程监理资质之日前一年内没有因本企业监理责任造成重大质量事故。

i. 申请工程监理资质之日前一年内没有因本企业监理责任发生三级以上工程建设重大安全事故或者发生两起以上四级工程建设安全事故。

②乙级。

a. 具有独立法人资格且注册资本不少于100万元。

b. 企业技术负责人应为注册监理工程师,并具有10年以上从事工程建设工作的经历。

c. 注册监理工程师、注册造价工程师、一级注册建造师、一级注册建筑师、一级注册结构工程师或者其他勘察设计注册工程师合计不少于15人次。其中,相应专业注册监理工程师不少于表4-1中要求配备的人数,注册造价工程师不少于1人。

d. 有较完善的组织结构和质量管理体系,有技术、档案等管理制度。

e. 有必要的工程试验检测设备。

f. 申请工程监理资质之日前一年内没有规定禁止的行为。

g. 申请工程监理资质之日前一年内没有因本企业监理责任造成重大质量事故。

h. 申请工程监理资质之日前一年内没有因本企业监理责任发生三级以上工程建设重大安全事故或者发生两起以上四级工程建设安全事故。

③丙级。

a. 具有独立法人资格且注册资本不少于50万元。

b. 企业技术负责人应为注册监理工程师,并具有8年以上从事工程建设工作的经历。

c. 相应专业的注册监理工程师不少于表4-1中要求配备的人数。

d. 有必要的质量管理体系和规章制度。

e. 有必要的工程试验检测设备。

(3)事务所资质标准

①取得合伙企业营业执照,具有书面合作协议书。

②合伙人中有3名以上注册监理工程师,合伙人均有5年以上从事工程监理的工作经历。

③有固定的工作场所。

④有必要的质量管理体系和规章制度。

⑤有必要的工程试验检测设备。

2)工程监理企业资质相应许可的业务范围

(1)综合资质

综合资质可以承担所有专业工程类别工程项目的工程监理业务,以及建设工程的项目管理、技术咨询等相关服务。

(2)专业资质

①专业甲级资质。专业甲级资质可承担相应专业工程类别工程项目的工程监理业务,以及相应类别建设工程的项目管理、技术咨询等相关服务。

②专业乙级资质。专业乙级资质可承担相应专业工程类别二级(含二级)以下工程项目的工程监理业务,以及相应类别和级别建设工程的项目管理、技术咨询等相关服务。

③专业丙级资质。专业丙级资质可承担相应专业工程类别三级工程项目的工程监理业务,以及相应类别和级别建设工程的项目管理、技术咨询等相关服务。

(3)事务所资质

事务所资质可承担三级工程项目的工程监理业务,以及相应类别和级别工程项目管理、技术咨询等相关服务。但是,国家规定必须实行强制监理的工程监理业务除外。

2. 工程监理企业的资质管理

为了加强对工程监理企业的资质管理,保障其依法经营业务,促进工程监理事业的健康发展,国家建设行政主管部门对工程监理企业资质管理工作制定了相应的管理规定。根据我国现阶段管理体制,我国工程监理企业的资质管理确定的原则是“分级管理,统分结合”,按中央和地方两个层次进行管理。国务院建设行政主管部门负责全国工程监理企业资质的归口管理工作。涉及铁道、交通、水利、信息产业、民航等专业工程监理资质的,由国务院铁道、交通、水利、信息产业、民航等有关部门配合国务院建设行政主管部门实施资质管理工作。省、自治区、直辖市人民政府建设行政主管部门负责行政区域内工程监理企业资质的归口管理工作,省、自治区、直辖市人民政府交通、水利、通信等有关部门配合同级建设行政主管部门实施相关资质类别工程监理企业资质的管理工作。工程监理企业资质有主项资质和增项资质,可分为14个工程类别,可以申请一项或多项工程类别资质,申请多项资质的工程监理企业,应当选择一项为主项资质,其余为增项资质。增项资质级别不得高于主项资质级别。工程监理企业资质证书分为正本和副本,每套资质证书包括一本正本,四本副本。正、副本具有同等法律效力。工程监理企业资质证书的有效期为5年。由国务院建设主管部门统一印制并发放。

第四节 工程监理企业经营管理

一、工程监理企业经营活动基本准则

工程监理企业从事工程监理活动应当遵循"守法、诚信、公正、科学"的准则。

1.守法

守法,即遵守国家的法律法规。对于工程监理企业来说,守法即要依法经营,主要体现在:工程监理企业只能在核定的业务范围内开展经营活动;认真履行监理委托合同;工程监理企业离开原住所地承接监理业务,要自觉遵守当地人民政府颁发的监理法规和有关规定,主动向监理工程所在地的省、自治区、直辖市建设行政主管部门备案登记,接受其指导和监督管理。

2.诚信

诚信,即诚实守信用。信用是企业的一种无形资产,加强企业信用管理、提高企业信用水平是完善我国工程监理制度的重要保证。工程监理企业应当建立健全建设单位的信用管理制度,及时主动与建设单位进行信息沟通,增强相互间的信任;及时检查和评估企业信用的实施情况。

3.公正

公正是指工程监理企业在监理活动中既要维护建设单位的利益,又不能损害承包商的合法权益,并依据合同公平合理地处理建设单位与承包商之间的争议。工程监理企业要做到公正,就应该具有良好的职业道德,坚持实事求是原则;熟悉有关建设工程合同条款;提高专业技术能力;提高综合分析判断问题的能力。

4.科学

科学是指工程监理企业要依据科学的方案,运用科学的手段,采取科学的方法开展监理工作。工程监理工作结束后,还要进行科学的总结。

二、工程监理企业的企业管理

强化企业管理,提高科学管理水平,是建立现代企业制度的要求,也是监理企业提高市场竞争能力的重要途径。监理企业管理应抓好成本管理、资金管理和质量管理,增强法治意识,依法运行经营管理。

1. 基本管理措施

监理企业应重点做好以下几方面工作：

(1)市场定位。要加强自身发展战略研究，适应市场，根据本企业实际情况合理确定企业的市场地位，实施明确的发展战略、技术创新战略，并根据市场变化适时进行调整。

(2)管理方法现代化。要广泛采用现代管理技术、方法和手段，推广先进企业的管理经验，借鉴国外企业现代管理方法；应当积极推行 ISO 9000 质量管理体系贯标认证工作，严格按照质量手册和程序文件的要求规范企业的各项工作。

(3)建立市场信息系统。要加强现代信息技术的运用，建立反应快速、准确的市场信息系统，掌握市场动态。

(4)严格贯彻实施《建设工程监理规范》。企业应结合实际情况，制定相应的《建设工程监理规范》实施细则，组织全员学习，在签订委托监理合同、实施监理工作、检查考核监理业绩、制定企业规章制度等各个环节都应当以《建设工程监理规范》为主要依据。

2. 建立健全各项内部管理规章制度

工程监理企业规章制度一般包括组织管理、人事管理、劳动合同管理、财务管理、经营管理、设备管理、科技管理、档案文书管理以及项目监理机构管理等制度。有条件的监理企业还要有风险管理，实行监理责任保险制度，适当转移责任风险。

3. 市场开发

(1)取得监理业务的基本方式。

工程监理企业承揽监理业务的方式有两种：一是通过投标竞争取得监理业务，二是由建设单位直接委托取得监理业务。通过投标取得监理业务是市场经济体制下比较普遍的形式。《中华人民共和国招标投标法》明确规定，关系公共利益安全、由政府投资和外资等工程实行监理必须招标。在不宜公开招标的机密工程或没有投标竞争对手，或者是工程规模比较小、比较单一的监理业务，或者是对原工程监理企业的续用等情况下，建设单位也可以直接委托工程监理企业实行监理。

(2)工程监理企业投标书的核心。

工程监理企业向建设单位提供的是管理服务，因此工程监理企业投标书的核心是反映其所提供的管理服务水平高低的监理大纲，尤其是主要的监理对策。建设单位在监理招标时应以监理大纲的水平作为评定投标书优劣的重要标准，而不应把监理费的高低作为选择工程监理企业的主要评定标准。作为工程监理企业，不应该以降低监理费作为竞争的主要手段去承揽监理业务。一般情况下，监理大纲中主要的监理对策是指根据监理招标文件的要求，针对建设单位委托监理工程的特点初步拟订的该工程的监理工作指导思想、主要的管理措施和技术措施、拟投入监理力量以及为搞好该项工程建设而向建设单位提出的原则性的建议等。

(3)工程监理费的计算方法。

工程监理费是指建设单位依据委托监理合同支付给监理企业的监理酬金。它是构成工程概(预)算的一部分，在工程概(预)算中单独列支。工程监理费由直接成本、间接成本、税金和利润四部分构成。工程监理费是市场竞争的动力，我国工程监理费的计算方法可以参照《工程监理与相关服务收费管理规定》(发改价格〔2007〕670 号)、国家发展和改革委员会关于进一步放开建设项目专业服务价格的通知(发改价格〔2015〕299号)实施。

(4)工程监理企业在竞争承揽监理业务中应注意的事项。

①严格遵守国家的法律、法规及有关规定,遵守监理行业职业道德,不参与恶性压价竞争活动,严格履行委托监理合同。

②严格按照批准的经营范围承接监理业务,特殊情况下,承接经营范围以外的监理业务时,需向资质管理部申请批准。

③承揽监理业务的总量要视本单位的力量而定,不得在与建设单位签订监理合同后,把监理业务转包给其他工程监理企业,或允许其他企业、个人以本监理企业的名义挂靠承揽监理业务。

④对于监理风险较大的建设工程,可以联合几家工程监理企业组成联合体共同承担监理业务,以分担风险。

1. 监理工程师应具备什么样的素质?应遵守的职业道德是什么?

2. 监理工程师的注册形式有哪几种?注册监理工程师每一注册有效期为几年?

3. 监理企业资质有哪几种?分别设哪几个等级?

4. 参加监理工程师执业资格考试的报名条件主要包括哪些方面?

5. 工程监理企业资质管理主要包括哪些内容?

6. 要做好工程监理企业的管理工作,主要需做好哪几个方面的工作?

第五章 CHAPTER FIVE 工程监理的主要内容

知识目标

掌握风险管理及目标控制原理；掌握工程进度、质量、费用、安全、环保监理的作用和任务；掌握合同管理、信息管理的主要内容。

能力目标

能够总结和归纳工程进度、质量、费用、安全、环保监理的基本方法；能够基本掌握项目监理组织协调的方法。

素质目标

培养学生的团队协作精神和精益求精的工作作风。

工程监理作为一种以严密制度为特征的综合管理行为，按照国际惯例，以 FIDIC 管理模式为基础，强调对工程建设项目在特定时空范围内的全方位及全过程的监督与管理，以期达到项目建设的预期目标。因此，工程监理活动属于一种法律、法规、政策及技术性强的综合行为，它要求管理者(工程监理人员)随着项目的实施和发展对处于动态变化过程中的工程项目，按一定的标准、规范进行调整控制，以保证工程项目按合同顺利进行。

公路工程监理的主要内容，可分为工程质量控制、工程进度控制、工程费用控制、工程安全控制、环境保护控制、现场管理、合同管理、信息管理、生产要素管理、竣工验收管理、工程后期管理、组织协调，即常说的“五控制六管理一协调”。

本章简要介绍工程项目风险管理及目标控制的基本概念和“五控制六管理一协调”的主要内容、工作程序与方法。

第一节 风险管理及目标控制

一、工程风险管理概述

工程项目的质量、进度、费用三大目标的实现,是工程监理的核心内容。工程建设项目的特点,决定了在项目实施过程中存在着大量的不确定因素。这些不确定因素无疑会给项目的目标实现带来影响,其中有些影响甚至是灾难性的。工程项目的风险就是指那些在项目实施过程中可能出现的灾难性事件或不满意的结果。任何风险都包括两个基本要素:一是风险因素发生的不确定性,二是风险发生带来的损失。风险事件发生的不确定性,是因为外部环境千变万化,也是因为项目本身的复杂性和人们预测能力的局限性。公路工程项目在实施过程中存在风险是必然的、不可避免的,监理工程师必须要有强烈的和正确的风险意识。

风险管理是一个识别和度量项目风险,制订、选择和管理风险处理方案的系列过程。风险管理的目标是减少风险危害的危害程度,使工程质量、进度、费用三大目标得到控制和实现。风险管理的流程如图 5-1 所示。

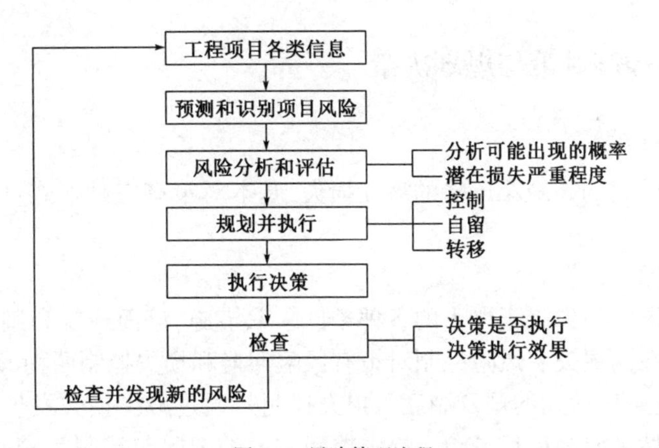

图 5-1 风险管理流程

二、工程风险识别

风险识别是风险管理各步骤中最重要的,即预测和识别出项目目标实现过程中可能存在的风险事件,并予以分类。

风险预测和识别的过程主要立足于数据收集、分析和预测,要重视经验在预测中的特殊作用(定性预测)。为了使风险识别做到准确、完整和有系统性,应从项目风险管理的目标出发,通过风险调查、信息分析、专家咨询及实验论证等手段,对项目风险进行多维分解,从而全面认识风险,形成风险清单。

三、工程风险评价

这一过程将风险的不确定性进行量化,评价其潜在的影响。它的内容有:确定风险事件发生的概率和对项目目标影响的严重程度,如经济损失量、工期迟延量等;评价所有风险的潜在影响,得到项目的风险决策变量值,作为项目决策的重要依据。风险分析与评价流程如图5-2所示。

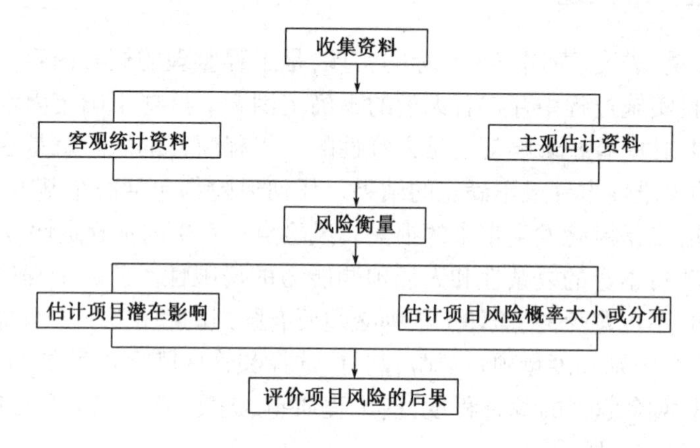

图5-2 风险分析与评价流程

四、工程风险控制对策与规划决策

1. 工程风险控制对策

风险控制对策的目的是减小风险的潜在损失,基本对策有三种形式:风险控制、风险自留和风险转移。

1)风险控制对策

风险控制是对风险损失趋于严重的各种条件采取措施,进而控制和避免或减少发生风险的可能性及各种潜在的损失。风险控制对策有风险回避和损失控制两种形式。风险回避经常是一种规定,如禁止某项活动的规章制度。损失控制是通过减少损失发生的机会或通过降低所发生损失的严重性来控制项目风险。损失控制方案的内容包括制订安全计划、评估及监控有关系统及安全装置、重复检查工程建设计划、制订灾难计划、制订应急计划等。

2)风险自留对策

风险自留是一种重要的财务性管理技术,由自己承担风险所造成的损失。风险自留对策分计划性风险自留和非计划性风险自留两种。计划性风险自留是指风险管理人员有意识地不断降低风险的潜在损失。非计划性风险自留是指当风险管理人员没有认识到项目风险的存在,因而没有处理项目风险的准备,被动地承担风险,此时的风险自留是一种非计划的风险自留。风险管理人员通过减少风险识别和风险分析失误,从而避免这种非计划风险自留。

3)风险转移对策

(1)合同转移。合同转移是指用合同规定双方的风险责任,从而将风险本身转移给对方,减少自身的损失。因此,合同中应包含责任和风险两大要素。

(2)工程投保。工程投保是项目风险管理计划的最重要的转移技术,目的在于把项目进行中发生的大部分风险作为保险对策,以减轻与项目实施有关方的损失负担和可能由此产生的纠纷。付出了保险费,在工程受到意外损失后能得到补偿。工程保险的目标是最优的工程保险费和最理想的保障。

2. 规划决策

规划决策就是选择对策。应根据工程项目的特点,从系统的观点出发,考虑风险管理的思路和步骤,制订与项目目标一致的风险管理原则,以指导风险管理人员决策。

五、工程项目建设监理目标控制

1. 工程项目的概念

工程项目,也称建设项目。一个工程项目可以是一个单项工程,也可以是一个系统的群体工程,但是只有具备以下条件的工程才能称为工程项目:第一,工程要有明确的建设目的和投资理由;第二,工程要有明确的建设任务量,即要有确定的建设范围、具体内容及质量目标;第三,投资条件要明确,即总的投资量及其资金来源,各年度的投资量等要明确;第四,进度目标要明确,即要有确定的项目实施阶段的总进度目标、分进度目标和项目实施时间;第五,工程各组成部分之间要有明确的组织联系,应是一个系统;第六,项目实施的一次性。

2. 工程项目建设监理的目标

工程项目建设监理的目标是:控制工程费用、进度、质量、安全、环保。合同管理、信息管理和全面的组织协调是实现费用、进度、质量三大目标所必须运用的控制手段和措施。但只有确定了费用、进度和质量目标值,监理单位才能对工程项目进行有效的监督管理。费用、进度和质量是一个既统一又相互矛盾的目标系统。在确定每个目标值时,都要考虑到对其他目标的影响。但是,其中工程安全可靠性和使用功能目标以及施工质量合格目标,必须优先予以保证,并要求最终达到目标系统最优。在监理目标值确定之后,即可进一步确定计划,采取各种控制协调措施,力争实现监理目标值。

3. 工程项目质量、进度和费用三大目标间的关系

工程项目建设监理的质量目标、进度目标和费用目标的关系是对立统一的关系,既有矛盾的一面,又有统一的一面,其关系如图5-3所示。

费用与进度的关系是:加快进度往往要增加投资,但是加快进度提早项目启用时间,则可增加收入提高投资效益。

进度与质量的关系是:加快进度可能影响质量,但严格控制质量,避免返工,进度则会加快。

费用与质量的关系是:质量好,可能要增加费用,但严格控制质量,可以减少经常性的维护费用;延长使用工程使用年限,则又提高了投资效益。

一个工程项目的三大目标之间,一般不能说哪个最重要。不同的项目在不同的时期,目标

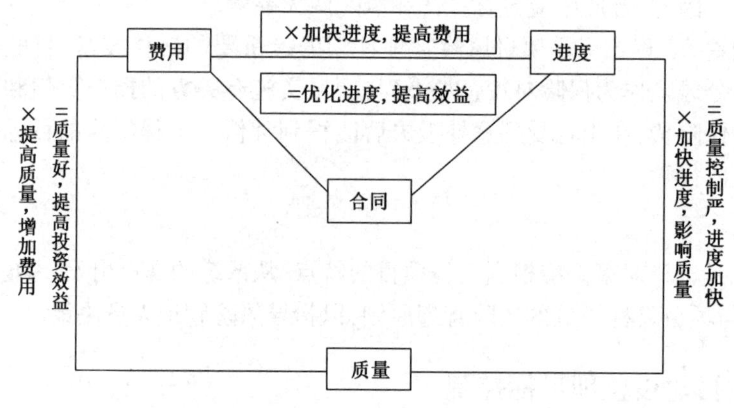

图 5-3 目标之间的对立统一关系

注：×-相互矛盾；=-相互统一。

的重要程度是不同的。对于监理工程师而言，要处理好在各种条件下工程项目三大目标间的关系及其重要顺序。在确定各目标值和对各目标值实施控制时，都要考虑对其他目标的影响，要进行多方面、多方案的分析、对比，做到既要节约费用，又要质量好，进度快，力争费用、质量和进度三大目标的统一，确保整个目标系统可行，并达到整个目标系统最优化。

4. 目标控制的基本原理

项目目标控制是一项系统工程。所谓控制就是按照计划目标和组织系统，对系统各个部分进行跟踪调查，以保证协调总体目标。

控制的主要任务是把计划执行情况与计划目标进行比较，找出差异，对比较的结果进行分析，排除和预防产生差异的原因，使总体目标得以实现。

项目控制是控制论与工程项目管理实践相结合的产物，具有很强的实用性。由于工程项目的一次性特点，将前馈控制，反馈控制，动态控制（包括主动控制、被动控制）等基本概念用到工程监理中是非常有效的，有助于提高监理人员的主动监理意识。

1）前馈控制与反馈控制

项目中，控制形式分为两种：一种是前馈控制，又称为开环控制；另一种是反馈控制，又称为闭环控制，如图 5-4 所示。

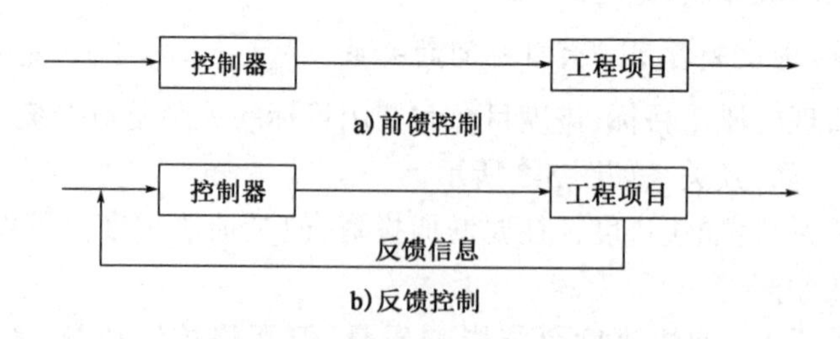

图 5-4 工程项目控制方式示意图

两种控制形式的主要区别是有无信息反馈。就工程项目而言，控制器是指工程项目的管理者。前馈控制对控制器要求非常严格，即前馈控制系统中的人必须具有开发意识。而反馈控制可以利用信息流的闭合，调整控制强度，因而对控制器要求相对较低。

理论上讲,从公路工程项目的一次性特征考虑,在项目控制中均应采用前馈控制形式。但是,由于项目受本身的复杂性和人们预测能力局限性等因素的影响,反馈控制形式在监理工程师的控制活动中显得同样重要和可行。

公路工程项目实施中的反馈信息,由于受各种因素影响,将出现不稳定现象,即信息振荡现象,项目控制论中称负反馈现象。从工程项目控制理解,所谓负反馈就是反馈信息失真,管理者由此决策将影响工程进度、质量、费用三大目标的实现。因此,在公路工程施工中,监理人员必须避免负反馈现象的发生。

2)动态控制

工程项目的动态控制分为两种情况:一是发现目标产生偏离,分析原因,采取措施,称为被动控制;二是预先分析,估计工程项目可能发生的偏离,采取预防措施进行控制,称为主动控制,如图5-5所示。

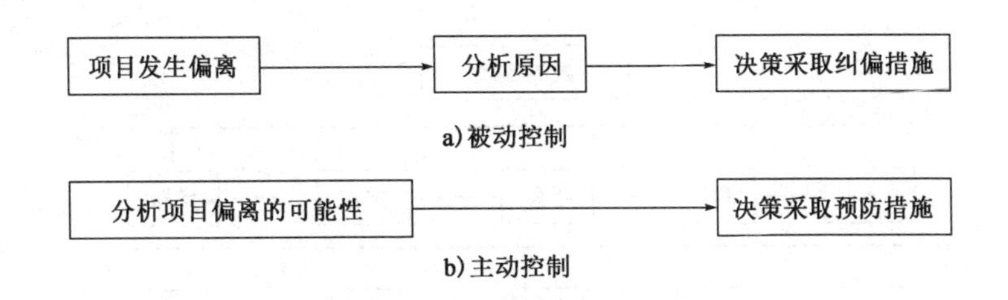

图5-5　工程项目主、被动控制示意图

工程项目的一次性特点,要求监理工程师具有较强的主动控制能力,而且工程合同和施工规范都要给监理工程师实施主动控制提供条件。但公路工程项目是极为复杂的工程项目,涉及因素多,跨越范围广。因此,根据工程实际,在工程监理实施过程中,除采取主动控制外,也应辅之以被动控制方法。主、被动控制的合理使用,是监理工程师做好工作的保证之一,也能反映监理工程师的水平高低。

目标的动态控制是一个有限的循环过程,应贯穿于工程项目实施阶段的全过程。动态控制的过程可分为三个基本步骤:确定目标、检查成效、纠正偏差。动态控制应在监理规划指导下进行,其要点如下。

(1)控制是一定的主体为实现目标而采取的一种行为。要实现最优化控制,必须首先满足两个条件:一是要有一个合格的主体;二是要有明确的系统目标。

(2)控制是按实现拟订的计划目标值进行的。控制活动就是检查实际发生的情况与计划目标值是否存在偏差,偏差是否在允许范围之内,是否应采取控制措施及采取何种措施以纠正偏差。

(3)控制的方法是检查、分析、监督、引导和纠正。

(4)控制是针对被控系统而言的,既要对被控系统进行全过程控制,又要对其所有要素进行全面控制。

(5)控制是动态的。图5-6所示为动态控制原理。

(6)提倡主动控制。

(7)控制是一个大系统,该系统的模式如图5-7所示。

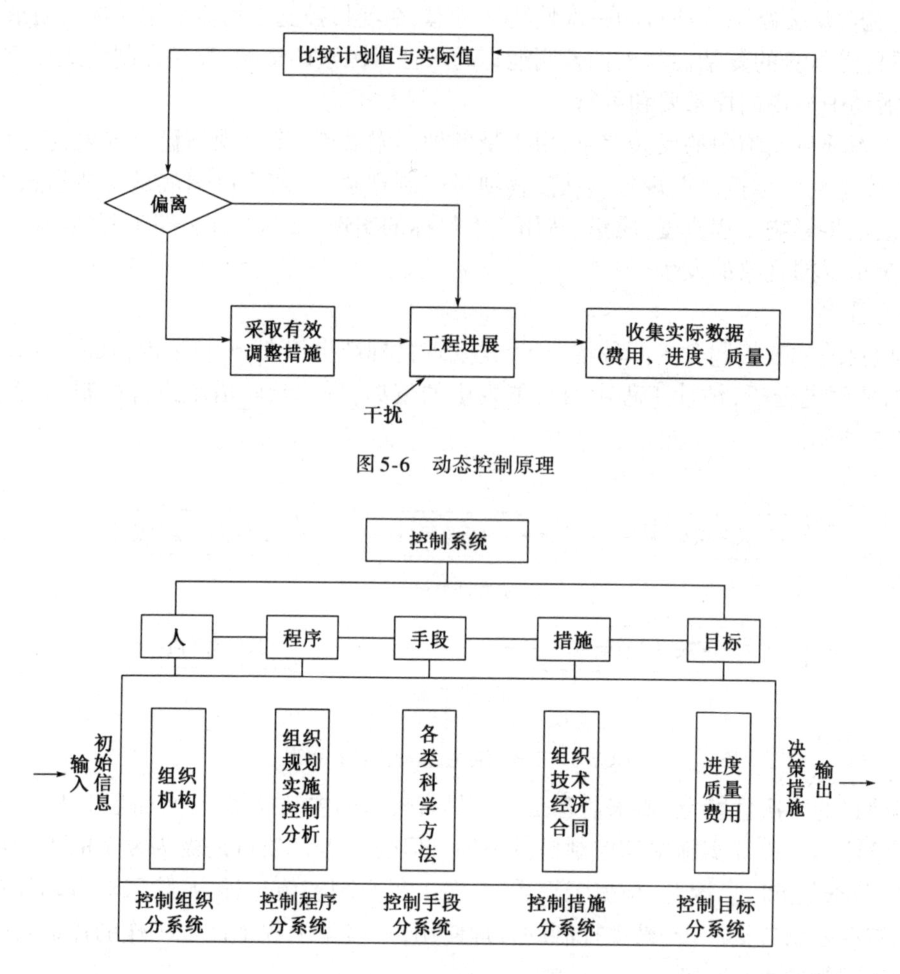

图 5-6 动态控制原理

图 5-7 项目控制系统的模式

控制系统包括组织、程序、手段、措施、目标和信息六个分系统。其中信息分系统贯穿于项目实施的全过程。

第二节 工程进度监理

一、公路工程进度监理概述

公路工程项目的特点是工程费用大，建设周期长，涉及范围广。工程进度又直接影响建设单位和承包人的重大利益。如工程进度符合合同要求，施工速度既快又科学，则有利于承包人降低工程成本，并保证工程质量，也给承包人带来好的工程信誉；反之，工程进度拖延或匆忙赶工，都会增大承包人的费用，垫付周转的资金利息增加，给承包人造成严重亏损，并且拖延竣工期限，也给建设单位带来工程管理费用的增加，投入工程资金利息的增加，以及工程项目延期投产运营的经济损失等。因此，公路工程施工监理过程中，以工程进度控制为目的的施工进度是公路工程施工监理的一个重要环节。公路工程进度监理过程中，按照FIDIC管理模式，承包人应该编制好符合客观实际、贯穿合同条件及技术规范的施工进度计划，并在计划执行过程中，通过计划进度与实际进度的比较，定期地、经常地检查和调整进度计划。监理工程师的主要任务是审批承包人编制的施工进度计划，并对已批准的进度计划的执行情况进行监督，从全局出发，掌握影响施工进度计划所有条件的变化情况，对进度计划的执行进行控制。与此同时，建设单位则应根据合同要求及时提供施工场地和图纸，并尽可能地改善施工环境，为工程顺利进行创造条件。只有通过这三方面的相互配合，才能确保工程项目的实现。

公路工程施工过程中，工程进度监理不仅是个时间计划的管理和控制问题，还需要考虑劳动力、材料、机械设备等所必需的资源能否最有效、合理、经济地配置和使用，使工程在预定的工期完成，并争取早日使工程投入使用并获得最佳投资效益。因此，进度监理的作用就是在考虑了工程施工管理三大因素(工期、施工质量和经济性)的同时，通过贯彻施工全过程的计划、组织、协调、检查与调整等手段，努力实现施工过程中的各个阶段目标，从而确保工期目标的实现。

二、影响工程建设进度的主要原因

影响公路工程施工进度的因素很多，按照FIDIC管理模式可分为承包人的原因、建设单位的原因、监理工程师的原因和特殊原因。

1. 承包人的原因

(1)承包人在合同规定的时间内，未按时向监理工程师提交符合监理工程师要求的施工进度计划。

(2)工程施工过程中，各种原因使得工程进度不符合工程施工计划进度时，承包人未按监理的要求，在规定的时间内提交修订的工程施工进度计划，使后续工作无章可循。

(3)承包人的技术力量以及设备、材料的变化；或对工程承包合同以及施工工艺等不熟悉，造成承包人违约而引起的停工或缓慢施工，也是影响工程施工进度的原因之一。

(4)承包人的自检系统不完善和质量意识不强，对工程施工进度造成严重影响。

2. 建设单位的原因

在工程施工过程中，除承包人的原因外，建设单位未能按工程承包合同的规定履行义务，也将影响工程施工进度，甚至造成承包人终止合同。

(1)监理工程师同意承包人提交的工程施工进度计划后，建设单位未按施工进度计划随工程进展向承包人提供所需的现场和通道，承包人的施工进度计划难以实现，容易导致工程延期和索赔事件的发生。

(2)由于建设单位的原因，监理工程师未能在合理的时间内向承包人提供图纸和指令，给工程带来困难；或承包人已进入施工现场并开始施工，而设计发生变更，变更设计图纸无法按时提交承包人，都将严重影响工程施工的进度。

(3)工程施工过程中，建设单位未能按合同规定的期限支付承包人应得的款项，造成承包人暂停施工或缓慢施工，也是影响工程施工进度的一个主要因素。

3. 监理工程师的原因

由于监理工程师的失职、判断或指令错误及未按程序办事等原因影响工程施工进度。

4. 特殊原因

(1)额外或附加工程的工程量增加。例如,土石方数量增加、土石比例发生较大的变化、涵洞改为桥梁等,均会影响工程施工的进度。

(2)工程施工中,承包人碰到异常恶劣的气候条件。

(3)有经验的承包人无法预测和防范的任何自然力的作用,以及战争、地震、暴乱等特殊风险的出现。

三、进度控制的主要方法

(1)组织手段:落实进度控制的责任,建立进度控制协调制度。

(2)技术手段:建立多级网络计划和施工作业计划体系;采用新工艺、新技术,缩短工艺过程时间和工序间的技术间歇时间。

(3)经济手段:对工期提前者或按时完成节点工期实行奖励,对应急工程实行较高的计件单价,确保资金的及时供应等。

(4)合同手段:按合同要求及时协调有关各方的进度,以确保项目形象进度。

(5)其他预控手段:

①以质量促进度,以安全保进度。工程施工中由于质量而影响到进度的例子比比皆是,质量是进度的保证和基础。从工序质量控制入手,对施工方法、工艺实施层层控制,把好工程质量关,避免返工或补强处理,避免附属设施因质量问题而影响投入和运行,有益于促进工程进度,没有质量就没有数量。所以进行进度控制时绝对不能放松质量控制。督促承包商采取合适的施工方法与工艺,加快工程进度。加强混凝土的施工质量控制,以利于下阶段预制件等的安装,避免出现处理及返工现象,从而达到以质量促进度的目的。督促承包商加强现场施工安全管理,加大安全生产投入,以工程安全来保证工程进度。

②优化设计、简化施工。加快施工进度、优化设计、简化施工,不但能减少工程投资,还能加快施工进度,有利于保证质量和安全。据进度计划审查施工组织设计中的原材料供应手段、拌和生产能力、运输设备、吊运设备及风、水、电的供应等是否满足生产高峰期的需要,以避免先天性的不足。同时,简化施工方案,尽可能采用较先进的、便于施工操作的技术和设备,以提高人员和设备效率,减少设备维修时间和成本,保证生产进度。在不影响工程等级、质量、安全、结构要求的前提下优化设计,减少工程量,简化方便施工,以加快工程进度。

③加强承包商之间的进度协调。承包商在施工过程中于空间、时间、交叉作业等方面干扰较大。监理工程师要协助建设单位组织好各承包商之间的协调衔接,尽可能减少各承包商之间的矛盾,减少施工干扰,使工程正常、有序进行。

④制定奖罚制度,促进进度。

四、施工进度控制

(一)实际进度与计划进度的比较方法

常用的进度比较方法有横道图、S形曲线、香蕉形曲线、前锋线、列表比较法等。

1. 横道图比较法

横道图比较法是指将项目实施过程中收集到的数据,经加工整理后直接用横道线平行绘于原计划的横道线处,进行实际进度与计划进度比较的方法。

1)匀速进展横道图比较法

匀速进展指的是项目进行中,单位时间完成的任务量是相等的。例如,某工程项目基础工程的计划进度和截止到第9周末的实际进度如图5-8所示,其中细线条表示该工程计划进度,粗实线表示实际进度。从图中实际进度与计划进度的比较可以看出,到第9周末进行实际进度检查时,挖土方和做垫层两项工作已经完成;支模板按计划也应该完成,但实际只完成75%,任务量拖欠25%;绑扎钢筋按计划应该完成60%,而实际只完成20%,任务量拖欠40%。

工作名称	持续时间	进度计划/周															
		1	2	3	4	5	6	7	8	9	10	11	12	13	14	15	16
挖土方	6																
做垫层	3																
支模板	4																
绑扎钢筋	5																
混凝土	4																
回填土	5																

▲检查期

图5-8 匀速进展横道图比较法

2)非匀速进展横道图比较法(图5-9)

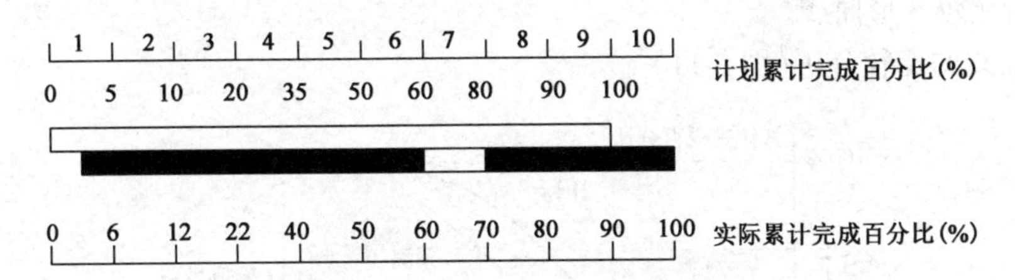

图5-9 非匀速进展横道图比较法示意图

实际工作中,非匀速进展更为普遍,其比较的方法步骤为:

(1)编制横道图进度计划。

(2)在横道线上方标出计划完成任务量累计百分比曲线。

(3)用粗线标出实际进度,并在粗线下方标出实际完成任务量累计百分比。

(4)比较分析实际进度与计划进度:

①如果同一时刻横道线上方累计百分比大于横道线下方累计百分比,表明实际进度拖后,二者之差即为拖欠的任务量。

②如果同一时刻横道线上方累计百分比小于横道线下方累计百分比,表明实际进度超前,二者之差即为超前的任务量。

③如果同一时刻横道线上方累计百分比等于横道线下方累计百分比,表明实际进度与计划进度一致。

2. S 形曲线比较法

1)S 形曲线比较法的概念

S 形曲线比较法是一个以横坐标表示时间,纵坐标表示工作量完成情况的曲线图,是工程项目施工进度控制的方法之一。该工作量的具体内容可以是实物工程量、工时消耗或费用,也可以是相对的百分比。对于大多数工程项目来说,在整个项目实施期内单位时间(以天、周、月、季等为单位)的资源消耗(人、财、物的消耗)通常是中间多两头少。由于这一特性,资源消耗累加后便形成一条中间陡而两头平缓的 S 形曲线(图 5-10)。

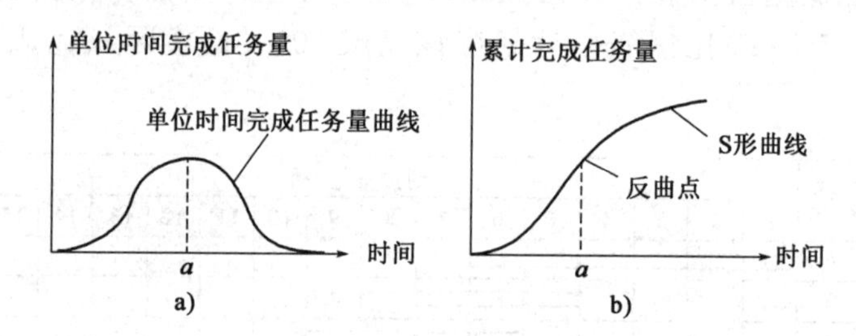

图 5-10 S 形曲线表示方法

2)S 形曲线的绘制方法

(1)确定单位时间计划和实际完成的任务量。

(2)确定单位时间计划和实际累计完成的任务量。

(3)确定单位时间计划和实际累计完成任务量的百分比。

(4)绘制计划和实际的 S 形曲线。

(5)分析比较 S 形曲线。

3)S 形曲线的比较分析(图 5-11)

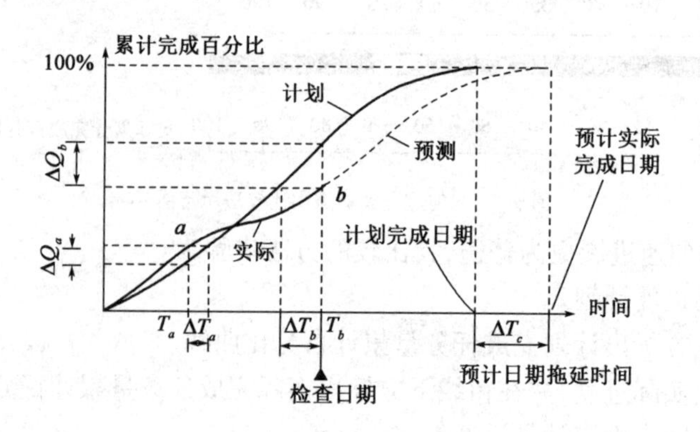

图 5-11 S 形曲线的比较分析

(1)实际进度与计划进度比较情况。

对应于任意检查日期,如果相应的实际进度曲线上的一点,位于计划S形曲线左侧,表示此时实际进度比计划进度超前,位于右侧则表示实际进度比计划进度滞后。

(2)实际进度比计划进度超前或滞后的时间。

ΔT_a 表示 T_a 时刻实际进度超前的时间,ΔT_b 表示 T_b 时刻实际进度滞后的时间。

(3)实际比计划超出或拖欠的工作任务量。

ΔQ_a 表示 T_a 时刻超额完成的工作任务量,ΔQ_b 表示在 T_b 时刻拖欠的工作任务量。

(4)预测工作进度。

若工程按原计划速度进行,则此项工作的总计拖延时间的预测值为 ΔT_c。

3. 挣值法

挣值法是通过分析项目目标实施与项目目标期望之间的差异,从而判断项目实施费用、进度绩效的一种方法。

“挣值”(Earned Value,“EV”)实际完成的工作量及其相应的预算费用,也就是实际完成工作取得的预算费用。

第一步,确定每一个工作包完成的百分比。

第二步,计算完成工作所代表的预算成本,用工作包完工率乘以工作包预算。

第三步,计算价值

已完成工作量的预算费用(BCWP):

$$BCWP = 已完成工作量 \times 预算定额$$

计划工作量的预算费用(BCWS):

$$BCWS = 计划工作量 \times 预算定额$$

已完成工作量的实际费用(ACWP):

$$ACWP = 已完工作量 \times 实际定额$$

挣值法参数综合分析与应对措施见表5-1。

挣值法参数综合分析与应对措施 表5-1

序号	三种参数的关系		分析	措施
	图形关系	参数关系		
1	ACWP BCWS BCWP	ACWP > BCWS > BCWP SV < 0, CV < 0	效率低,进度较慢,投入超前	用工作效率高的人员更换一批工作效率低的人员
2	BCWP BCWS ACWP	BCWP > BCWS > ACWP SV > 0, CV > 0	效率高,进度较快,投入延后	若偏离不大,维持现状

续上表

序号	三种参数的关系		分析	措施
	图形关系	参数关系		
3	BCWP ACWP BCWS	BCWP > ACWP > BCWS SV > 0,CV > 0	效率较高,进度较快,投入超前	抽出部分人员,放慢进度
4	ACWP BCWP BCWS	ACWP > BCWP > BCWS SV > 0,CV < 0	效率较低,进较快,投入超前	抽出部分人员,增加少量骨干人员

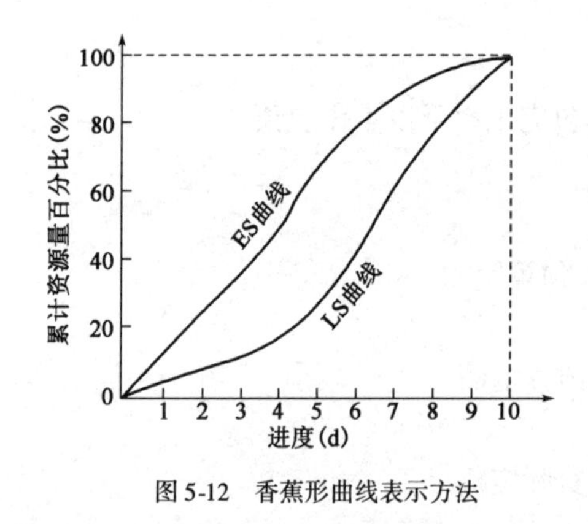

图 5-12 香蕉形曲线表示方法

4. 香蕉形曲线比较法

工程网络计划中的任何一项工作,其逐日累计完成的工作任务量都可借助于两条S形曲线概括表示:一是按工作的最早开始时间安排计划进度而绘制的S形曲线,称ES曲线;二是按工作的最迟开始时间安排计划进度而绘制的S形曲线,称LS曲线。两条曲线除在开始点和结束点相重合外,ES曲线的其余各点均落在LS曲线的左侧,使得两条曲线围合成一个形如香蕉的闭合曲线圈,故将其称为香蕉形曲线,如图5-12所示。

5. 前锋线比较法

1)前锋线的概念

所谓前锋线,是指在原时标网络计划上,从检查时刻的时标点出发,用虚线或点画线依次将各项工作实际进展位置点连接而成的折线。前锋线比较法就是通过实际进度前锋线与原进度计划中各工作箭线交点的位置来判断工作实际进度与计划进度的偏差,进而判定该偏差对后续工作及总工期影响程度的一种方法。

2)前锋线的绘制

采用前锋线比较法进行实际进度与计划进度的比较,其步骤如下:

(1)绘制时标网络计划图。

(2)绘制实际进度前锋线。

工作实际进展位置点的标定方法有两种:

①按该工作已完任务量比例进行标定。

②按尚需作业时间进行标定。

3)前锋线的比较分析

(1)工作实际进展位置点落在检查日期的左侧,表明该工作实际进度拖后,拖后时间为二者之差。

(2)工作实际进展位置点与检查日期重合,表明该工作实际进度与计划进度一致。

(3)工作实际进展位置点落在检查日期的右侧,表明该工作实际进度超前,超前时间为二者之差。

(4)预测进度偏差对后续工作及总工期的影响。

通过实际进度与计划进度的比较确定进度偏差后,还可根据工作的自由时差和总时差预测该进度偏差对后续工作及项目总工期的影响,如图5-13所示。

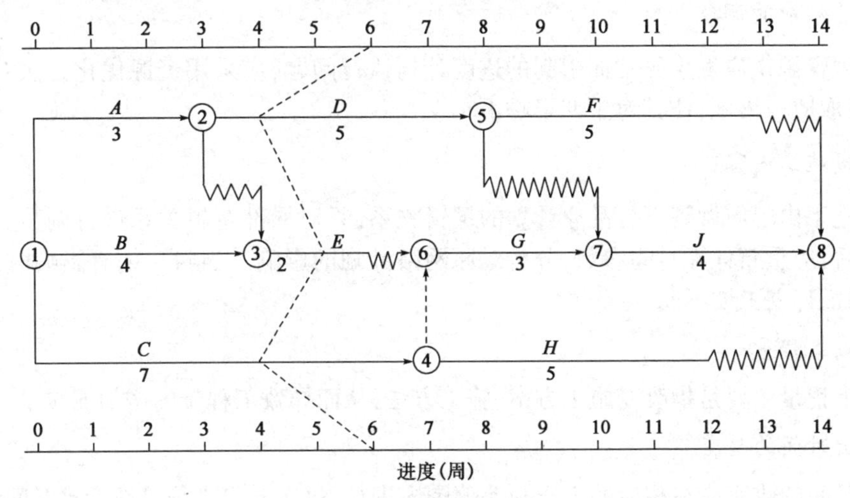

图5-13 前锋线表示方法

6.列表比较法

当工程进度计划用非时标网络图表示时,可以采用列表比较法进行实际进度与计划进度的比较。这种方法是记录检查日期应该进行的工作名称及其已经作业的时间,然后列表并计算有关时间参数,并根据工作总时差进行实际进度与计划进度比较的方法。

比较实际进度与计划进度,可能有以下几种情况:

(1)如果工作尚有总时差与原有总时差相等,说明该工作实际进度与计划进度一致。

(2)如果工作尚有总时差大于原有总时差,说明该工作实际进度超前,超前的时间为二者之差。

(3)如果工作尚有总时差小于原有总时差,且尚有总时差为正,说明该工作实际进度拖后,拖后的时间为二者之差,但不影响总工期。

(4)如果工作尚有总时差小于原有总时差,且尚有总时差为负值,说明该工作实际进度拖后,拖后的时间为二者之差,此时工作实际进度偏差将影响总工期。

(二)进度计划的调整方法

1.改变某些后续工作之间的逻辑关系

若进度偏差已影响计划工期,且有关后续工作之间的逻辑关系允许改变,此时可变更位于关键线路或位于非关键线路但延误时间已超出其总时差的有关工作之间的逻辑关系,从而达到缩短工期的目的。

2. 缩短某些后续工作的持续时间

这种方法是不改变工作之间的逻辑关系,而是缩短某些工作的持续时间,而使施工进度加快,并保证实现计划工期的方法。这些被压缩持续时间的工作是位于由于实际施工进度的拖延而引起总工期增长的关键线路和某些非关键线路上的工作。同时,这些工作又是可压缩持续时间的工作。这种方法实际上就是网络计划优化中的工期优化方法和工期与费用优化的方法。

3. 资源供应的调整

对于因资源供应发生异常而引起的进度计划执行问题,应采用资源优化方法对计划进行调整,或采取应急措施,使其对工期影响最小。

4. 增减施工内容

增减施工内容应做到不打乱原计划的逻辑关系,只对局部逻辑关系进行调整。在增减施工内容以后,应重新计算时间参数,分析对原网络计划的影响。当对工期有影响时,应采取调整措施,保证计划工期不变。

5. 增减工程量

增减工程量主要是指改变施工方案、施工方法,从而导致工程量的增加或减少。

6. 起止时间的改变

起止时间的改变应在相应的工作视差范围内进行,每次调整必须重新计算时间参数,观察该项调整对整个施工计划的影响。

第三节 工程质量监理

一、工程质量监理概述

1. 工程项目质量的内涵

工程项目质量是指通过工程建设所形成的工程符合有关规范、标准、法规的程度和满足建设单位要求的程度。工程项目质量的内涵包括工程项目的质量、功能和使用价值的质量与工作质量三个方面。

工程实体质量是从产品形成过程和结果方面反映工程项目质量。一般由各道工序的质量集合形成分项工程质量,由各分项质量形成各部分的质量(分部工程质量),再由各部分的质量形成具有能完成独立功能主体的质量(单位工程质量),最后各单位工程的质量集合为工程项目的实体质量。它们的相互关系如图 5-14 所示。

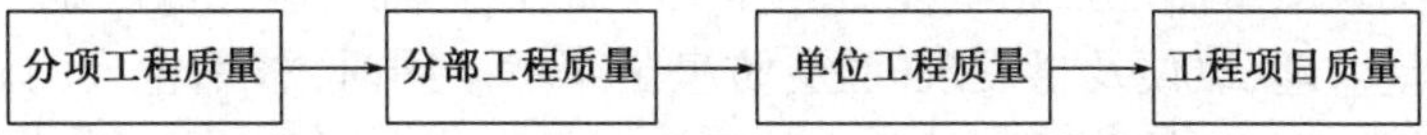

分项工程质量 → 分部工程质量 → 单位工程质量 → 工程项目质量

图 5-14 工程项目质量相互关系

工程项目功能和价值的质量通过建筑工程产品满足需要的能力来反映。一般包括工程项目的适用性、可靠性、经济性、美观和与环境相协调几个方面。

工程项目的工作质量则是从工程项目质量因素中最重要、最活跃的要素——人的方面来反映产品质量的。工作质量是指参与工程质量的建设者,为保证工程项目的质量、达到产品质量标准、减少废品等所从事工作的水平和完善程度。

2. 工程项目质量的特点

工程项目是一种涉及面广、建设周期长、影响因素多的建设产品。其自身具备的群体性、固定性、协作性、复杂性和预约性等特点,决定了工程项目质量难以控制的特点。

(1)影响质量的因素很多。凡与决策、设计、施工和竣工验收各环节有关的各种因素,如人、机械、设备、材料、测量器具和环境等,都将影响到工程质量。

(2)容易产生质量波动。由于公路工程以露天作业为主,受气候和地质的影响较大,无稳定的生产设备和生产环境,具有产品固定、人员流动的生产特点,与有固定的自动线和流水线的一般工业产品相比,工程项目更容易产生质量波动。

(3)容易产生系统因素变异。诸如施工方法不当、不按操作规程操作、机械故障、材料有误、仪表失灵、设计计算错误等原因都会引起系统因素变异。

(4)容易产生第二判断错误。工程项目建设过程中,由于各道工序需要交接,或隐蔽工程部位后道工序将覆盖前道工序的成果,若不及时进行工序交接间的检查,往往会由于后道工序的覆盖将前道工序的不合格误认为合格,即容易产生第二判断错误。

(5)质量检查时不能解体、拆卸。由于公路工程的位置固定和结构上的建造特点,对于建成的产品不可能拆卸检查其内部质量。

正是以上这些工程项目质量的特点,决定了公路工程项目质量控制方法和措施上有其对应的特点。

3. 工程质量控制的概念

国际标准(ISO)中对质量控制的定义是:为满足质量要求所采取的作业技术和活动。工程项目的质量控制按其控制的主体可分为:建设单位的质量控制、承包人的质量控制和政府的质量控制。其中,建设单位的质量控制通过委托社会监理形式实现,也就是建设单位通过合同形式委托工程监理单位而实施的监理工程师质量目标管理,又称为工程质量监理;承包人的质量控制靠承包人的质量自检体系来实现;政府的质量控制则通过行政主管部门及各级质监站来实现。如第二章所述,“政府监督、社会监理、企业自检”就构成了公路工程项目的质量保证体系。

采用国际惯例的监理工程师制度,监理工程师对工程质量的监理权利受法律保护。在承包人和建设单位签订的承包合同中详细地、明确地规定了监理工程师在质量控制中的作用和权力,以合同形式赋予监理工程师采取各种手段进行工程质量控制的权力,使质量管理有法可依和依法办事。工程质量监理强调事先监理和主动监理,监理的重点放在施工前的准备阶段,即对原材料的质量监理,以便及早发现问题,防患于未然。同时,将承包人的施工质量与工程计量支付挂钩,质量好坏直接关系到承包人的经济利益。按合同条款规定,未经监理工程师验收并签字认可的工程项目,一律不予以支付费用。运用经济杠杆的作用,有效地保证了工程质量,形成了监理工程师对施工过程的全过程、全方位质量监理的特征。

FIDIC 管理模式清楚地表明,工程质量不是单一的技术管理,而是技术、经济与法律在公路工程质量上的统一体现。

二、公路工程施工质量监理的要点

1. 路基工程质量监理的要点

路基是公路的重要组成部分,是公路的基础。路基工程的质量好坏直接影响路面甚至整个公路的使用效果。要使公路路基具有足够的强度、整体稳定性和水稳定性,路基施工过程的质量监理要点如下:

(1)对承包人施工前准备工作的检查和承包人施工放样的校核检查,使之符合合同规定和满足规范的精度要求。

(2)对路基工程施工所需材料进行复查试验,以保证施工材料的可靠性。

(3)对承包人的施工机械设备进行全面检查并记录。

(4)对路堤施工应注意严格检查承包人的分层填筑厚度和压实度。

(5)对路基工程的综合排水设施、特殊路基的施工应加强现场监理,严格按规范要求掌握。

2. 路面工程质量监理要点

路面是在路基表面行车道范围内用各种材料(如砂、碎石、矿渣、工业废渣、水泥混凝土、沥青混凝土等)分层铺筑而成的一种层状结构物,它保证汽车行驶的高速、舒适和安全。公路路面应具有足够的强度、平整度、稳定性、抗滑性等。路面工程质量在很大程度上取决于路面材料的制配、摊铺和压实等环节,其质量监理要点如下:

(1)监理工程师应对要使用的路面施工原材料进行抽样检查,并要求承包人对路面混合材料作材料组成设计和调整,提供试验数据。

(2)要求承包人铺筑试验路段,对原材料、混合料的组成设计、施工方案、压实机具等提供第一手可靠数据,这是路面施工质量得以保证的有效措施。此时,监理工程师要做好各种记录。

(3)路面施工过程中,按试验路段提供的数据,监理工程师应严把松铺混合料的厚度、温度、碾压温度、碾压遍数等关键环节,并要求承包人随时测试和记录,现场监理人员应不定期抽查。

(4)监理工程师还要随时了解承包人路面施工机械设备的情况,以保证完好、优良的机械设备用于施工过程。

3. 桥涵工程质量监理要点

桥涵工程的施工质量主要取决于桥梁构造的施工方法、工艺,桥涵的中线位置,桥涵工程

的材料、不同桥梁对施工机械设备的要求,预制构件的浇筑和砌筑等。其质量监理要点如下:

(1)监理工程师应对承包人的桥涵中线及放样位置进行检查,要求承包人提供测量资料,检查测量精度,必要时应进行复测。

(2)监理工程师应对承包人提供的桥涵工程施工材料(如钢筋、水泥、石料等)性能指标,砂浆和水泥混凝土配比试验数据进行检查核实并予以确认,必要时应进行抽样。

(3)桥涵工程开工前,监理工程师应对承包人提供的施工工艺及方案进行审定,并对施工机械设备进行核实,以确保满足施工质量的要求。

(4)桥涵工程施工过程中,监理工程师应加强对基础、墩台、钢筋布置、混凝土预制构件等环节的质量把关,要求承包人严格按规范试验检测并提供检测资料。

4. 隧道工程质量监理的要点

隧道工程的施工质量主要取决于隧洞开挖和隧道衬砌的施工方法与工艺,所采用的机械设备及材料,施工前测量放样的准确性等。其质量监理要点如下:

(1)隧道正式施工前,监理工程师应要求承包人根据提供的设计文件对隧道洞顶轴线、水准基点、洞口投点等进行复查校核,并将所得资料进行整理上报监理工程师审批。

(2)隧道施工机械设备主要包括开挖掘进设备、出渣运输设备、混凝土拌和设备、发电供水设备、隧洞撑护设备等。施工前,监理工程师应要求承包人提交以上设备汇报表及施工工艺和方案,并检查核实施工机械及设备,审核施工方案。

(3)在隧道开挖施工过程中,为满足隧道贯通面上的横向及高程满足精度要求,监理工程师必须要求承包人进行控制测量网的校核,并随时抽检。

(4)在隧道衬砌施工过程中,监理工程师应要求承包人对施工材料、混合料配合比、隧道圬工砌体强度等提供试验数据,应要求承包人严格按规范和施工工艺施工,并对材料、混合料配合比特别是圬工砌体强度进行抽样复查。

5. 交通工程设施质量监理要点

交通工程设施是高等级公路的组成部分,其主要功能是保证交通安全、提高公路使用效能。主要设施包括防护栏、标志、防眩设施、交通标线、隔离栅等。施工质量监理要点如下:

(1)各种交通工程设施所用材料均应符合规范要求,监理工程师应要求承包人提供试验数据,并进行抽检。

(2)各种交通工程设施的施工过程中,应注意施工工艺,既要保证其使用功能(如安全性、耐用性、可视性等),也要考虑交通工程设施在公路系统中的美化功能。

三、公路工程施工质量监理程序

公路工程施工质量监理与单纯的工程质量验收不一样,它不仅是最后的检验,而且是对施工全过程的监理。这就要求监理工程师从承包人提出开工申请到中间交工证书的签发,都应严格执行监理程序。

监理程序是用来指导、约束监理工程师工作,协调监理工程师和承包人工作关系的规范性文件,制定的依据主要是合同文件和技术规范。施工监理程序按监理工作的目标管理可分为工程开工、进度管理监理程序,质量监理工作程序,计量与支付程序,合同管理工作程序,信息管理工作程序,合同段工程交工验收程序等。其中,质量监理工作程序中,主要包括质量控制检查程序、质量缺陷与事故处理程序、监理试验工作程序。现分别介绍如下。

1. 质量控制基本程序

在开工前,监理工程师应向承包人提出适用所有工程项目质量控制的程序及说明,以供所有监理人员、承包人的自检人员和施工人员共同遵循,使质量控制工作程序化。质量控制一般应按以下程序进行。

1)开工报告

在各单位工程、分部工程或分项工程开工之前,高级驻地监理工程师应要求承包人提交工程开工报告并进行审批。

2)工序自检报告

监理工程师应要求承包人的自检人员按照监理工程师批准的工艺流程和提出的工序检查程序,在每道工序完工之后首先进行自检,自检合格后,报监理工程师进行检查认可。

3)工序检查认可

监理工程师应紧接承包人的自检或与承包人的自检同时,对每道工序完工后进行检查验收并签字认可,对不合格的工序指示承包人进行缺陷修补或返工。前道工序未经检查认可,后道工序不得进行。

4)中间交工报告

当工程的单位、分部或分项工程完成后,承包人的自检人员应再进行一次系统的自检,归总各道工序的检查记录及测量和抽样试验的结果提出交工报告。自检资料不全的交工报告,监理工程师应拒绝验收。

5)中间交工证书

监理工程师应对工程量清单中所列的已完工的单项工程进行一次系统的检查验收,必要时应做测量和抽样试验。检查合格后,提请高级驻地监理工程师签发中间交工证书。未经中间交工检查或检查不合格的工程,不得进行下一项工程项目的施工。

6)中间计量

对签发了中间交工证书的单项工程,方可进行计量并由高级驻地监理工程师签发中间计量表。完工项目的竣工资料不全可暂不计量支付。

为了保证工程质量,监理工程师在工程施工监理过程中应做到四不准:人力、材料、机械设备准备不足不准开工;未经检查认可的材料不准使用;施工工艺未经批准,施工中不准采用;前道工序未经验收,后道工序不准进行。

工程质量监理的质量控制程序流程如图5-15所示。

从图5-15可以看出,分项工程开工前,承包人必须向监理工程师提出开工申请,并说明材料、设备、人员的准备及施工方案,开工申请得到监理工程师批准后才能开工。在施工过程中承包人必须要有自己的内部质量监控系统,对施工质量进行检查,发现不合格的工程,自己就进行修补或返工,直到达到规范标准后才填写质量检验通知单,报请监理人员验收。监理人员对报请验收的工程再进行质量检查,不合格的工程仍要进行修补或返工,直到达到规范标准为止。对合格的工程,监理工程师签发中间交工证书,进入中间计量。

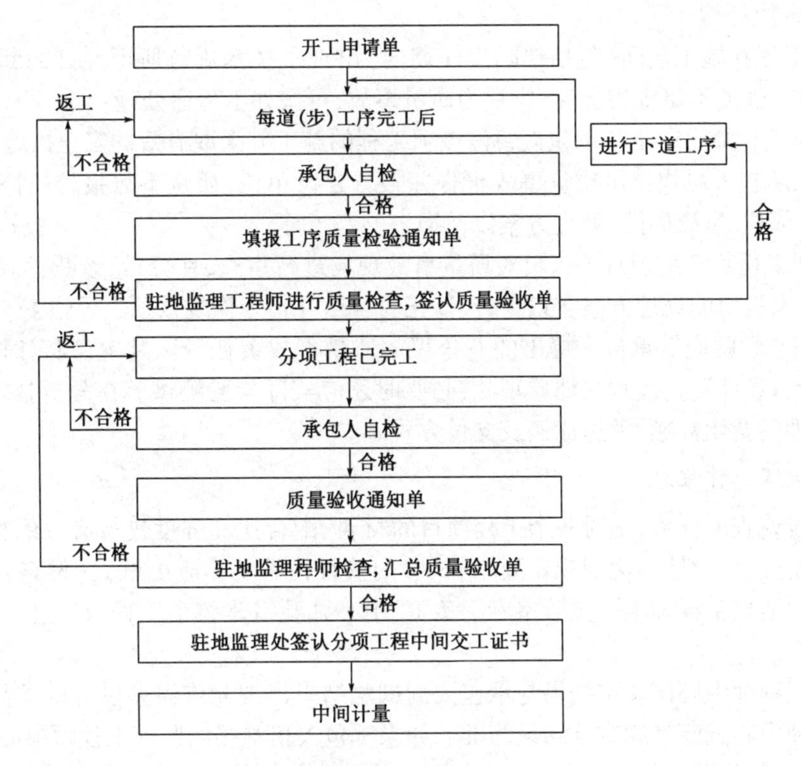

图 5-15　工程质量监理的质量控制程序流程

2. 质量缺陷与事故处理程序

1)质量缺陷的现场处理

质量缺陷泛指施工中存在的质量问题。由于各种因素的干扰,在施工过程中,质量缺陷的出现是难免的。因此,在各项工程的施工过程中或完工以后,现场监理人员如发现工程项目存在技术规范所不容许的质量缺陷,应根据质量缺陷的性质和严重程度,按如下方式处理:

(1)当质量缺陷处在萌芽状态时,应及时制止。

(2)当因施工而引起的质量缺陷已出现时,应立即向承包人发出暂停施工的指令(先口头后书面),待承包人采取了能够足以保证施工质量的有效措施,并对质量缺陷进行正确的补救处理后,再书面通知恢复施工。

(3)当质量缺陷发生于某项工序或单项工程完工以后,而且质量缺陷的存在将对下道工序或分项工程质量产生影响时,监理工程师应在对质量缺陷的原因及责任作出判断并确定了补救方案后,再进行质量缺陷的处理或下道工序或分项的施工。

(4)在交工使用后的缺陷责任期内发现施工质量的缺陷时,监理工程师应及时指令承包人进行修补、加固或返工处理。

对因施工原因而产生的质量缺陷的修补与加固,应先由承包人提出修补方案及方法,经监理工程师批准后方可进行;对因设计原因而产生的质量缺陷,应通过建设单位提出处理方案及方法,由承包人进行修补,修补措施及方法要保证质量控制指标和验收标准,并应是技术规范允许的或是行业公认的良好工程技术。

2)质量事故处理

当某项工程在施工期间(包括缺陷责任期内)出现了技术规范所不允许的断层、裂缝、倾斜、倒塌、沉降、强度不足等情况时,应视为质量事故,可按如下程序处理:

(1)监理工程师立即指令承包人暂停该项工程的施工并采取有效的安全措施。

(2)要求承包人尽快提出质量事故报告并报告建设单位,质量事故报告应翔实地反映该项工程名称、部位、事故原因、处理方案以及损失的费用等。

(3)监理工程师应组织有关人员对质量事故现场进行审查,在分析、诊断、测试、验算的基础上,对承包人提出的处理方案予以审查、修正、批准,并指令恢复该项工程施工。

(4)监理工程师应对承包人提出的有争议的质量事故责任予以判定,判定时应全面审查有关施工记录、设计资料及水文地质现状,必要时还应实际检验测试。在分析技术责任时,应明确事故处理的费用数额、承担比例及支付方式。

3.监理试验工作程序

试验监督检查的任务,是对各个工程项目的材料、配合比和强度进行有效的控制,以确保各项工程的物理、化学性能达到规定要求,试验的监督检验工作应由试验(材料)监理工程师及其领导下的监理工程师中心试验室专门负责,中心试验室是整个工程项目进行数据控制和数据测定中心。

当监理工程师中心试验室结果与承包人的试验结果出现允许误差以外的差异时,一般应以监理工程师中心试验室的试验结果为准。如果承包人拒绝接纳监理工程师中心试验室的结果,试验监理工程师可以与承包人在有资格的政府监督部门的试验室进行校核试验,并应以此作为批准或认定的依据,其试验费用按合同条款规定处理。

各种试验均应采用统一的表格进行记录、报告和统一的方法进行整理、保存。

1)验证试验

验证试验是指对材料或商品构件进行预先鉴定,以决定是否可以用于工程。验证实验应按以下要求进行:

(1)在材料或商品构件订货之前,应要求承包人提供生产厂家的产品合格证书及试验报告。必要时监理人员还应对生产厂家设备、工艺及产品的合格率进行现场调查了解,或由承包人提供样品进行试验,以决定是否同意采购。

(2)材料或商品构件运入现场后,应按照规定的批量和频率进行抽样试验,不合格者不准用于工程,并应由承包人运出场外。

(3)在施工进行中,对用于工程的材料或商品构件应随机进行符合性的抽样试验检查。

(4)随时监督检查各种材料的储存、堆放、保管及保护措施。

2)标准试验

标准试验是对各项工程的内在品质进行施工前的数据采集,它是控制和指导施工的科学依据,包括各种标准击实试验、集料的筛析试验、混合料的配比试验、结构的强度试验等。标准试验应按以下要求进行:

(1)各项工程开工之前,在合同规定或合理的时间内,承包人先完成标准试验,并将试验报告及试验材料提交监理工程师中心试验室审批批准。试验监理工程师应派出试验监理人员参加承包人试验的全过程,并进行有效的现场监督检查。

(2)监理工程师中心试验室应在承包人进行标准试验的同时或以后,平行进行复核(对比)试验,以肯定、否定或调整承包人标准试验的参数或指标。

3)工艺试验

工艺试验是依据技术规范的规定,在动工之前对路基、路面及其他需要通过预先试验才能正式施工的分项工程预先进行试验,然后依其试验结果全面指导施工。工艺试验应按以下要求进行:

(1)监理工程师要求承包人提出工艺试验的施工方案和实施细则,并予以审查批准。

(2)工艺试验的机械组合、人员配额、材料、施工程序、预埋观测及操作方案等应有两组以上方案,以便通过试验作出选定。

(3)监理工程师应对承包人的工艺试验进行全过程的旁站监理,并作出详细记录。

4)抽样试验

抽样试验是对各项工程实施中的内在品质进行符合性的检查,内容包括各种材料的物理性能、土方及其他填筑施工的密实度、水泥混凝土及沥青混凝土的强度等的测定和试验。抽样试验应按以下要求进行:

(1)监理工程师应随时派出试验监理人员,对承包人的各种抽样频率、取样方法及试验过程进行检查。

(2)承包人的工地试验室在按技术规范的规定全频率抽样试验上的基础上,监理工程师中心试验室应按照10% ~20%的频率独立进行抽样试验,以鉴定承包人的抽样试验是否真实可靠。

(3)当施工现场的旁站监理人员对施工质量或材料产生疑问并提出要求时,中心试验室随时进行抽样试验,必要时还应要求承包人增加抽样频率。

5)验收试验

验收试验是对已完工程的实际内在品质作出评定,应按以下要求进行:

(1)监理工程师应派出试验监理人员对承包人进行钻芯抽样试验频率、抽样方法和试验过程进行有效的监督。

(2)监理工程师应对承包人按技术规范要求进行的加载试验或其他检测试验项目的试验方案、设备及方法进行审查批准,对试验的实施进行现场检查监督,对试验结果进行评定。

6)驻地试验室的工作程序

(1)原材料的试验程序:承包人提交开工报告以后,现场监理工程师检查材料出场证明及试验报告,并由驻地试验室抽样检查或取样送检。若发现原材料不合格,驻地试验室要及时向监理工程师反映并通知承包人,由监理工程师提出处理意见。原材料试验程序如图5-16所示。

(2)现场检测试验程序:施工前驻地试验室与承包人试验室按规范确定检测项目,施工中共同按规范要求的频率进行检测,或驻地试验员旁站承包人的试验过程,检查原始记录并规定抽查频率对现场进行抽查,并将抽查结果填入质量检验单,对无条件做的项目送中心试验室。现场检测试验程序如图5-17所示。

(3)单项工程检验程序:单项工程完工后,驻地试验室根据旁站的监理资料以及承包人原始试验记录,对已完工工程进行检查,并将检查结果报告驻地高监及反馈给承包人。单项工程检验程序如图5-18所示。

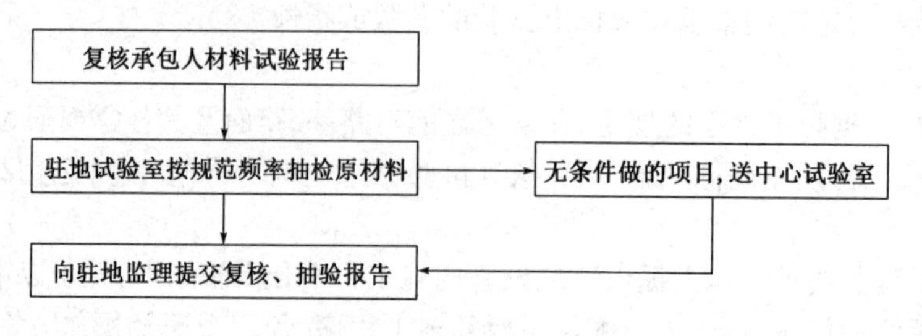

图5-16 原材料试验程序

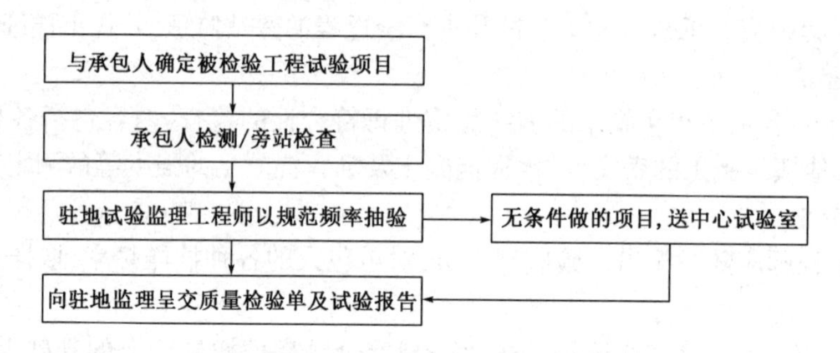

图5-17 现场检测试验程序

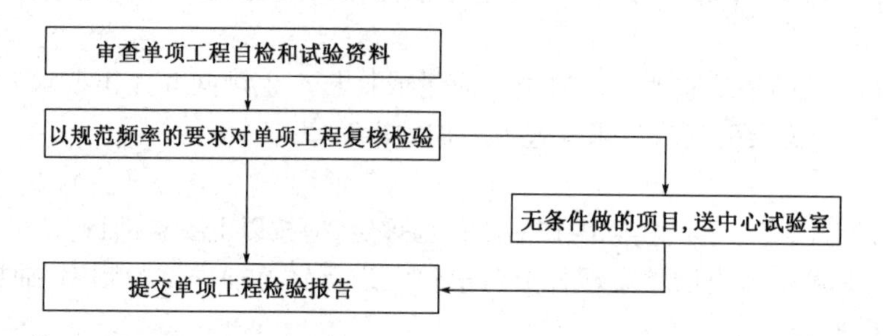

图5-18 单项工程检验程序

7)中心试验室的工作程序

(1)单项工程验收程序:单项工程经承包人自检后,请驻地试验室进行检查。检查合格后再由承包人填写质量验收通知单,上报监理工程师签认。由承包人向中心试验室提出验收申请。中心试验室接到质量验收通知后,首先检查承包人的自检记录和驻地试验室的抽查记录,然后对已完工的单项工程进行抽查,并由中心试验室向驻地监理工程师办公室和承包人发出单项工程质量评定意见。单项工程验收试验程序如图5-19所示。

(2)混合料设计配合比的复核试验程序:混合料配合比试验一般由中心试验室完成。其程序如下:审查承包人送来的混合料及原材料试验资料;审查试验条件是否符合要求;对原材料及混合料配比进行复核试验,提交复核报告。

(3)工程质量抽检程序:驻地办或总监办在支付前需对某项工程进行检查时,中心试验室根据内容、要求,做好准备工作。检查时各级监理试验室应予以配合,检查结果作为中间支付与否的最终依据。其抽检程序如图5-20所示。

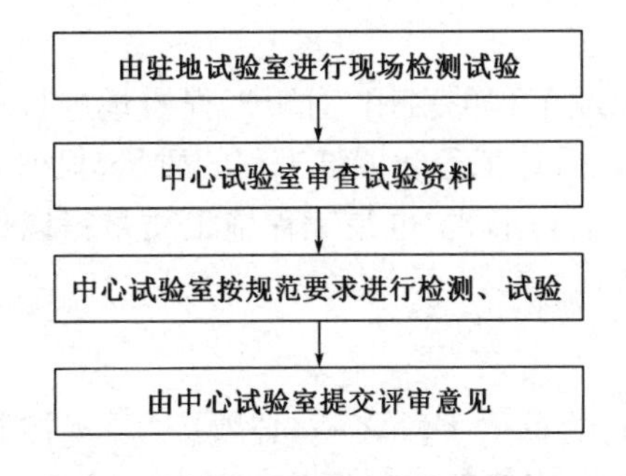

图5-19 单项工程验收试验程序

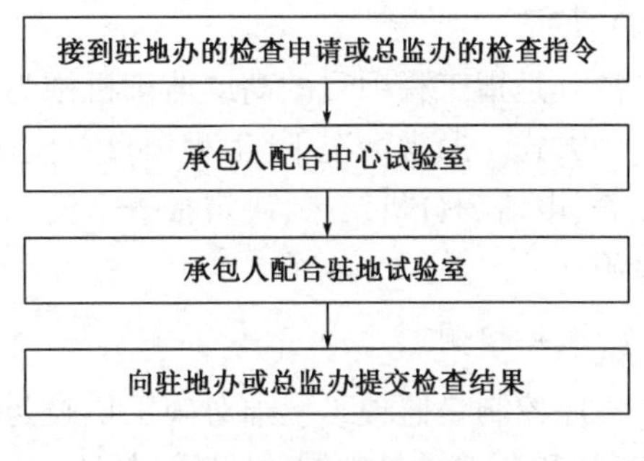

图5-20 工程质量抽检程序

(4)试验路的检测程序:试验路开工前,驻地试验室根据驻地监理工程师的指令对试验路的试验资料进行审查,并对送来的原材料及其混合料进行试验。合格后,报驻地监理工程师。在施工中,驻地试验室要与承包人共同取样检查,最后验收则由中心试验室或驻地试验室进行试验,并提出试验报告,以此作为验收依据。试验路的检测程序如图5-21所示。

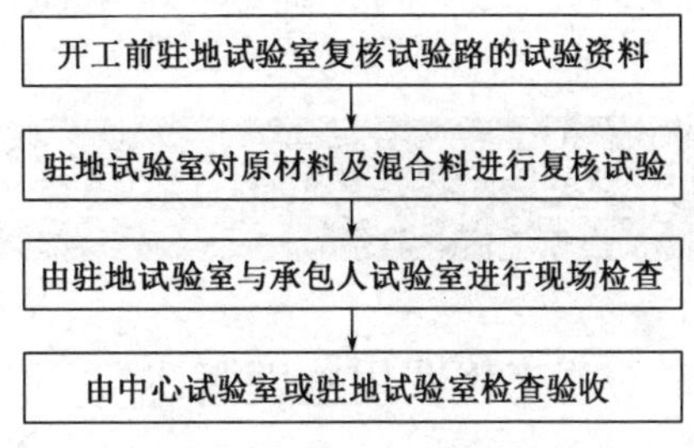

图5-21 试验路的检测程序

四、公路工程施工质量监理主要方法

1. 旁站

旁站,就是在工程施工过程中监理人员对工程的重要环节或关键部位实施全过程的现场察看监理。这是驻地监理人员的一种主要现场检查方式。对承包人施工的隐蔽工程、重要工程部位、重要工序及工艺,应由监理工程师或其助理人员实行全过程的旁站监督,及时掌握影响工程质量的不利因素。

2. 测量

测量是监理人员在质量监理中对几何尺寸控制和检查的重要手段。开工前监理人员要对施工放线进行检查,测量不合格不准开工。验收时,要对验收部位各项几何尺寸进行测量,不符合要求的要进行测量控制和检查。

3. 试验

试验是监理工程师确认各种材料和工程质量的主要依据。公路工程施工全过程中的每道工序,包括材料的性能、各种混合料的配比、成品的强度都要有试验数据,没有试验数据的工程一律不予验收。

4. 指令文件

指令文件也是监理的一种方法。监理过程中,监理工程师的各种指令都要有文字记载,并作为主要技术资料存档,使各项事情处理有根有据。这是按照FIDIC条款进行监理的一个特点,也是监理人员对工程施工过程实施控制和管理不可缺少的手段。如质量问题通知单、工作指令、工程变更令等,用以指出施工中各种问题,提请承包人注意,以达到控制的目的。

5. 抽查

抽查是指工程项目的高层监理机构为了支付所完成工程的费用,对于工程质量进行复核的一种方式。通常情况下,工程项目总监代表为了保证重点工程和关键工程的质量,根据对各种报表、申请等分析结果,决定抽查密度。这种随机的抽查形式,也是工程施工质量得以保证的措施之一。

6. 工序控制

工序控制是监理工程师对施工质量进行有效控制的重要手段之一,必须按“质量控制程序流程”和前述质量控制的“四不准”原则进行严格控制,以确保工程质量达到建设要求。

第四节 工程费用监理

一、工程费用监理概述

工程费用是指建设工程项目所投入的建设资金,它是工程建设项目在施工过程中形成的工程造价的货币表现形式。它具有预先定价、视工程成本为基础、由监理工程师签认、由承包人使用、由建设单位支付等特点。工程费用监理的目的是在监理计划的指导下,通过对工程费用目标的动态控制,使其能够达到最优。工程计量和支付是费用监理的关键所在。由此可以将费用监理的作用理解为:一是费用监理是控制合同造价的核心环节,二是费用监理是质量控制的重要手段,三是费用监理是进度控制的基础,四是费用监理是保护承包人合法权益的重要途径。

总之,费用监理工作的作用是全面的、综合性的,它和质量监理工作、进度监理工作以及合同管理工作紧密联系在一起。它是项目管理中质量、进度和费用的“守护神”。

(一)工程费用监理的任务、主要内容和工作基础

1. 工程费用监理的任务

工程费用监理的任务是使工程费用在不影响工程进度、质量、安全和环保的条件,不突破合同规定的范围,使每一笔工程款的支付做到公正合理。并协调好建设单位的施工单位之间的支付行为,使发生的每一笔费用都符合合同的要求,并取得较好的经济效益和社会效益。

2. 工程费用监理的主要内容

工程费用监理的主要内容共六项:

(1)计量和确认承包人所完成的合同工程量,及时签发计量证书。

(2)审查承包人所提交的支付申请,及时签发支付证书。

(3)及时办理施工合同的交工结算和建设项目的竣工决算。

(4)公正处理合同管理中工程变更、施工索赔、价格调整所引起的造价管理及费用审批事宜。

(5)有效利用计量支付及反索赔等费用监理手段进行施工合同的质量控制和进度控制。

(6)严格控制工程变更、积极预防施工索赔,进而有效地控制工程造价。

3.工程费用监理的工作基础

费用监理的基础有合同条款、工程量计量支付、施工方案和组织设计、资金用款、市场价格五个。

(二)工程费用监理的原则和方法

(1)工程费用监理的原则:依法办事原则;恪守合同原则,公正公平原则,准确及时原则。

(2)工程费用监理的方法。

事后监理:这是指监理工程师将费用监理信息输送出去后又把作用结果返送回来,并对信息的再输出产生影响,以起到费用监理的作用。即将标准和结果进行对比,发现差异及时调整。

事前监理:这是指在发生目标偏差以前,即在实际工程费用超过合同价格之前,根据预测的信息,采取相应的措施予以调节,使得工程费用不偏离或者尽可能少的偏离合同价格。事后监理有一个时间差,往往会影响纠正偏差的时效和作用。

跟踪监理:这是指监理工程师跟踪施工过程,并对其进行监理的一种监理方法,如旁站监理。跟踪监理是一种日常监理,事前监理和事后监理都通过日常监理才能真正起作用。

技术和经济相结合是费用监理最有效的手段,应通过技术比较、经济分析和效果评价,实现技术和经济的辩证统一,做到技术先进条件下的经济合理;经济合理基础上的技术先进。

费用监理的工作程序是:

确定费用目标—收集实际数据—进行计划与实际值的比较—分析偏离目标的原因—针对原因进行纠偏决策—采取纠偏措施—检查纠偏效果—向建设单位提出有关报表。

(三)费用监理的职责与权限

费用监理的职责是严格监理,热情服务,秉公办事,一丝不苟地执行计量支付规定。

费用监理的权限包括以下几个方面:

(1)在计量过程中对承包商与建设单位之间的收支行为的监督管理权,包括工程计量权、计量认证权、付款审批权、付款签证权。

(2)在工程变更、施工索赔、价格调整等情况发生时的合同调价权。

(3)在质量控制、进度控制等工作中的拒付权和扣款权。

费用监理工程师责、权、利是高度的统一,如果有责无权,则职责无法落实;如果有权无责,则权力没有约束,就会被滥用;如果有责、权而报酬较低,则很难保证监理质量。

二、工程费用监理的要点

在公路工程施工中,工程费用除了反映建设单位和承包人的直接经济关系外,其支付还反映了工程的进度和质量。承包人的工程质量不合格,监理工程师则不签字认证验收,建设单位就不予付款;如果工程拖延,该竣工时工程还未干完,经过监理工程师检查证明,建设单位可以扣回承包人的拖期违约罚金等。因此,工程费用的支付是对工程质量、进度的最终评价。工程施工过程中的费用监理主要是对工程计量与支付的监督与管理,其监督要点如下:

(1)全面熟悉合同文件,特别是熟悉有关监理工程师在计量与支付方面的职责权限条款,这是做好计量支付工作的前提。工程量清单、技术规范、招标文件及附件等均从不同角度对工程计量支付做了规定,忽视任何一点都可能造成支付工作的失误。

(2)根据合同条款,制定工程计量与支付程序,使工程费用监理科学化、规范化。

(3)在工程施工过程中,监理工程师必须对所有已完成的工程细目进行计量和记录,以便检查承包人每月提交的月度结账单。监理工程师还必须对涉及付款的工程事项在施工中发生的一切问题进行详细的记录,这对解决支付纠纷至关重要。

(4)工程计量是支付的基础,施工过程中由于地质情况变化或工程变更等可能会使实际工程量与原来的工程量出入较大,所以,施工现场的工程计量就很有必要。计量工作由监理工程师负责,通常可视具体情况采用承包人计量,监理工程师确认;监理工程师独立计量;或监理工程师与承包人共同计量三种形式。无论何种形式,均需承包人、监理工程师双方签字,若有争议则由监理工程师最后决定。

(5)工程费用的支付是对工程实施控制的核心手段,也是对工程费用实施控制的最后一个环节。通过计量与支付的有效控制来保证工程施工合同的全面履行,监理工程师必须严格按费用支付程序实施各种费用的支付管理。

(6)监理工程师必须熟悉工程的所有支付项目,如动员预付款、材料预付款、工程变更的估价、计日工、暂定金额的支付、各种原因引起的价格调整、保留金的支付、缺陷责任期终止后的最后支付等。

三、工程费用监理控制

在整个施工过程中,工程费用监理已远超出只对工程费用实施管理的范围,成为对工程项目质量、进度等目标实施全面管理的重要手段和措施。下面就工程计量和费用支付两个方面介绍监理工程师如何对工程费用实施控制。

1. 工程计量的控制

招标文件中工程量清单所列的工程数量,是在图纸和规范的基础上估算的工程量,不能作为支付的凭据。工程量的准确计量是监理工程师的一项关键性工作。

1)计量的原则

工程计量必须按合同文件所规定的方法、范围、内容、计量单位,必须按监理工程师同意的计量方法计量,不符合合同文件要求的工程不得计量。

2)计量的依据及范围

工程计量的主要依据有工程量清单及说明、合同图纸、工程变更令及修订的工程量清单、合同条件、技术规范、有关计量的补充协议、索赔时间/金额审批表等。工程量的范围包括工程量清单及修订的工程量清单内容、合同文件规定的各种费用支付项目。

3)计量方法

(1)实地测量计算法。此方法是采用符合规定的测量仪器,对已完成工程按合同有关规定进行实地量测并计算的一种计量方法。当监理工程师欲对工程的任何部位进行量测计量时,应先通知承包人,承包人必须立即派人协助监理工程师进行计量。量测工作按合同中有关规定进行,量测计算后双方签字确认。

如果承包人收到监理工程师发出的计量通知后,不参加或未派人参加实地量测计量工作,监理工程师自已量测或经监理工程师批准的测量结果,即为正确的计量,可作为支付的依据。

(2)记录、图纸计算法。此方法是根据工程图纸和已完成的记录进行工程计量的一种计量方法。例如,对钢筋、工程结构物等,通常可采用此法计算工程量。

当采用记录和图纸计算法计量时,监理工程师应准备记录和图纸,并通知承包人。按照FIDIC条款精神,承包人应在通知发出14天内派人参加记录和图纸的确认,若承包人不参加或不派人参加记录和图纸的确认,而且在确认后14天内未提出异议,则监理工程师按记录和图纸计算的工程量应认为准确无误。若承包人在14天内对记录和图纸提出异议,监理工程师应复查这些记录和图纸,或予以确认或予以修改。无论采用何种方法,其结果必须经监理工程师和承包人双方同意,签字确认,方可进入费用支付环节。

4)工程计量方式

工程达到规定的计量单位时,监理工程师应审查承包人提供计量所需的资料,并与其共同计量。监理工程师必须对计量结果作出准确的记录,并将记录的副本抄送给承包人。工程计量时,监理工程师可根据工程特殊情况增加计量次数,但应提前向承包人发出通知,写明监理工程师准备何时对何工程进行何种计量。对承包人申请增加计量次数,应要求其提前填写计量申请单,写明要求计量的原因、计量的工程部位和计量时间,监理工程师应视情况作出计量或暂不计量的决定。

5)工程计量的程序和主要文件

分项工程或一道工序签发中间交工证书后,便可对其实施计量。其程序为:首先,承包人提供计量原始报告报表和计量申请或监理工程师向承包人发出计量通知,监理工程师必须检查承包人为计量准备的有关资料,发现问题或资料不齐全,应退还承包人暂不进行计量,或计量后暂不予支付。其次,监理人员与承包人共同进入现场测定计量。为了保证计量的准确性,监理人员必须对所计量的工程进行复核修正,共同签字确认。若承包人对修正不同意,可按合同规定的时间向监理工程师提出书面申述,经双方协商后再签字确认。再次,承包人填写中间计量单后报驻地监理工程师办公室。若驻地监理工程师办公室有质疑,可到实地复查。最后,根据中间交工证书、监理工程师与承包人共同签认的计量表、监理工程师签认的计日工、价格变更、索赔等填写中期支付证书,报上一级监理机构审批。

工程计量过程中的主要文件有:中间支付计量表、工程分项开工申请批复单、检验申请批复单及有关的自检资料,工程质量检验表及有关的质量评定意见,工程变更令、中间交工证书。

2. 工程费用支付的控制

1)工程费用支付的基本原则

(1)支付必须以工程计量为基础。

(2)支付必须以技术规范和报价单为依据。

(3)支付必须符合合同条款。

(4)任何工程款项的支付必须经监理工程师的审批。

(5)支付不解除承包人合同内应尽的责任和义务。

(6)支付必须及时。

(7)支付必须严格按规定的程序进行。

2)工程费用支付基本程序

首先,由承包人提交各类报表和有关的结账单,即由承包人提出支付申请;其次,监理工程师审查并确认支付报表和结账单,根据合同规定,监理工程师有权对支付报表和结账单中的错误和不实之处进行修改指正,然后向建设单位签发支付证书;最后,建设单位审批监理工程师签发的支付证书,按合同规定时间向承包人支付款项。

3)各种款项的支付

(1)工程进度款的支付:FIDIC管理模式规定,工程进度款根据工程完成量按月支付。因此,监理工程师在接到承包人月报表后,应立即审查并核实;在合同规定时间内向建设单位证明到期应付给承包人的具体金额,建设单位在合同规定时间内向承包人付款。

如果承包人应得款额小于投标书附件中规定的每月最小付款金额,则监理工程师不应向建设单位签发支付证书,该月承包人应得款额移到下月支付。

(2)动员预付款的支付和扣回:动员预付款是建设单位提供给承包人用于支付施工初期各种费用的一笔无息款额。监理工程师在确认承包人已提供相当于动员预付款金额的银行担保或保函后,向建设单位签发合同规定的动员预付款支付证书,建设单位应按监理工程师签发的支付证书向承包人付款。监理工程师应根据合同规定,在工程进度款的支付证书中逐月扣回动员预付款。

(3)材料预付款的支付和扣回:材料预付款是建设单位提供给承包人用于购买永久工程组成部分的材料的一笔无息款额。监理工程师在确认承包人所购永久工程材料的质量及储存方式符合合同要求后,按合同规定将所购材料款额的某一百分比计入下次工程进度款证书,建设单位根据监理工程师的证明向承包人付款。

监理工程师应随时了解材料的使用情况,当材料已用于永久工程,材料预付款应在以后的工程进度款支付证书中,按合同规定逐月扣回。

(4)缺陷责任费用的支付:工程缺陷责任期内,如果发现任何工程缺陷或工程质量不合格,监理工程师应查明原因和责任,以责任确定费用的支付。

如果责任属承包人,则一切费用由承包人承担,并应按监理工程师的指示进行修补。若承包人没有执行监理工程师的指示,建设单位有权安排修补缺陷,监理工程师应确定费用并签发给建设单位,建设单位可在支付承包人的款项中扣除。

如果责任不属承包人,监理工程师按合同要求应与建设单位、承包人共同协商确定费用。若意见不一致,监理工程师有权决定,并通知承包人和向建设单位呈交一副本。

(5)保留金的支付:保留金是建设单位为了使承包人履行合同而在承包人应得款额中扣留的部分金额。一旦承包人未履行合同中的责任,则保留金归建设单位所有,建设单位可用此金额雇用其他承包人完成工程。保留金的数额及扣留标准合同中应给予明确。

按合同规定,保留金分两次支付(退回)给承包人。当工程移交证书签发后支付全部保留金的一半,缺陷责任终止证书签发后支付另一半。

工程费用支付的项目还很多,如工程变更费用的支付、价格调整的支付、计日工的支付、暂定金的支付、索赔费用的支付等。

从各种款额的支付中可知,每笔费用的支付必须有监理工程师的证明和签认,而费用的支付又涉及建设单位和承包人的利益,这就要求监理工程师必须严格按合同规定,公正、准确地进行工程计量与支付,以体现公平交易的原则。

第五节 安全监理与文明施工

安全监理是工程建设监理工作的重要组成部分,是对公路工程施工过程中安全生产状况所实施的监督管理。为了做好安全监理工作,必须了解施工安全的意义,明确安全监理所包括的内容、任务、程序、责任。

一、安全施工的意义

安全生产是党和国家的一贯方针和基本国策,是保护劳动者的安全和健康,促进社会生产力发展的基本保证,也是保证社会主义经济发展、进一步实行改革开放的基本条件。为保障从事公路工程施工生产人员的安全,预防事故发生,促进公路事业的发展,必须实施安全生产管理。

把设计图样上的各项内容,在合同规定的时间和规划批准的地点,建成建筑实体,这个过程称为工程施工。施工过程各工序复杂、涉及范围广、考核指标多,但其中有两个实质性的内容,一个是质量,一个是安全。质量是就"实物"而言,是工程建设的主体。如果建造的"实物"的功能完全实现了设计意图,符合国家的验收标准和规范规定,即为合格工程;如果建造的"实物"很多功能不能实现设计的要求和国家标准规范的规定,即为不合格工程。安全是指建造"实物"的人在建造"实物"过程中的生命安全和身体健康。如果说质量是管物的,那么安全则是管人的。各类建筑构筑物、公路、桥梁等是施工企业的产品,没有产品的质量,企业就无法生存和发展;而不能保证施工人员的安全和健康,就难以生产合格的产品,没有合格的产品,企业也就不存在了,因此质量与安全是工程建设中永恒的主题。

安全工作做好了,施工人员就能在安全舒适的环境中作业,顺利地生产出优质的产品。安全生产是工程质量的前提条件,而工程质量的好坏也是安全的保障。质量低劣的工程,如引发隧道坍塌、桥梁断裂、公路沉陷等事故,将直接威胁着人们的安全和健康。如果说质量是建设单位追求的最终目标,那么安全则是实现这一目标的最基本的环境条件。安全监理就是这一环境的基本保障。

二、安全监理的任务与内容

1. 安全监理的任务

监理工作是受建设单位的委托,按照合同规定的要求,完成授权范围内的工作,安全监理也同样是受委托要完成的任务。因此,监理工程师应认真地研究安全施工所包括的范围,并依据相关的施工安全生产的法规和标准进行监督和管理。

安全生产涉及施工现场所有的人、物和环境。凡是与生产有关的人、单位、机械、设备、设施、工具等都与安全生产有关,安全工作贯穿了施工生产的全过程。所以,实施安全监理工作时,必须对施工全过程进行安全监理。如监理工程师在施工现场,往往要对脚手架的搭设以及模板的安装、拆除进行检查验收,这就是安全工作的内容。

安全监理的任务主要是贯彻落实国家安全生产的方针、政策,督促施工单位按照公路施工安全生产法规和标准组织施工,消除施工中的冒险性、盲目性和随意性,落实各项安全技术措施,有效地杜绝各类安全隐患,杜绝、控制和减少各类伤亡事故,实现安全生产。安全监理的具体工作主要有以下几个方面:

(1)贯彻执行"安全第一、预防为主"的方针,国家现行的安全生产的法律、法规,有关行政主管部门的安全生产的规章和标准。

(2)督促施工单位落实安全生产的组织保证体系,建立健全安全生产责任制。

(3)督促施工单位对工人进行安全生产教育及分部、分项工程的安全技术交底。

(4)审查施工方案及安全技术措施。

(5)检查并督促施工单位按照公路工程施工安全技术规程要求,落实分部、分项工程或各工序、关键部位的安全防护措施。

(6)监督检查施工生产的消防、冬季防寒、夏季防暑、文明施工、卫生防疫等项工作。

(7)不定期地组织安全综合检查,可按《公路工程施工安全技术规范》(JTG F90—2015)进行评价,提出处理意见并限期整改。

(8)发现违章冒险作业的要责令其停止作业,发现隐患的要责令其停工整改。

2. 安全监理的内容

安全生产贯穿于自开工到竣工的施工生产的全过程,因此,安全工作存在于每个分部分项工程、每道工序中。也就是说,哪里的安全防护措施不落实,哪里就可能发生伤亡事故。安全监理不仅要监督检查各部位安全防护措施的贯彻落实,还应该了解公路施工中的主要安全技术,这样才能采取有效的措施,预防各类伤亡事故的发生,确保安全生产。安全施工的内容包括以下三个方面。

1)控制施工人员的不安全行为

人是施工生产中的主体,也是安全生产的关键,搞好安全生产,必须首先控制人的不安全行为。人的不安全行为分为生理上的、心理上的、行为上的三种。生理上的不安全行为,即身体上的缺陷,使其不能适应某些生产的速度、工作条件和环境;心理上的不安全行为,即受到了某些因素的刺激和影响,产生了思想和情绪上的波动,身心不支、注意力转移,发生了误操作和误判断;行为上的不安全行为,即为了某种目的和动机有意采取的错误行为。必须根据人的生理和心理特点,合理安排和调配工作,预防不安全行为;通过培训教育,增强安全意识,做到不伤害自己,不伤害他人,也不被他人伤害。

2)控制"物"的不安全状态

施工人员在公路施工过程中,要使用多种工具、机械、设备、材料等,也要接触各类的设施、设备等,这些材料、工具、设施、设备等统称为"物"。不仅要这些"物"保持良好的状态和技术性能,还应该使其操作简便,灵敏可靠,并且具有保持工作者免受伤害的各类防护和保险装置。

3)作业环境的防护

在任何时间、季节和条件下施工,对于任何作业都必须给施工人员创造良好的、没有一切危险的环境和作业场所。

如果以上三个方面都齐备,安全生产就有了保障。缺少了一个方面,就会留下安全隐患,给发生伤亡事故创造条件和机会。

三、安全事故处理程序

处理建设工程安全事故的原则,即“四不放过”的原则:安全事故原因查不清不放过,职工和事故责任人受不到教育不放过,事故隐患不整改不放过,事故责任人不处理不放过。

建设工程安全事故发生后,监理工程师一般按以下程序进行处理。

(1)建设工程安全事故发生后,总监理工程师应签发《工程暂停令》,并要求施工单位必须立即停止施工,施工单位应立即实行抢救伤员,排除险情,采取必需措施,防止事故扩大,并做好标志,保护好现场。同时,要求发生安全事故的施工总承包单位迅速按安全事故类别和等级向相应的政府主管部门上报,并于24h内写书面报告。

(2)工程安全事故报告应包括以下主要内容:

①事故发生的时间、详细地点、工程项目名称及所属企业名称。

②事故类别、事故严重程序。

③事故的简要经过、伤亡人数和直接经济损失的初步估计。

④事故发生原因的初步判断。

⑤抢险措施及事故控制情况。

⑥报告人情况和联系电话。

(3)监理工程师在事故调查组展开工作后,应积极协助,客观地提供相应证据,若监理方无法责任,监理工程师可应邀参加调查组,参与事故调查,若监理方有责任,则应予以回避,但应配合调查组做好以下工作:

①查明事故发生的原因、人员伤亡及财产损失情况。

②查明事故的性质和责任。

③提出事故处理及防止类似事故再次发生所应采取措施的建议。

④提出对事故责任者的处理建议。

⑤检查控制事故的应急措施是否得当和落实。

⑥写出事故调查报告。

(4)监理工程师接到安全事故调查组提出的处理意见涉及技术处理时,可组织相关单位研究,并要求相关单位完成技术处理方案,必要时,应征求设计单位意见。技术处理方案必须依据充分,应在安全事故的部位、原因全部查清的基础上进行,必要时,组织专家进行论证,以保证技术处理方案可靠、可行,保证施工安全。

(5)技术处理方案核签后,监理工程师应要求施工单位制定详细的施工方案,必要时,监理工程师应编制监理实施细则,对工程安全事故处理的施工过程进行重点控制,对于关键部位和关键工序应派专人进行控制。

(6)施工单位完工自检后,监理工程师应组织相关各方进行检查验收,必要时进行处理结

果鉴定。要求事故单位整理编写安全事故处理报告,并审核签认,进行资料归档。建设工程安全事故处理报告主要包括以下内容:

①职工重伤、死亡事故调查报告书。

②现场调查资料(记录、图纸、照片)。

③技术签订和试验报告。

④物证、人证调查材料。

⑤间接和直接经济损失。

⑥医疗部门对伤亡者的诊断结论及影印件。

⑦企业或其主管部门对该事故所做的结案报告。

⑧处分决定和受处理人员的检查资料。

⑨有关部门对事故的结案批复等。

⑩事故调查组人员的姓名、职务,并签字。

(7)根据政府主管部门的复工通知,确认具备复工条件后,签发《工程复工令》,恢复正常施工。

四、文明施工监理

切实做好现场文明施工,做好扬尘治理,贯彻环境保护、水土保持的政策和法令,同样是建设监理工作的重要内容,监理工程师应重点监督施工单位采取以下有效措施,保证现场文明施工。

1. 实行环保目标责任制

把环保指标以责任书的形式层层分解到有关单位和个人,列入承包合同和岗位责任制,建立环保自我监理控体系。

项目经理是环保工作的第一责任人,是施工现场环境保护自我监控体系的领导者和责任者。要把环保政绩作为考核项目经理的一项重要内容。

2. 加强检查和监控工作

要加强对施工现场粉尘、噪声、废气、污水的监测和监控工作。要对文明施工和现场管理一起检查、考核、奖罚。及时采取措施消除粉尘、噪声、废气和污水的污染。

3. 进行综合治理

一方面,施工单位要采取有效措施,控制人为噪声和粉尘的污染,采取技术措施控制烟尘、污水、噪声污染。另一方面,建设单位应该负责协调外部关系,同当地居委会、村委会、办事处、派出所、居民、施工单位、环保部门加强联系。

要做好宣传教育工作,认真对待来信、来访,凡能解决的问题,立即解决;一时不能解决的扰民问题,也要说明情况,求得谅解,并限期解决。

五、文明施工措施

为提高工程施工现场安全生产工作管理水平,督促施工单位组织文明施工和实现安全工作的标准化、规范化、制度化，切实贯彻“安全第一，预防为主”的方针，针对工程的特点可以从以下几个方面协助、检查、督促施工单位搞好工程的文明施工。

要求施工单位现场项目部制定文明施工管理制度，成立以项目经理为核心的文明施工领导小组，明确各部门各岗位人员职责，并落实到人。要求项目部与各施工班组、各级管理人员签订文明施工责任书，各班组与每个职工签订文明施工责任书。项目部文明施工领导小组每半月进行一次检查、考核，奖励先进，处罚落后，真正做到领导有力，责任到人。根据工程实际，建议施工单位现场项目部下设几名专职文明施工管理人员，各施工班组、分包单位设立一名兼职文明施工管理员。

1. 施工现场标志牌设置

建筑工地大门外侧竖立形象美观的工程概况牌，大门内侧醒目位置设置以下图、牌及栏：

(1)施工现场平面图。

(2)施工用电配电箱及施工机具平面图。

(3)消防器材平面布置图。

(4)十项安全技术措施牌。

(5)安全生产六大纪律牌。

(6)建筑职工职业道德牌。

(7)工地卫生制度牌。

(8)防火保卫牌。

(9)市民守则牌。

(10)文明施工牌。

(11)宣传教育栏。

(12)管理人员名单及监督电话牌。

2. 施工现场场容场貌管理

(1)施工场地推行混凝土硬地坪施工，保证场内道路畅通；路面做好坡度流向处理，场内设置排水沟，做到污水不外流，场内无积水。设置洗车台，车辆做到净车出场，避免在场外道路“抛、洒、滴、漏”。

(2)由兼职文明施工管理人员落实班组落手清制度，清扫出来的建筑垃圾集中堆放，每日清运一次。生活区、办公区内的垃圾由专职保洁员负责，每日清运一次。做到场内无垃圾。

(3)对进场的材料、机具、安全禁令标志、配电箱、消防器材等严格按布置图位置进行堆放、设置，堆放设置要做到整齐有序，材料挂设标识牌，注明名称、品种、规格、检验状态。每天由专职文明施工管理员负责检查。

(4)为了创造良好的施工环境和生活办公环境，工地现场适当摆设或种植一些花草。材料加工作业和零散材料区设有栏杆围护，现场各区和设施设指示牌。

(5)施工作业交底明确，做到文明作业，工完场清，不在规定吸烟处随意吸烟。

(6)随施工进度在现场悬挂宣传标语，积极创造一个文明的施工环境。

3. 施工现场临时设施管理

(1)施工现场环境卫生落实分区包干，制定卫生管理制度。设专职现场清洁工两名，建筑垃圾做到集中堆放,生活垃圾设有专用垃圾箱,并加盖,每日清运。确保生活区、作业区保持整洁环境。

(2)夜间施工向环保部门办理夜间施工许可证,并向周边居民告知。作业时尽量控制噪声影响。

(3)职工宿舍、食堂、厕所、浴室的管理见前述文明施工保证措施中的生活区管理措施。

(4)工地设置茶水亭,有充足的茶水供应,茶水桶上加盖,冬天要有保温设施。

第六节 环境保护监理

环境保护是我国一项长期的基本国策。在社会主义经济建设过程中,为了正确处理环境保护与经济发展的关系,坚持环境与经济协调发展的思想,国家制定了"经济建设、城乡建设、环境建设同步规划、同步实施、同步发展,实现经济效益、社会效益、环境效益统一"的指导方针,相继颁布了《中华人民共和国环境保护法》等各项有关环境保护方面的专门法律,发布了20多项环保法规和360项环保标准,以指导各行各业在经济建设活动中的环境保护工作。就公路工程环保而言,国家体现的是公路建设与环境保护并举的原则,同时提出"保护优先,防护为主,防治结合"的方针,为公路工程建设过程中的环保问题指出了明确的方向。

一、工程环保监理的意义

自20世纪80年代起,按照国家有关环境保护的规定,在公路建设项目的可行性研究阶段执行环境影响评价制度。通过环境影响评价,对项目存在的环境影响问题进行分析、预测,并针对不利于环境的影响提出防治措施,要求项目在规划设计阶段、实施阶段和建成运营阶段严格落实执行。涉及亚洲开发银行和世界银行贷款的项目对环境保护问题尤为重视,要求在环境影响评价报告的基础上编制环境保护行动计划,以指导项目的整个实施过程。因此,在公路施工过程中实行环境保护,是对项目全过程环境保护管理不可缺少的重要环节,也完全符合国家关于环境保护必须与工程主体"同时设计、同时实施、同时交付使用"的三同时原则。

二、工程环保监理的程序和方法

公路施工期环保监理工作实质上就是施工活动过程中对环保的管理工作,必须与整个施工组织管理紧密结合,要以法制观念强化工程管理人员的环保意识,使环保管理工作制度化、规范化、合理化。环保监理工作有以下几个主要环节。

1. 施工期环境保护措施报告表

此报告表要求由承包人编制,报告表随总体施工组织设计、各单项工程开工申请表同时呈报。

报告表编制时,要求承包人依据国家各项有关环境保护法规、政策,环境影响评价报告书或环境行动计划提出的环保措施,针对施工活动的具体内容,提交承包人在施工组织管理过程中的环保承诺。报告表由监理工程师审核,随总体施工组织设计或单项工程开工报告一同批准实施。

2. 施工期环保措施实施情况的核查

监理工程师应定期或不定期地对施工现场进行环保措施实施情况的核查。检查承包人在环保措施报告表中承诺的各项环保措施是否得到落实和执行,该检查结果应有文字记录备案,作为工程竣工验收的考核内容。

3. 施工现场环境监测

监理人员应对施工现场进行定期(或不定期)的环境监测,并及时将监测结果通报承包人和驻地监理工程师,以便双方能够掌握施工现场环境质量动态情况,及时调整环保监控力度。同时,环境监测结果也是施工现场执行环保措施的客观评价。环境监测方法按国家环保局有关环境监测分析方法的规定执行。

三、工程环保监理的要点

公路工程环保在不同的方面和不同的施工阶段有着不同的环保要求。下面就临时设施、路基、路面、桥梁隧道、绿化五个方面进行叙述。

1. 临时设施的环保要求

这里的临时设施指承包人和驻地监理工程师的临时驻地和临时施工现场。

1)对水的要求

(1)生活用水。生活用水必须符合国家有关饮水标准的要求。

(2)生活污水。对生活污水的处理要求如下:

①临时驻地必须建有化粪池或其他能满足使用要求的系统,并予以管理、维护直至合同终止。此化粪池或系统用于汇集与处理由临时驻地的住房、办公室及其他建筑物和流动性设施排放的污水。

②污水处理系统的位置、容量与设计均应能够满足正常使用的要求。

③每一处临时施工现场均应备有临时污水汇集设施;对拌和场清洗砂石料后的污水应汇集处理回用,不得排到施工现场以外的地方。

2)垃圾处理

临时驻地产生的一切垃圾必须每天由专人负责清理集中并处理(可与当地有关部门联系定期运至指定的垃圾处理场),临时施工现场产生的施工垃圾必须随当日作业班组清理至集中处,以保证作业现场的整洁卫生。垃圾管理工作应持续至工程竣工交验后。

修建临时工程应尽量减少对原自然环境的损害,在竣工拆除临时工程后,应恢复原来的自然状态。

3)控制扬尘

(1)拌和场。对可产生扬尘的细粉料拌和作业,应在其作业现场设置喷水嘴装置并洒水,以使作业产生的扬尘减至最低程度。

(2)运输。对易引起扬尘的材料运输,运输车辆应备有帆布、盖套及类似的物品进行遮盖。

(3)料场。对易引起尘害的细粉料堆应予以遮盖或采取洒水等措施进行处理。

4)噪声控制

施工机械噪声对附近居民的影响超过国家标准规定时,应采取降噪或调整作业时间及施工机械的措施,以保证居民有安静的休息环境。

2.路基工程的环保要求

1)场地清理

公路用地及借土场范围以内的所有垃圾和非适用材料均应清除与移运到适宜的地方妥善处理。清除的表层腐殖土应集中堆放,以备工程后期用于绿化或用于弃土渣场复土还耕。

2)防水、排水

(1)临时排水设施应与永久性排水设施相结合,污水不得排入农田、耕地和污染自然水源,也不得引起淤积和冲刷。

(2)在施工过程中,不论何种原因,在没有得到有关管理部门书面同意的情况下,各类施工活动不应干扰河流、水道、现有灌渠或排水系统的自然流动。

(3)在路基和排水工程(涵洞、倒虹吸等)施工期间,应为邻近的土地所有者提供灌溉与排水用的临时管道。

3)路基挖方

(1)路基挖方施工和开挖方法应考虑对地下历史文物、自然保护区的保护措施,同时不得对邻近的设施及其正常使用造成破坏及干扰。

(2)挖方施工中产生的弃方不得弃入或侵占耕地、农田灌溉渠道、河道、现有通车道路等场所,必须运至指定的弃土场。

(3)弃土的堆放应整齐、美观、稳定,必要时坡脚应予以加固,并且使其保持排水通畅。

4)路基填方

(1)在取土和运输过程中不得破坏自然环境。

(2)借土结束或借土场废弃时,应对借土场地面进行修整和清理。在条件许可时最好在地表覆盖熟土还耕。

(3)粉煤灰路堤施工中,粉煤灰的运输和堆放应呈潮湿状态,运输车辆周边应密闭,顶面应加盖,以防粉灰沿路散落飞扬而污染环境。同时,在施工路堤两侧应有良好的排水设施和防雨冲刷的措施,以防止粉煤灰遭雨水冲刷流失而污染附近水源和农田等。

3.路面工程的环保要求

1)拌和场

拌和场选址应遵从远离自然村落,并在其常年主导风向下风口处的原则。拌和设备应配装有集尘装置。

2)路面摊铺

沥青路面和水泥路面摊铺施工过程中剩余废弃料必须及时收集运到废弃料场集中处理,不得随意抛弃。

4.桥梁、隧道工程的环保要求

1)桥梁工程

(1)桥梁施工钻孔桩必须设置泥浆沉淀池,不得将钻孔泥浆直接排入河水或河道。

(2)桥基施工现场材料应堆放整齐有序。

(3)施工现场应设置简易临时厕所,以防粪便侵入河体污染河水。

(4)桥梁预制厂必须设置排水系统,防止产生的废水随意溢流;有条件者也可采取废水回收处理后循环使用。

2)隧道工程

(1)隧道凿岩施工必须采用湿法钻孔。通风量必须保证能够有效地通风除尘,并置换新鲜空气进入作业面。

(2)作业面应有瓦斯检测报警装置,以防止瓦斯浓度超过警戒浓度,威胁施工人员生命及造成安全生产事故。

(3)隧道弃渣应充分予以利用。禁止在洞口随意堆放弃渣,多余的渣应弃放在指定地弃渣场,并堆放整齐、稳固。弃渣场应修建必要的排水设施。

(4)隧道施工废水应经过处理后再进行排放,并不得对附近居民生活用水造成污染。

5. 绿化工程的环保要求

本部分绿化内容是指公路建设征用地范围内的绿化工程(工程设计文件已给出规定)。

1)一般要求

(1)公路绿化工程应符合图样和规范要求。在实施绿化工程前规定的时间内,承包人应制订出详尽的施工计划,说明栽种位置、种植范围和植物的种类等,并报请监理工程师批准。

(2)在公路建设过程中,要尽量保护道路用地范围之外的现有植被不受破坏。若因修建临时工程破坏了现有植被,则必须在拆除临时工程时予以等量恢复。

(3)在绿化工程实施全过程中,必须有园林专业工程师作为技术指导或代理人,在技术上领导或指导全部绿化工程。

2)种植与管理

(1)植物的种植应选择当地各类植物的最佳种植季节植种。

(2)种植用土应选用含有植物生长地有机物质(也可直接用原地表层熟土)的腐殖土。

(3)苗木要选择健康无病害的适用苗木,以保证成活率达到设计要求。

(4)种植工作结束后,应进行有效的管理,使植物保持良好的生长条件。该管理工作包括浇水(或洒水)、修剪、清除杂草杂物、垃圾等。

四、环境保护监理控制措施

1. 自然及生态环境保护和水土保持措施

(1)保护沿线植被,减少植被破坏,保护水资源和自然景观,避免因施工引起水质污染等环境问题。

(2)保护施工区内野生动物,严禁猎杀、捕捉或恐吓野生动物,保护沿线野生动物的栖息环境和迁移通道。

(3)开工前详细规划施工便道、取弃土场和施工营地等的临时用地,用地计划报经监理工程师批准同意后,承包人方可向当地政府土地管理部门申请并办理租用手续。严禁随意开辟施工便道、取弃土场,严禁随意设临建工程。

(4)严格划定施工范围和人员、车辆行走路线,对场地和人员活动范围进行界定,不得随意超出规定范围,并设置标语牌、界碑牌等标志,防止对施工生产、生活范围之外区域的植被造成破坏。

(5)生活垃圾、生产垃圾应集中收集,定时清除运走。

(6)完工后对场地和混凝土搅拌场、路面冷热拌和场等进行清理,拆除临时建(构)筑物,掘除硬化地面,将弃渣、废物运走,同时对清理后的场地进行植被恢复。

(7)尽量利用既有便道进行路基填料的运输,减少土地的占用。如有新修便道,完工后对新修便道进行达标整理,保留备作公路养护维修便道或掘除原填料,恢复植被、恢复原貌。尽量租用当地已有的房屋或拼装活动板房作为施工生产、生活用房。

2. 水资源环境保护和水土保持

(1)生活营地的生活污水,混凝土搅拌站、路面冷热拌和场、预制场等产生污水,不得直接排入农田、河流和渠道,须经沉淀或处理达标后方能排放。

(2)沥青、油料、化学物品等不得堆放在民用水井及河流、湖泊附近,并应采取措施,防止雨水冲刷进入水体。

(3)对生产机械经常进行检修,防止机械和施工用油的跑、冒、滴、漏对水质产生污染。施工或机械产生的废油、废水,采用隔油池或采用其他方法处理合格后才能排放。

3. 大气环境、噪声及粉尘的防治

(1)在设备选型时选择低污染设备,并安装空气污染控制系统,减少对空气的污染。

(2)在运输水泥、石灰、粉煤灰等粉状材料和沥青混合料时,进行严密的遮盖。

(3)利用水车,对施工现场和临时便道进行洒水湿润,防止尘土飞扬,减少空气中的固体颗粒。

(4)对汽油等易挥发品的存放要密闭,并尽量缩短开启时间。

(5)路面冷热拌和场生产时,严格控制粉尘的污染,注意回收和覆盖。

(6)生产和施工现场、路面冷热拌和场、混凝土搅拌站和预制场地等应加强对噪声的防治,尽量减少夜间作业,减少对居民噪声的干扰。

4. 固体废弃物

(1)施工营地和施工现场的生活垃圾,应集中堆放,定时清运。

(2)施工中的废弃物,经当地环境保护部门同意后,运到指定的场地进行处理。

(3)报废材料或施工中返工的挖除材料应立即运出施工现场,各种包装袋及时清理,以免造成白色污染。

(4)加强材料运输车辆的管理,严禁超载、高速行驶,从而保证不会沿线撒漏须迅速清除。

5. 保护文物及宗教设施

(1)尊重当地的民俗,保护宗教设施及场地不受影响和破坏。

(2)保护国家文物,对施工中挖出的古董文物,按招标文件合同条款及国家有关法律规定进行保护和上交。

6. 重要设施的保护

(1)保护施工场地附近的通信设施。

(2)保护当地的军用设施设备。

(3)对施工场地附近的光缆进行严密的管理,不致因施工机械造成破坏和人为破坏。加强对光缆的监护,确保施工期间万无一失。

7.驻地环境保护和水土保持

(1)驻地环境由各合同段(包括施工合同、监理合同)的环保小组具体负责管理和维护建设。生活及办公区四周设置防污排水沟,排水沟直接与污水处理池连接,避免生活区域内的水流直接排放到地面和河流、湖泊,造成环境污染。

(2)注意生活垃圾的处理,垃圾集中堆放,定期送到当地指定的地方进行处理。

(3)生活废水排入污水池,进行处理后才能排放。污水池应注意污水不渗漏,以免造成对地下水的污染,并应进行加盖,有除臭设施,以免造成周围环境空气的污染。

第七节 合同管理

公路工程项目从招标、投标、施工到竣工交付使用,涉及建设单位、设计单位、材料设备供应商、材料生产厂家、施工单位、工程监理单位等。要使工程项目各有关单位之间建立有机的联系,相互协调、默契配合,共同实现进度、质量、费用三大目标,一个重要的措施就是利用合同手段,通过经济与法律相结合的方法,将工程项目所涉及的各单位在平等互利的原则上建立起多方权利义务关系,以保证工程项目目标的顺利实现。

改革开放以来,尤其是我国十多年的工程监理实践证明,公路工程项目进度、质量、费用三大目标的实现,最为关键的一点就是建设单位、承包人、监理工程师三方必须树立强烈的合同意识,按合同约定办事。本节将在介绍合同基本概念及作用的基础上,重点介绍 FIDIC 管理模式下合同管理的主要内容。

一、合同管理概述

1.合同的概念

合同,又称契约,它是当事人双方或数方设立、变更和终止相互权利和义务的协议。协议应在平等互利的原则下签订。合同作为一种法律手段,是法律规范在具体问题中的应用,签订合同属于一种法律行为,因此,依法签订的合同具有法律约束力。

经济合同是法人与法人之间为实现一定的经济目的,明确相互权利义务关系的协议。这种协议以法律的形式确认和调整合同当事人之间的权利与义务。

工程合同属于经济合同范畴,是指建设单位就工程项目的设计、施工、监理等环节,与各经济法人(承包人)为实现工程目标而以书面协议形式缔结的具有法律效力的契约。

从以上概念可知,凡签订各种经济合同,合同双方必须是法人。法人是个法律上的概念,是指按法定程序组成,有一定的组织机构和财产,能以法人名义参加经济(或民事)法律关系,取得经济(或民事)权利,承担经济(或民事)义务,并能在法院起诉或应诉的社会单位实体或组织。经济合同必须由具有法人资格的法人代表或法人代表的代理人签订。

2. 工程法律关系的多元性

(1)经济法律关系的多元性。工程合同是合同双方或多方的法律行为,是合同双方或多方意向一致的表示。经济法律关系的多元性主要表现在合同签订和实施过程中会涉及建设单位、监理工程师、承包人、分包人、材料供应、设备供应、银行、保险公司等有关单位,因而产生纵横交错的复杂关系,这些复杂关系都要用合同予以联结和约束。

(2)合同条款的复杂性。由于经济法律关系的多元性,以及工程项目的一次性特点所决定的每一工程项目的特殊性,工程项目在实施过程中受到各方面、诸条件的制约和影响,而这些影响均应以合同条款的形式反映到工程合同文件中去。

(3)合同双方的平等性。工程合同双方当事人在合同范围内处于平等地位,任何一方均不得超越合同规定,强迫他人意志。即使有行政隶属关系的上级和下级,在合同关系上也应是完全平等的,一切工程问题只能在合同的范围内解决。

(4)工程合同的风险性。由于工程合同的经济法律多元性、复杂性,加之工程项目的投资大、竞争激烈及人们预测能力的局限性等因素影响,工程合同必然具有一定的风险性。因此,合同双方需慎重分析风险可能产生的各种因素,制定平等严格的风险条款,以避免各种风险条款,避免各种风险因素对工程项目造成的不利影响。

3. 工程合同的常见类型

工程经济活动中,合同的形式与类型多种多样,下面主要按合同支付方式介绍工程合同的几种常见类型。工程合同一般分为总价合同、单价合同及成本补偿合同三大类,而每类之中又可细分为许多形式。

(1)总价合同。总价合同也称总价固定合同或总价不变合同。这种合同要求投标者按照招标文件的要求报一个总价。根据完成设计图纸和说明书上规定的所有项目,建设单位不管承包人获得多少利润,均按合同规定的总价分批付款,所以有时也简称包干制。采取这种方式,必须满足下列三个条件:

①在招标时,能详细而全面地准备好设计图纸和说明书,以便投标者能准确地计算工程量。

②工程风险不大。

③在合同条件允许范围内给承包人以各种方便。

总价合同一般有下列四种形式。

①固定总价合同:承包人的报价以准确的设计图纸及计算为基础,并考虑到一些费用的上升因素,如图纸不变则总价固定。但施工中图纸有变更,则总价也要变更。

②调值总价合同:在报价及订合同时,以设计图纸、工程量及当时价格计算签订总价合同,但在合同条款中双方商定。如果在执行合同中,由于通货膨胀引起工料成本增加时,合同总价做相应调整。一般工期较长的工程,适合采用这种形式。

③固定工程量总合同:即建设单位要求投标者在投标时按单价合同方法分别填报分项工程单价,从而计算出工程总价,据之签订合同。

④管理费总价合同:建设单位雇用某一公司的管理专家对发包合同的工程项目进行施工管理和协调,由建设单位付给一笔总的管理费用。

(2)单价合同。当准备发包的工程项目的内容和设计指标一时不能确定,或工程量可能出入较大,则采用单价合同形式为宜。单价合同有以下两种不同形式。

①估计工程量单价合同:以工程量表为基础,以工程量表中填入的单价为依据来计算合同价格,作为报价之用。但在结账时以实际完成的工程量为准,按月结账,最后以实际竣工结算工程总价格。

②纯单价合同:招标文件只向投标者给出各分项工程内的工作项目一览表、工程范围及必要的说明,而不提工程量,承包人只要给出各项目的单价即可,将来施工时按实际工程量计算。

(3)单价与总价混合制合同。以单价合同为基础,但对其中某些不易计算工程量的分项工程,则采用包干方式。即对能用某种单位计算工程量的,均要求报单价,按实际完成工程量及合同上的单价结账;对不易算出工程量的,按项目完成大致程度结账,项目全部完成后,此项目的包干款额全部付给。

(4)成本补偿合同。成本补偿合同也称成本加酬金合同,即建设单位向承包人支付实际工程成本、管理费以及利润的一种合同方式。成本补偿合同有多种形式,一般有成本加固定费用合同、承包加定比费用合同、成本加奖金合同、工时及材料补偿合同等。

二、合同管理的主要内容

我国实行公路工程施工监理制度以来,FIDIC 土木工程施工合同条件得到了广泛的应用,引入外资的项目更是如此。十几年来的工程施工监理的实践证明,公路工程的进度、质量、费用等均应实施合同管理。

合同管理的主要内容:工程变更、工程延期、费用索赔、争端与仲裁、违约、工程分包、工程保险等方面。理解和熟悉合同的主要内容,对监理工程师、建设单位、承包人都十分重要。下面结合我国公路工程施工监理实践,对合同管理的主要内容作概括性介绍。

1. 工程变更

工程变更,是指经监理工程师审查批准并下达变更令后,对工程合同文件的任何部分或工程项目的任何部分所采用的形式上的改变、质量要求上的改变或工程数量上的改变,涉及的内容比较广泛。

公路工程施工过程中,工程变更通常是不可预见的,但工程变更一般均会对工程费用、工期产生影响,涉及建设单位和承包人的利益,因而监理工程师应谨慎地按合同条款实施工程变更管理。

一般来讲,工程变更要求可以由建设单位、监理工程师、承包人提出,但必须经过监理工程师的批准才能生效。监理工程师认为有必要根据合同有关规定变更工程时,应经建设单位同意;建设单位提出变更时,监理工程师应根据合同有关规定办理;承包人请求变更时,监理工程师必须审查,必要时报建设单位同意后,根据合同有关规定办理。监理工程师应就颁布工程变更令而引起的费用增减,与建设单位和承包人协商,确定变更费用。

工程变更程序如下:

1)意向通知

监理工程师决定根据有关规定对工程进行变更时,向承包人发出变更意向通知,内容主要包括:变更的工程项目、部位或合同某文件内容;变更的原因、依据及有关的文件、图纸、资料;要求承包人向监理工程师提交此项变更给其费用带来影响的估价报告。

2)资料收集

监理工程师宜指定专人受理变更,重大的工程变更请建设单位和设计单位参加。变更意向通知发出的同时,着手收集与该变更有关的一切资料,包括:变更前后的图纸(或合同、文件),技术变更洽商记录,技术研讨会记录,来自建设单位、承包人、监理工程师方面的文件与会谈记录,行业部门涉及变更方面的规定与文件,上级主管部门的指令性文件等。

3)费用评估

监理工程师根据掌握的文件和实际情况,按照合同的有关条款,考虑综合影响,完成上述工作之后对变更费用作出评估。评估的主要工作在于审核变更工程数量及确定变更工程的单价及费率。

4)协商价格

监理工程师应与承包人和业主就其工程变更费用评估的结果进行磋商,在意见难以统一时,监理工程师应确定最终的价格。

5)签发工程变更令

变更资料齐全,变更费用确定之后,监理工程师应根据合同规定签发工程变更令。工程变更令主要包括以下文件:文件目录、工程变更令、工程变更说明、工程费用估计表及有关附件。

工程变更的指令必须是书面的,如果因某种特殊的原因,监理工程师有权口头下达变更命令。承包人应在合同规定的时间内要求监理工程师书面确认。监理工程师在决定批准工程变更时,要确认此工程变更必须属于合同范围,是本合同中的任何工程或服务等,此变更必须对工程质量有保证,必须符合规范要求。

2. 工程延期

1)工程延期的条件

FIDIC 合同条件中工程延期的定义是:按合同有关规定,非承包人自身原因造成的,经监理工程师书面批准的合理竣工期限的延长,它不包括由于承包人自身原因造成的工期延误。延期的原因主要有:额外的或附加的工作,异常恶劣的气候条件,由建设单位造成的延误、妨碍、阻止,不是承包人的过失、违约或由其负责的其他特殊情况,合同中所规定的任何延误原因。监理工程师必须在确认下述条件满足后才受理工程延期:

(1)由于非承包人的责任,工程不能按原定工期完工。

(2)延期情况发生后,承包人在合同规定期限内向监理工程师提交工程延期意向。

(3)承包人承诺继续按合同规定向监理工程师提交有关延期的详细资料,并根据监理工程师需求随时提供有关证明。

(4)延期时间终止后,承包人在合同规定的期限内,向监理工程师提交正式的延期申请报告。

2)工程延期的受理程序

工程延期管理是监理工程师实施合同管理的重要工作之一,一般的受理程序如下:

(1)收集资料,做好记录。监理工程师应在承包人延期意向后,做好工地实际情况的调查和记录,收集各种相关的文件资料及信息。

(2)审查承包人的延期申请。监理工程师收到承包人正式的延期申请后,应主要从以下两方面进行审查:

①延期申请的格式满足监理工程师的要求。

②延期申请应列明延期的细目及编号,阐明延期发生、发展的原因及申请所依据的合同条款,并附有延期测算方法和延期涉及的有关证明、文件、资料、图纸等。

审查通过后,可开始下一步的评估。

(3)延期评估。评估应主要从以下几个方面进行评定:

①承包人提交的申请资料必须真实、齐全,满足评审需要。

②申请延期的合同依据必须准确。

③申请延期的理由必须正确与充分。

④延期天数的计算规则与方法应恰当。

(4)审查报告,确定延期。监理工程师应根据现场记录和有关资料,经调查、讨论、协调,在确认延期测算方法及由此确认的延期天数的基础上做出审查报告,并在确认其结论之后,确定延期,签发有关报表。

3.费用索赔

费用索赔是指工程实施过程中,非承包人自身原因造成的费用损失或增加,根据合同的有关规定,承包人通过合法的途径和程序,正式向建设单位提出认为应该得到额外费用的一种手段。

监理工程师根据合同规定处理费用索赔时,一般分两个步骤进行,即查证索赔原因、核实索赔费用。在收到承包人的正式索赔申请时,监理工程师首先应看所要求的索赔是否有合同依据,然后将承包人所附的原始记录、账目等与驻地监理工程师的记录进行核对,以弄清承包人所声称的损失是否由于自身工作效率低或管理不善所致。

如果经监理工程师查证,承包人所提索赔理由成立,则应核实承包人的计算是否正确。在允许索赔事件中,承包人常有意或无意地在计算上出差错,监理工程师必须严格审核计算过程,特别是承包人计算中所采用的合同条款依据、价格、费率标准和数量等方面。

一般来讲,监理工程师是代表建设单位的利益来进行工程项目管理的。但在处理索赔时,监理工程师必须以完全独立的裁判人身份对索赔做出公正的裁决,即使索赔对建设单位不利,也不能偏袒徇私。如果监理工程师的裁决不公正,承包人可将此类裁决诉于仲裁,仲裁人可以推翻监理工程师的裁决,监理工程师的信誉将受到损害。

4.争端与仲裁

在公路工程施工过程中以及合同终止以前或以后,建设单位和承包人对合同以及工程施工中的很多问题将可能发生各种争端事宜,包括由于监理工程师对某一问题的决定使双方意见不一致而导致的争端事宜。FIDIC 合同条件对争端事宜的解决作了明确的程序规定。

1)争端的管理

按照合同要求,无论是承包人还是建设单位,应以书面形式向监理工程师提出争端事宜,并呈一副本给对方。监理工程师应在收到争议通知后,按合同规定的期限完成对争议事件的全面调查与取证。同时对争议作出决定,并将决定书面通知建设单位和承包人。如果监理工程师发出通知后,建设单位或承包人未在合同规定的期限内要求仲裁,其决定则为最终决定,争端事宜处理完毕。只要合同未被放弃或终止,监理工程师应要求承包人继续精心施工。

2)仲裁

当合同一方提出仲裁要求时,监理工程师应在合同规定的期限内,对争议设法进行友好调解,同时督促业主和承包人继续遵守合同,执行监理工程师的决定。在合同规定的仲裁机构进行仲裁调查时,监理工程师应以公正的态度提供证据和做证,监理工程师应在仲裁后执行裁决。一般而言,仲裁人的裁决是最终裁决,对双方均有约束力,任何一方不再诉诸法院或其他权力机构,以改变此裁决。

5. 违约管理

1)建设单位的违约

建设单位有下列事实时,监理工程师应确认为建设单位违约。

(1)宣告破产,或作为一个公司宣告停业清理,但清理不是为了改组或合并。

(2)由于不可预见的理由,而不能继续履行其合同义务。

(3)没有在合同规定的时间内根据监理工程师的支付证书向承包人付款,或干涉、阻挠、拒绝支付证书的签发。

当监理工程师受到承包人因建设单位违约而提出的部分或全部中止合同的通知后,应尽快深入调查,收集掌握有关情况,澄清事实。在调查、了解的基础上,根据合同文件要求,同建设单位、承包人协商后,办理部分或全部中止合同的支付。

按照合同规定,因建设单位未能按时向承包人支付其应得款项而违约时,承包人有权按合同有关规定暂停工程或延缓工程进度,由此发生的费用增加和工期延长,经监理工程师与建设单位、承包人协商后,将有关费用加到合同价中,并应给予承包人适宜的工期延长。如果建设单位收到承包人暂停工程或延缓工程进度的通知后,在合同规定时间内恢复了向承包人应付款的支付以及支付了延期付款利息,承包人应尽快恢复正常施工。

2)承包人的违约

承包人违约视情节分为一般违约和严重违约两种,监理工程师在处理时应区别对待。

(1)一般违约。根据规定,承包人有下列事实,监理工程师应确认承包人一般违约。

①给公共利益带来伤害、妨碍和不良影响。

②未严格遵守和执行国家及有关部门的政策与法规。

③由于承包人的责任,使建设单位的利益受到损害。

④不严格执行监理工程师的指示。

⑤未按合同监管好工程。

承包人属一般违约时,监理工程师应书面通知承包人在尽可能短的时间内予以弥补与纠正,且提醒承包人一般违约有可能导致严重违约。对于因承包人违约对建设单位造成的费用影响,监理工程师办理扣除承包人相应费用的证明。

(2)严重违约。承包人有下列事实时,监理工程师应确认承包人严重违约。

①无力偿还债务或陷入破产,或主要财产被接管,或主要资产被抵押,或停业整顿等,因而

放弃合同。

②无正当理由不开工或拖延工期。

③无视监理工程师的警告,公然忽视履行合同规定的责任与义务。

④未经监理工程师同意,随意分包工程,或将整个工程分包出去。

监理工程师确认承包人严重违约,建设单位已部分或全部中止合同后,应采取如下措施:

①指示承包人将其为履行合同而签订的任何协议的利益(如材料和货物的供应服务的提供等)转让给建设单位。

②认真调查并充分考虑建设单位因此受到的直接和间接的费用影响后,办理并签发部分或全部中止合同的支付证明。

在终止对承包人的雇用及驱逐承包人之后,按照合同规定,建设单位有权处理和使用承包人的设备、材料和临时工程。

6. 工程分包

工程分包是指承包人经监理工程师批准后,将所有承包工程一部分委托其他承包人承建或为实施合同中以暂定金额支付的工程施工和机械设备、材料的供应等工程任务而由建设单位、监理工程师指定另外的承包人承担。

工程分包有两种形式,即一般分包和指定分包。

1)一般分包的管理

一般分包是指由承包人自己选择分包人,但监理工程师应禁止承包人把大部分工程分包出去或层层分包。承包人必须经监理工程师批准,并按规定办理分包工程手续后,才能将部分工程分包出去。所分包的工程不能超过全部工程的一定百分比,该百分比应在合同中予以明确。承包人未经建设单位同意,不得转让合同或合同的任务部分。这主要表明建设单位希望工程承包合同由中标的承包人来执行。

在一般分包中,承包人不能因为分包而对所有分包出去的工程不承担合同所规定的义务,即承包人应对分包人的任何行为、违约、疏忽和工程质量、进度等负责。监理工程师应通过承包人对分包工程进行管理,监理工程师也可以直接到分包工程去检查,发现涉及分包工程的各类问题,应要求承包人负责处理,监理工程师应通过“中期支付证书”,由承包人对分包工程进行支付。

监理工程师在获得承包人推荐的分包人和分包的工程内容及有关的资料后,应对分包人进行审查。主要审查分包人的资格情况及证明,分包工程项目及内容,分包工程数量及金额,分包工程项目所使用的技术规范与验收标准,分包工程的工期,承包人与分包人的合同责任,分包协议。监理工程师完成上述审查工作后,若无问题,签发“分包申请报告单”,批准分包人。

2)指定分包的管理

指定分包是指建设单位或监理工程师根据工程需要而指定的分包。分包合同一经签发,指定分包人应接受承包人的管理,向承包人负责,承担合同文件中承包人应向建设单位承担一切相应责任和义务,并向总承包人交纳部分管理费。监理工程师应要求分包人保护和保障承包人由于指定分包人的疏忽、违约造成的一切损失。

若承包人未按合同规定向指定分包人支付应得款项,根据监理工程师的证明,建设单位有权直接向指定分包人付款,并在承包人应得款项中扣除。

为保证工程的顺利进行,在指定分包合同招标前,指定分包人最好被建设单位或监理工程师和承包人共同认可。若承包人有合理的理由,可以拒绝建设单位或监理工程师指定的分包人。

当指定分包人未能按要求实施分包任务时,建设单位或监理工程师应采取如下措施:

(1)建设单位或监理工程师应重新指定分包人。

(2)建设单位支付承包人所受损失的任何附加费。

(3)应给承包人一个适当的工期延长。

7. 保险

土木工程实施阶段的保险,是指通过专门机构——保险公司收取保险费的方式建立保险基金,一旦发生自然灾害或意外事故,造成参加保险者的财产损失或人员伤亡时,即用保险金给以补偿的一种制度。它的好处是参加者付出一定的小量保险费,换得遭受大量损失时得到补偿的保障,从而增强抵御风险的能力。监理工程师应根据合同有关规定,督促承包人进行保险。

1)检查保险

保险一般分为工程和装备的保险、人员伤亡或伤残事故的保险、第三方保险。

监理工程师应根据合同有关规定,从以下几个方面对承包人的保险进行检查:

(1)保险的数额应与保险标的实际价值相符。

(2)保险的有效期应不少于合同工期或修订的合同工期。

(3)保险单及保险费收据。确认承包人已在合同规定的时间内提交给建设单位,并保留复印件备查。

2)落实保险

当监理工程师确认承包人未在合同规定的时间内,按合同规定的内容,向建设单位提交合格的保险单时,应采取如下措施:

(1)指示承包人尽快补充办理保险。

(2)承包人拒绝办理时,通知建议建设单位补充办理保险。

(3)保险最终由建设单位补充办理的,监理工程师应签发扣除承包人相应费用的证明。

(4)如果建设单位也未补办,监理工程师应书面通知承包人和建设单位由此带来的危害。根据合同有关规定,未来发生与此有关的一切责任和费用将由责任方承担和赔偿,并督促其尽快办理保险。

第八节 工程监理信息管理

工程监理的信息管理,是指以工程项目作为目标系统的管理信息系统。它通过对工程项目建设监理过程中信息的采集、加工和处理,即通过统计分析、对比分析、趋势预测等处理过程，为监理工程师的决策提供依据，对工程的费用、进度、质量进行控制；同时，它也为确定索赔内容、索赔金额及反索赔提供确凿的事实依据。因此，信息管理是监理工作的一项重要内容。

一、监理信息管理任务和类型

1.监理信息管理任务

信息管理包括信息的收集、传递、处理、存储、发布等方面。根据公路工程款额巨大，建设长期，质量要求高，各种合同多，使用机械、设备、材料数量大的特点，信息管理采取人工决策和计算机辅助管理相结合的手段，特别是利用计算机准确及时地收集、处理、传递和存储大量数据，并进行工程进度、质量、费用的动态分析，做到工程监理高效、迅速、准确。

2.监理信息类型

为了使信息能够更好地发挥控制作用，按监理的目标划分信息更能适应需要，即将信息划分为工程费用控制信息、质量控制信息、进度控制信息和合同管理信息。

工程费用控制信息包括工程合同价、物价指数、各种估算指标、施工过程中的支付账单、原材料价格、机械设备台班费、人工费、各种物资单价及运杂费等。

质量控制信息包括国家质量政策及质量标准、工程项目的建设标准、质量目标分解体系、质量控制工作流程、质量控制工作制度、质量控制的风险分析、质量抽样检查的数据、验收的有关记录和报告等信息。重要工程和隐蔽工程还应包括有关照片、录像等。

进度控制信息包括施工定额、计划参数数据、施工进度计划、进度目标分解、进度控制的工作程序、进度控制的工作制度、进度控制的风险分析及进度记录等。

合同管理信息：主要是建设单位与承包人在招标过程中有关合同文件的信息，包括合同协议书、中标通知书、投标书及附件、合同通用及专用条件、技术规范、图纸、投标书及附表、其他有关文件（包括补遗书等），它们是监理工程师开展监理工作的主要依据。

其他类型的信息还有：

(1)监理信息。监理信息包括监理过程中，监理工程师的一切指令、审核、审批意见、监理文件等。

(2)承包人信息。承包人信息是指施工过程中，反映承包人的工程进度、质量、变更、索赔、延期、单价计量、支付、报表及其他方面的信息。

(3)试验信息。试验信息指对施工材料、混合料等进行性能试验的信息。

(4)原始信息。原始信息包括记录的工作日记、现场检查记录、会议记录、来往信函等。

(5)上级及建设单位信息。指在项目实施过程中，上级的有关指示、建设单位的有关意见、决定等的相关信息。

(6)环境信息。环境信息指沿线地方政府、有关单位、人民群众对建设项目的意见、建议及它们之间的关系等信息，天气、气候信息等。

二、信息管理方法

信息管理的基本方法是建立信息的编码系统，明确信息流程，制定相应的信息采集制度，利用高效的信息处理手段处理信息，为监理工程师的决定提供有力依据。

1. 信息的处理

公路工程施工监理的信息处理一般采用人工决策,加以计算机辅助管理办法,其主要工作包括以下方面。

1)确定计算机辅助管理系统的流程模式

计算机辅助管理系统与监理组织机构相对应,其主要内容包括工程施工的进度管理、质量管理、合同管理及行政管理,分别拥有各自相应的子系统。各子系统包含业务系统和根据工程需要进一步详细的细目管理。

2)原始信息的校核

驻地监理办对收集的原始数据进行校核,由计算机辅助管理部门输入计算机数据库。数据的输入采取自动校验方式,如项目编号输错计算机会对用户发出警告,提示用户重新核对输入。数据输入完毕,计算机自动排序、汇总、建立各种子程序及表格所对应的数据库。

3)计算机中央处理系统对信息的分析处理

质量控制子程序推行全员质量管理,提供包括路基工程、路面工程、桥涵工程等各主要分项工程和施工工序的质量控制子程序。各子程序通过对各专业监理工程师的材料、检测数据及工程质量检测数据的分析,最终判断各主要分项工程施工质量是否合格。以图纸形式输出承包人各工序的施工质量是否合格,最终判断各主要分项工程质量是否合格,给监理工程师提供准确的判断依据。

进度控制子程序系统提供工程进度计划网络图的绘制系统,包括对时间参数的计算、进度计划的调整、进度计划变化趋势的预测分析等,供监理工程师决策。

费用控制子程序系统可按工程合同段或分项工程两种情况进行分块,以实现工程计量与具体支付的计算机管理。程序包括价格的调整和费用索赔、工程最终结算等业务子程序,可对人工、材料价格调整进行计算,变更设计及额外工程对合同价格调整的计算,并打印相应的结论表格。现可编制完整的工程计量支付表,包括工地材料预付款汇总表。

合同管理子程序系统既可编制整个合同项目的计量支付款报表,也可用于承包人编制各分项单位的支付申请表,可以对全线工程量进行分割计算。

整个中央处理系统应具备各种方便灵活的查询功能,并能自动将各项完成的工程量与合同清单数量进行比较,避免错误计量与支付。同时应具备多种图形显示功能,为监理工程师的决策及时提供准确的依据。

2. 信息的发布与存储

施工监理的信息存储采用文档管理和计算机存储管理两种方式。文档管理信息有效地保证了原始材料的可靠性,而计算机存储则可发挥计算机存储量大、信息处理快的机器特征。信息的发布按照一定的工作程序进行。一般,经过计算机辅助管理和监理工程师决策处理的各项信息结论,由驻地监理组织下达给承包人和专业监理工程师,上报总监办,反馈给建设单位及相关部门,并保证其及时性和准确性。施工过程中的各种工地会议及各种形式的监理通信均是监理信息发布的主要途径。

第九节 组织协调

一、组织协调基本概念

所谓协调,就是以一定的组织形式、手段和方法,对项目中产生的不畅关系进行疏通,对产生的干扰和障碍予以排除的活动。项目的协调其实就是一种沟通,沟通确保了能够及时和适当地对项目信息进行收集、分发、储存和处理,并对可预见问题进行必要的控制,以利于项目目标的实现。

项目系统是一个由人员、物质、信息等构成的人为组织系统,是由若干相互联系而又相互制约的要素,有组织、有秩序地组成的,具有特定功能和目标的统一体。项目的协调关系一般来可以分为三大类:一是“人员/人员界面”,二是“系统/系统界面”,三是“系统/环境界面”。

项目组织是人的组织,是由各类人员组成的。人的差别是客观存在的,由于每个人的经历、心理、性格、习惯、能力、任务、作用不同,在一起工作时,必定存在潜在的人员矛盾或危机。这种人和人之间的间隔,就是所谓的“人员/人员界面”。

如果把项目系统看作一个大系统,则可以认为它实际上是由若干个子系统所组成的一个完整体系。各个子系统的功能不同、目标不同,内部工作人员的利益不同,容易产生各自为政的趋势和相互推诿的现象。这种子系统和子系统之间的间隔,就是所谓的“系统/系统界面”。

项目系统在运作过程中,必须和周围的环境相适应,所以项目系统必然是一个开放的系统。它能主动地向外部世界取得必要的能量、物质和信息,这个过程中存在许多障碍和阻力。这种系统与环境之间的间隔,就是所谓的“系统/环境界面”。

工程项目建设协调管理就是在“人员/人员界面”“系统/系统界面”“系统/环境界面”之间,对所有的活动及力量进行联结、联合、调和的工作。

由动态相关性原理可知,总体的作用规模要比各子系统的作用规模之和大,因而要把系统作为一个整体来研究和处理。为了顺利实现工程项目建设系统目标,必须重视协调管理,发挥系统整体功能。要保证项目的各参与方围绕项目开展工作,组织协调很重要,只有通过积极的组织协调才能使项目目标顺利实现。

二、项目监理的组织形式及人员配备

(一)项目监理机构的组织形式

1.职能制监理组织形式

职能制监理组织形式,是在项目监理机构中设立若干职能机构,总监理工程师授权这些职能部门在本职能范围内直接指挥下级,如图5-22所示。

此种组织形式一般适用于大、中型建设工程。优点:加强了项目监理目标控制的职能化分

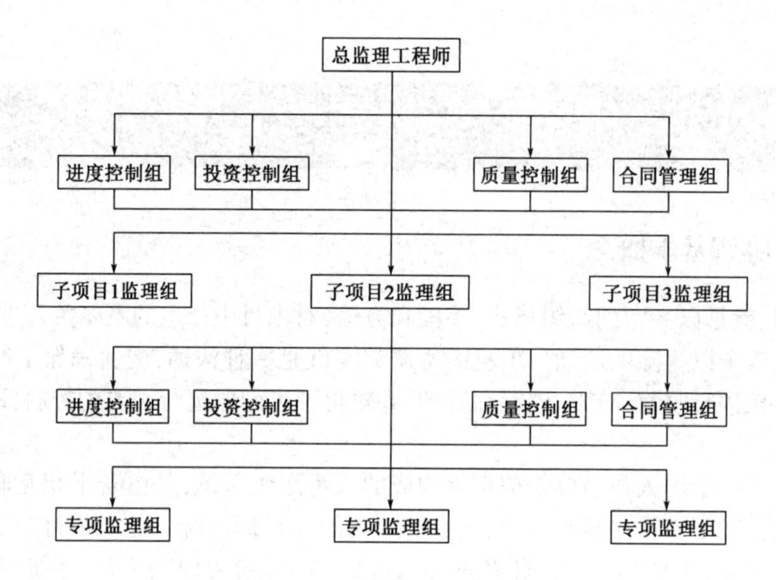

图 5-22 职能制监理组织形式

工,能够发挥职能机构的专家管理作用,提高管理效率,减轻总监理工程师负担。缺点:多头领导,易造成职责不清。

2. 直线职能制监理组织形式

直线职能制监理组织形式是吸收了直线制组织形式和职能制组织形式的优点而形成的一种组织形式。

这种组织形式把管理部门和人员分成两类:一类是直线指挥部门,其人员有权指挥下级,并对该部门的工作全面负责;另一类是职能部门,其人员是直线指挥部门的参谋,只能对下级进行业务指导,无指挥权。

优点:在直线领导、统一指挥的基础上,引进了监理目标控制的职能化分工。缺点:职能部门与指挥部门易产生矛盾,信息传递路线长,不利于互通情报。

3. 矩阵制监理组织形式

矩阵制监理组织形式是由纵横两套管理系统组成的矩阵式组织结构,一套是纵向的职能系统,另一套是横向的子项目系统。

优点:加强了各职能部门的横向联系,具有较大的弹性,把上下左右集权与分权实行最优的结合,有利于解决复杂难题,有利于监理人员业务能力的培养。缺点:纵横向协调工作量大,易产生矛盾。

(二)项目监理机构的人员配备

项目监理机构的人员数量和专业配备要从工程特点、工程环境、监理任务、委托监理合同的要求等方面综合考虑,优化组合,形成整体高素质的监理组织。

1. 项目监理机构的人员结构

项目监理机构要有合理的人员结构才能适应监理工作的要求。人员结构合理表现在以下方面：

1)合理的专业结构

合理的专业结构即项目监理机构应由与监理项目的性质(如某类工业项目还是民用建筑项目)及建设单位对项目监理的要求(如全过程监理还是施工阶段的监理)相称职的各类专业人员组成,也就是各类专业人员要配套。

2)合理的技术职称结构

合理的技术职称结构应是高级职称、中级职称和初级职称应有与监理工作要求相称的比例。

一般来说,决策阶段、设计阶段的监理,中级及中级以上监理人员应占绝大多数,初级职称人员仅占少数;施工阶段的监理应有较多的初级职称人员从事实际操作,如旁站、现场检查、计量等。

2.项目监理机构监理人员数量的确定

影响项目监理机构监理人员数量的主要因素有：

(1)工程建设强度。工程建设强度指单位时间内投入的工程建设资金的数量,即工程建设强度=投资/工期。显然,工程建设强度越大,投入的监理人员应越多。

(2)工程复杂程度。根据一般工程的情况,可将工程复杂程度按以下各项考虑:设计活动多少、工程地点位置、气候条件、地形条件、工程地质、施工方法、工程性质、工期要求、材料供应、工程分散程度等。

根据工程复杂程度的不同,可将各种情况的工程分为若干级别,如将工程复杂程度按五级划分简单、一般、一般复杂、复杂、很复杂。

(3)项目承包商队伍的情况。承包商队伍的技术水平、项目管理机构的质量管理体系、技术管理体系、质量保证体系完善,相应监理工作量会较小一些,监理人员配备也可少一些。反之,要增加监控力度,人员要多一些。

(4)工程监理企业的业务水平。每个工程监理企业的业务水平各不相同,人员素质、专业能力、管理水平、工程经验、设备手段等方面的差异都直接影响监理效率的高低。

(5)项目监理机构的组织结构和职能分工。项目监理机构的组织结构情况关系到监理人员的数量。

3.项目监理机构各类监理人员的基本职责

各类监理人员的基本职责依照《建设工程监理规范》的规定,项目总监理工程师、总监理工程师代表、专业监理工程师和监理员的基本职责如下：

(1)总监理工程师。

①确定项目监理机构人员的分工和岗位职责。

②主持编写项目监理规划、审批项目监理实施细则,并负责管理项目监理机构的日常工作。

③审查分包单位的资质,并提出审查意见。

④检查和监督监理人员的工作,根据工程项目的进展情况可进行人员调配,对不称职的人员应调换其工作。

⑤主持监理工作会议,签发项目监理机构的文件和指令。

⑥审定承包单位提交的开工报告、施工组织设计、技术方案、进度计划。

⑦审核签署承包单位的申请、支付证书和竣工结算。

⑧审查和处理工程变更。

⑨主持或参与工程质量事故的调查。

⑩调解建设单位与承包单位的合同争议、处理索赔、审批工程延期。

⑪组织编写并签发监理月报、监理工作阶段报告、专题报告和项目监理工作总结。

⑫审核签认分部工程和单位工程的质量检验评定资料,审查承包单位的竣工申请,组织监理人员对待验收的工程项目进行质量检查,参与工程项目的竣工验收。

⑬主持整理工程项目的监理资料。

(2)总监理工程师代表职责。

①负责总监理工程师指定或交办的监理工作。

②按总监理工程师的授权,行使总监理工程师的部分职责和权力。

总监理工程师不得将下列工作委托总监理工程师代表:

a. 主持编写项目监理规划、审批监理实施细则;

b. 签发工程开工/复工报审表、工程暂停令、工程款支付证书、工程竣工报验单;

c. 审核签认竣工结算;

d. 调解建设单位与承包单位的合同争议、处理索赔,审批工程延期;

e. 根据工程项目的进展情况进行监理人员的调配,调换不称职的监理人员。

(3)专业监理工程师职责。

①负责编写本专业的监理实施细则。

②负责本专业监理工作的具体实施。

③组织、指导、检查和监督本专业监理员的工作,当人员需要调整时,向总监理工程师提出建议。

④审查承包单位提交的涉及本专业的计划、方案、申请、变更,并向总监理工程师提出报告。

⑤负责本专业分项工程验收及隐蔽工程验收。

⑥定期向总监理工程师提交本专业监理工作实施情况报告,对重大问题及时向总监理工程师汇报和请示。

⑦根据本专业监理工作实施情况做好监理日记。

⑧负责本专业监理资料的收集、汇总及整理,参与编写监理月报。

⑨核查进场材料、设备、构配件的原始凭证、检测报告等质量证明文件及其质量情况,根据实际情况认为有必要时对进场材料、设备、构配件进行平行检验,合格时予以签认。

⑩负责本专业的工程计量工作,审核工程计量的数据和原始凭证。

(4)监理员职责。

①在专业监理工程师的指导下开展现场监理工作。

②检查承包单位投入工程项目的人力、材料、主要设备及其使用、运行状况,并做好检查记录。

③复核或从施工现场直接获取工程计量的有关数据并签署原始凭证。

④按设计图及有关标准，对承包单位的工艺过程或施工工序进行检查和记录，对加工制作及工序施工质量检查结果进行记录。

⑤担任旁站工作，发现问题及时指出并向专业监理工程师报告。

⑥做好监理日记和有关的监理记录。

三、项目监理组织协调的内容和方法

组织协调工作千头万绪，涉及面广，受主观和客观因素影响较大。为保证监理工作顺利进行，要求监理工程师知识面要宽，要有较强的工作能力，能够因地制宜、因时制宜地处理问题。监理工程师组织协调可采用以下方法。

1. 会议协调法

工程项目监理实践中，会议协调法是最常用的一种协调方法。一般来说，它包括第一次工地会议、监理例会、专题现场协调会等。

1）第一次工地会议

第一次工地会议是在建设工程尚未全面展开前，由参与工程建设的各方互相认识、确定联络方式的会议，也是检查开工前各项准备工作是否就绪并明确监理程序的会议。由总监理工程师主持召开，建设单位、承包单位和监理单位的授权代表必须出席会议，必要时分包单位和设计单位也可参加，各方将在工程项目中担任主要职务的负责人及高级人员也应参加。第一次工地会议很重要，是项目开展前的宣传通报会。

第一次工地会议应包括以下主要内容：

（1）建设单位、承包单位和监理单位分别介绍各自驻现场的组织机构、人员及其分工。

（2）建设单位根据委托监理合同宣布对监理工程师的授权。

（3）建设单位介绍工程开工准备情况。

（4）承包单位介绍施工准备情况。

（5）建设单位和总监理工程师对施工准备情况提出意见和要求。

（6）总监理工程师介绍监理规划的主要内容。

（7）研究确定各方在施工过程中参加工地例会的主要人员，召开工地例会周期、地点及主要议题。

第一次工地会议纪要应由项目监理机构负责起草，并经与会各方代表会签。

2）监理例会

监理例会是由监理工程师组织与主持，按一定程序召开的，研究施工中出现的计划、进度、质量及工程款支付等问题的工地会议。参加者有总监理工程师代表及有关监理人员、承包单位的授权代表及有关人员、建设单位代表及其有关人员。工地例会召开的时间根据工程进展情况安排，一般有周、旬、半月和月度例会等几种。工程监理中的许多信息和决定是在工地例会上产生和决定的，协调工作大部分也是在此进行的，因此监理工程师必须重视工地例会。

由于监理例会定期召开，一般均按照一个标准的会议议程进行，主要是对进度、质量、投资的执行情况进行全面检查，交流信息，提出对有关问题的处理意见以及今后工作中应采取的措施。此外，还要讨论延期、索赔及其他事项。

会议的主要议题如下:

(1)对上次会议存在问题的解决和纪要的执行情况进行检查。

(2)工程进展情况。

(3)对下月(或下周)进度预测。

(4)施工单位投入的人力、设备情况。

(5)施工质量、加工订货、材料的质量与供应情况。

(6)有关技术问题。

(7)索赔工程款支付。

(8)建设单位对施工单位提出的违约罚款要求。

会议记录由监理工程师形成纪要,经与会各方认可,然后分发给有关单位。会议纪要内容如下:

(1)会议地点及时间。

(2)出席者姓名、职务及其代表的单位。

(3)会议中发言者的姓名及所发言的主要内容。

(4)决定事项。

(5)诸事项分别由何人何时执行。

监理工地例会举行次数较多,一定要注意防止流于形式。监理工程师要对每次监理例会进行预先筹划,使会议内容丰富,针对性强,可以真正发挥协调作用。

3)专题现场协调会

除定期召开工地监理例会以外,还应根据项目工程实施需要组织召开一些专题现场协调会议,如对于一些工程中的重大问题以及不宜在工地例会上解决的问题,根据工程施工需要,可召开有相关人员参加的现场协调会。如对复杂施工方案或施工组织设计审查、复杂技术问题的研讨、重大工程质量事故的分析和处理、工程延期、费用索赔等进行协调,可在会上提出解决办法,并要求相关各方及时落实。

专题会议一般由监理单位(或建设单位)或承包单位提出后,由总监理工程师及时组织。参加专题会议的人员应根据会议的内容确定,除建设单位、承包单位和监理单位的有关人员外,还可以邀请设计人员和有关部门人员参加。由于专题会议研究的问题重大,又比较复杂,因此会前应与有关单位一起做好充分的准备,如进行调查、收集资料,以便介绍情况。有时为了使协调会更好地达成共识,避免在会议上形成冲突或僵局,或为了更快地达成一致,可以先将会议议程打印,发给各位参加者,并可以就议程与一些主要人员进行预先磋商,这样才能在有限的时间内让有关人员充分地研究并得出结论。会议过程中监理工程师应能驾驭会议局势,防止不正常的干扰影响会议的正常秩序。对于专题会议,也要求有会议记录和纪要,作为监理工程师存档备查的文件。

2. 交谈协调法

并不是所有问题都需要开会来解决,有时可采用“交谈”这一方法。交谈包括面对面的交谈和电话交谈两种形式。由于交谈本身没有合同效力,加上其方便性和及时性,所以建设工程参与各方之间及监理机构内部都愿意采用这一方法进行协调。实践证明,交谈是寻求协作和帮助的最好方法,因为在寻求别人帮助和协作时,往往要及时了解对方的反应和意见,以便采取相应的对策。另外,相对于书面寻求协作,人们更难以拒绝面对面的请求。采用交谈方式请求协作和帮助比采用书面方法实现的可能性要大,所以,无论是内部协调还是外部协调,这种方法使用频率都是相当高的。

3. 书面协调法

当其他协调方法效果不好或需要精确地表达自己的意见时,可以采用书面协调法。书面协调法的最大特点是具有合同效力。例如:

(1)监理指令、监理通知、各种报表、书面报告等。

(2)以书面形式向各方提供详细信息和情况通报的报告、信函和备忘录等。

(3)会议记录、纪要、交谈内容或口头指令的书面确认。

相关各方对各种书面文件一定要严肃对待,因为它具有合同效力。例如,对于承包单位来说,监理工程师的书面指令或通知是具有一定强制力的,即使有异议,也必须执行。

4. 访问协调法

访问协调法主要用于远外层的协调工作中,也可以用于建设单位和承包单位的协调工作,有走访和邀访两种形式。走访是指协调者在建设工程施工前或施工过程中,对与工程施工有关的各政府部门、公共事业机构、新闻媒介或工程毗邻单位等进行访问,向他们解释工程的情况,了解他们的意见。邀访是指协调者邀请相关单位代表到施工现场对工程进行巡视,了解现场工作。因为在多数情况下,这些有关方面并不了解工程,不清楚现场的实际情况,如果进行一些不适当的干预,会对工程产生不利影响,此时采用访问协调法可能是一个相当有效的协调方法。大多数情况下,对于远外层的协调工作,一般由建设单位主持,监理工程师主要起协调作用。

总之,组织协调是一种管理艺术和技巧,监理工程师尤其是项目总监理工程师需要掌握领导科学、心理学、行为科学方面的知识和技能,如激励、交际、表扬和批评的艺术,开会的艺术,谈话的艺术,谈判的技巧等。这些知识和能力只有在工作实践中不断积累和总结才能获得,是一个长期的过程。

1. 我国安全生产的方针是什么?
2. 安全施工主要有哪些内容?
3. 安全监理的任务是什么?简述其主要内容。
4. 安全监理的法律责任是什么?
5. 防止大气污染的措施有哪些?
6. 防止水源污染的措施有哪些?
7. 防止噪声污染的措施有哪些?
8. 组织设计的原则有哪些?
9. 建立项目监理机构有哪些主要步骤?
10. 简述项目监理机构的组织形式及其优缺点。

工程监理规划性文件与监理文档管理

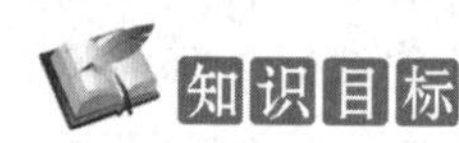

掌握监理大纲、监理规划和监理实施细则的概念;掌握工地会议的种类和各自的作用及内容。

能够明确各类工程监理规划性文件编制的注意事项;能够识别监理大纲、监理规划和监理实施细则的异同点;能够进行监理文档的收集和整理。

培养学生的团队协作精神和精益求精的工作作风,提升良好的协作沟通能力。

工程监理规划性文件是指监理单位投标时编制的监理大纲、监理合同签订以后编制的监理规划和专业监理工程师编制的监理实施细则。

第一节 工程监理大纲

一、工程监理大纲的概念和作用

(一)监理大纲的概念

监理大纲又称监理方案,公路工程监理招投标中称为“技术建议书”,它是监理公司为了承揽监理业务而编写的监理方案性文件,也是监理投标文件的重要组成部分。中标后的监理大纲是工程建设监理合同的一部分,又是编写项目监理规划的直接依据。监理大纲编写的目的是让建设单位了解自己的监理公司,进而使自己的公司被建设单位选中,为建设单位的项目建设服务。监理大纲的编制人员应当是监理单位经营部门或技术管理部门人员,也应包括拟定的总监理工程师。总监理工程师参与编制监理大纲有利于监理规划的编制和监理工作的实施。

(二)监理大纲的作用

1.监理大纲是监理单位向建设单位显示监理经验和能力的依据

建设单位在进行监理招标时,一般要求投标单位提交监理费用标书和监理技术标书两部分,其中监理技术标书即监理大纲。工程监理单位要想在投标中显示自己的技术实力和监理业绩,获得建设单位的信任,从而中标,必须写出自己监理的经验和能力,以及对本项目的理解和监理的指导思想、拟派驻现场的主要监理人员的资质情况等。建设单位通过对所有投标单位的监理大纲和监理费用进行考评,最终评出中标监理单位。需要特别说明的是,建设单位评定监理投标书的重点在监理大纲,即技术标书上,一般约占百分制评标的80%,而费用标书仅占20%左右。由此可见,监理大纲对监理单位能否中标是非常重要的。

2.监理大纲是项目监理机构开展监理工作、制定基本的方案的依据

工程监理单位一旦中标,在签订工程建设委托监理合同后,监理单位就要求项目总监理工程师着手组织编制项目监理规划,监理规划的编制必须依据工程监理单位投标时的监理大纲。因为监理大纲是工程建设委托监理合同的重要组成部分,也是工程监理单位对建设单位所提技术要求的认同和答复。所以,工程监理单位必须以此编写监理规划,以进一步指导项目的监理工作。

3.监理大纲是建设单位监督检查监理工程师工作的依据

工程监理单位依据工程建设委托监理合同为建设单位提供监理服务。在监理过程中,建设单位检查监督监理工程师工作质量的优劣,就是依据所签建设工程委托监理合同,而监理合同在谈判、签订时主要依据监理大纲和监理招标文件。因此,工程监理单位在编写监理大纲时,一定要措辞严密,表达清楚,明确自己的责任与义务。

二、工程监理大纲的编制

监理大纲是发给建设单位最初的"联络信",也是决定监理公司能否成为项目建设单位服务者的"推销词"。如果监理大纲不被建设单位接受,以后的监理工作就无从谈起。因此,如何写好监理大纲,是监理工作前期的一项极为重要的内容。工程建设监理是一项依法进行的规范性技术服务工作,监理大纲的编写形式一定要规范化、标准化。鉴于工程项目的单一性以及建设单位了解建设监理的具体方法和内容的局限性,在编写监理大纲中的工程概况、监理工作指导思想、工程监理方案及设想、工作目标和范围等内容时,应该特别注意以下事项:

监理大纲编写前,要充分调查和了解建设项目的有关信息,"知己知彼,百战不殆"。首先要针对项目情况进行仔细调查,以求得对项目内容的充分了解。要着重了解项目所处的地理位置和自然条件,区域地形地貌,工程地质条件,工程水文、气象情况,工程建设的目的、用途,

工程前期的准备情况,工程设计、施工条件情况,建设单位选择的勘察、设计单位情况,选择或拟选用的施工单位情况,工程项目的承发包模式等。其次,要针对工程情况,特别是建筑结构类型、规模、可能采取的施工方案等,结合本公司拥有的仪器设备和技术能力,从管理水平、人员素质和专业配套等方面来加以叙述,以表明"本公司具有技术、能力,可以做好本工程项目的监理工作"。

工程建设监理是有明确依据的工程建设行为。根据建设工程的内容,确定具有针对性的、有效的、符合本工程的工程建设法律法规作为本工程建设监理的法律依据。因此,要说明哪些是针对本项目的法律法规和技术性文件。同时,针对部门领域、专业领域,将依据本工程的设计图纸和现行国家施工技术、施工验收规范标准以及建设行政主管部门的有关规定,科学、公正、独立、诚信地开展监理工作。特别要注意的是:要遵守的法律法规和规范标准必须是有效的,不能使用已过期失效或还没有开始实施的法律法规和规范标准。

曾经"做过什么"是说明"能做什么"的最好方法。介绍公司的监理业绩时,要如实叙述公司曾经监理过的同类建设项目的情况。对工程施工中曾经发生过的问题,监理方所提出的建议,在工程建设过程中采取的措施以及最后取得的效果等,要用重要篇幅加以阐述,并要重点叙述这些项目建设的社会效益和经济效益。最好能引用曾经服务过的第三者——以往建设单位的评价。公司有什么监理能力和特点,与别人相比具备哪些优点,人家有的你也有,那仅是合格;人家没有的你都有,那才是优秀。要告诉建设单位,你的公司所具有的、拟用于工程建设监理过程中的最先进、最有效的测试仪器设备;更要说明使用操作这些测试手段的先进之处和高超技能,并做出本项目监理过程中的使用方案。

要提出本项目的监理组织机构,介绍拟参与本项目监理人员的技术能力和特长。针对项目的特点,建立相对应的监理组织机构;根据专业特点、工程规模、工程建设投资强度,配备相应的专业人员数量。

要针对投标项目的实际情况提出具体的合理化建议,充分发挥公司"专家库""智囊团"的优势,开展各种分析研究、交流讨论。合理化建议在大纲中似乎看起来可有可无,其实这是最能打动建设单位的内容。如果建议能使设计方案稍加改进,就能节约可观的资金或者取得意想不到的使用效果,或可方便施工,取得更好的施工质量或加快施工进度,增强建设单位的满意度。

监理大纲既要规范化、标准化,又要在说明问题的前提下,简要明了,篇幅不宜过长。大纲的条目要粗细有别,有的只要告诉标题性内容,简略带过即可。对于结合工程的特点要求和本公司特长、能力或监理方法,那就必须着重叙述。大纲的表现形式,如能说明问题,尽量多用图表。文中用词无须华丽,但必须准确得体。叙述公司所拥有的设备、人才、技术、技能和监理业绩时,既要充分又要实事求是,不能言过其实,以免到时无法兑现,有违诚信原则。

三、监理大纲的内容

监理大纲的内容一般包括下列几方面。

1. 项目概况

项目概况主要包括招标文件提供的工程项目自然环境和条件,工程技术标准和规模,工程内容(结构及分项)和数量,工程特点及其难易程度,工程施工安排(如标段划分、工期要求及施工进度安排)等。

2. 监理工作的指导思想和监理目标

(1)监理工作的指导思想

监理工作的指导思想是以工程项目为目标,建立健全的组织管理机构、完善的管理制度和规范的监理工作程序,按照合同文件,从组织与管理的角度,采取合同措施、技术措施、组织措施和经济措施,对工程项目进行全面的监督和管理。监理人员依据国家有关法律、法规和业主与项目部签订的施工承包合同文件及监理组与业主签订的合同,对工程项目进行工程质量、工程进度、费用(计量与支付)、合同、安全、环保水保和合同管理。

(2)监理工作的目标

监理工作的目标是根据设计文件的要求,在确保工期、节省投资、保证安全和工程质量,到工程竣工验收时达到完成的公路产品为优良工程;监理工作的目标具体包括有质量目标、进度目标、费用目标、合同管理目标、信息管理目标、安全管理目标和环保管理目标。

3. 监理组织机构及人员配备

现场监理机构是保证监理目标的组织措施。监理机构的设置要保证监理任务的完成,必须做到机构"简",人员"精"。要尽量减少层次,上层管理人员少而精,基层监理人员要有现场管理经验;要充分授权各工序主管监理工程师处理现场事务。驻地监理工程师或高级驻地监理工程师要善于把握全局,务必使施工按预定步骤持续进行。对影响工期、质量的关键环节、关键问题有能力及时处理。监理人员要根据工程内容、性质和要求配备,做到专业配套,根据工程的安排进行分工、分岗,并随着工程进展及时进行调整。要有明确的岗位责任制,以便整个监理机构有条不紊地运转,充分发挥群体优势;要自始至终注意监理人员的培训和业务素质的提高。例如,在施工准备阶段组织上岗培训,在施工阶段组织经验交流,进行单项技术培训等。监理机构要有示意性框图,明确各种监理人员的配置,并编制监理人员进退场计划。该计划将在进场后根据核准的实施性施工计划进行调整,以便更加切实可行。

4. 质量控制的工作任务与方法

工程质量控制是监理工作的重要内容,在整个施工期间必须每日每时地注意掌握。

1)建立和健全质量控制体系是监理质量控制的保证

监理机构设有试验室,配有熟悉施工要求和规范的测量、道路、结构等专业监理工程师,有熟悉设计、施工和试验,且有丰富实践经验的高级监理工程师任驻地监理工程师(或高级驻地监理工程师),还有足够数量具有专业知识和施工监理经验(或训练有素的)监理员,这就是工程质量控制的组织保证,在此基础上建立和完善质量管理制度和程序。监理人员通过旁站、巡查,采用现代化仪器和手段进行试验、检测;同时,督促承包人建立相应的质量自检体系,形成有效的工程质量保证体系。

2)注重抓关键、抓重点是保证工程质量的重要措施和方法

要对每道工序提出监理重点,使各岗位监理人员胸有成竹,掌握主动性;要根据工程情况、施工条件和要求,分析影响整体工程质量的薄弱环节(如软土地段路基、桥梁的桩基工程、预应力混凝土梁的钢筋张拉等)和关键部位,有针对性地提出进一步要求,进行全过程的严格控制。

3)严格按照监理程序和施工规范进行施工管理是质量控制的重要手段

质量控制的基本程序是:把握住开工申请关,工序完工的质量检验关,分部、分项工程完工后的中间交工验收关。要做到“六不准”,即人员不到位,机械设备准备不足,不准开工;未经检验的材料,或经检验不合格的材料,不准使用;不符合施工规范要求,未经批准的施工工艺,不准采用;未经批准的图纸,不准用于施工;前道工序未经验收,后道工序不准施工;未经验收的工程不准计量。为便于掌握,可以附上质量控制流程框图。

5. 进度控制的工作任务与方法

进度控制是关系到工程能否按合理安排的进度计划连续进行,并在保证工程质量的前提下保证按期交工的重要措施。其工作应具有一定的超前性和预见性,并应建立在科学管理的基础上。其主要任务和方法有:

1)督促承包人编制施工计划

监理工程师应要求承包人在中标通知书发出后 28 天内(或合同文件规定的期限内),按照工程承包合同工期和技术规范、设计文件的要求,结合实际情况,编制出实施性的总体施工组织设计及工程进度计划。其内容应包括:

(1)工程概况。

(2)总体施工部署。

(3)各主要分部或分项工程的施工方案。

(4)总体施工进度计划。

(5)施工人员配备、机具设备配置、材料开采和采购计划及其进场安排。

(6)施工场地总平面布置图。

(7)安全、质量及环境保护措施。

(8)资金流动计划估算。

2)监理工程师审查计划

监理工程师应组织有关监理人员对承包人报送的施工组织设计及总体工程进度计划进行审查,并在合同规定或满足施工需要的合理时间内审查完毕。审查的主要内容有:

(1)工期和时间安排的合理性。

①施工总工期的安排是否符合合同工期的要求,是否符合承包人投标时的承诺。

②施工阶段的划分和单项工程的施工顺序及时间安排与材料、机具设备的进场计划是否协调。

③施工安排是否抓住有利季节,并考虑必要的间歇,留有余地;施工实际时间的估算是否适当扣除法定假日、恶劣天气影响时间,以及技术性间歇时间(如软土沉降、现浇混凝土和稳定土的养护和成形时间等)。

(2)施工计划是否可行。

①人、机、料进场计划是否落实,有无保证。

②一旦情况有变,是否有应变措施。

(3)监督计划执行。监理工程师应对已批准的施工进度计划执行情况进行检查、督促。

①要求承包人按单位工程、分项工程的实际进度每日进行记录,并检查执行情况。

②要求承包人根据每日施工进度记录,进行统计分析和整理,按月向总监理工程师及其代表提交一份工程进度报告,其内容应包括工程进展情况及评议、肯定有效措施或分析滞后原因并提出改进措施。

③编制进度控制图表:即用于记录、统计、标记,反映实际工程进度与计划工程进度及其差距的图表(包括横道图、柱状图和进度曲线等及统计表等),以便随时对工程进度进行分析和评价,并作为要求承包人采取相应措施或调整进度计划的依据。

(4)工程进度控制的主要方法。

①深入施工现场调查研究。监理工程师要对承包人的施工现场管理,如施工安排、劳动组织及人员配备、施工工艺及机具设备的使用情况等,进行经常性的了解,以便及时发现问题,处理问题。

②保证进度计划的实施。当监理工程师发现施工现场的组织安排、施工能力或人员、设备、材料不能保证进度计划的实现时,应要求承包人采取加快施工进度的措施;施工能力不足者,立即要求承包人予以增强;施工组织不善者改善管理,措施必须符合施工程序,确保施工安全和工程质量,并应取得监理工程师的批准。

③进度计划的调整。由于客观或主观原因造成进度滞后,除应采取相应补救措施之外,还应及时调整进度计划,以便保证既定的总工期或合理延长的工期的实现。调整进度计划时要相应调整人员、施工设备配备和材料供应计划。

④对承包人延误工期的惩罚。由于承包人的原因造成工程进度延误,并且承包人拒绝接受监理工程师为加快工程进度而发出的指令,或承包人虽然采取了加快工程进度的措施,但仍无法按计划完成工程时,监理工程师要及时对承包人的实际施工能力重新评价,向承包人发出书面警告,并向建设单位写出书面报告,要求建设单位采取强制性措施,直至对部分工程进行分割或终止合同,更换承包人。

6.投资控制的任务和工作方法

投资控制的任务在于使建设单位的支付与获得的合格工程产品相适应,并使工程的资金投入计划(支付计划)及其总额控制在预定额度之内,或者在合理调整的额度之内,使建设单位获得预定的投资效益。其控制方法大致如下。

1)正确计量

(1)监理工程师要对工程项目的内容和合同条款十分熟悉,以便保证做到正确计量。

(2)计量应在计量工程师和现场专业监理工程师的共同参与下,按合同规定的方法进行,并且按合同要求的最终产品进行计量,注意避免重复计量,超额计量,防止承包人弄虚作假。

(3)坚持按规定程序进行计量,未经质量检查合格一概不予计量;未按规定程序申报计量者不予计量。

2)坚持按原则计量

(1)对于无抗压强度指标要求的工序或部位,施工完成验收合格者,可按照工程量清单的单价和已完成的合格工程数量逐月计量支付。

(2)对于有强度指标的分项工程,如混凝土或钢筋混凝土工程、浆砌工程及水泥稳定碎石等,在浇筑、砌筑和碾压成形后都不能立即计量支付,要在取得R28或R7强度实测数据,且达到设计规定值时,方能计量支付。

(3)预制构件分两次计量:预制构件测试合格后按工程量清单该构件预制部分的计量单价按月进行计量支付;待其安装到位,并经验收合格后再按安装部分单价进行计量支付。如工程量清单未分列预制、安装两部分,按合同条款规定计量或经与建设单位和承包人协商后,可按适当比例分列,进行计量支付。

(4)对于已经监理验收合格,并已计量支付的部分工程量,如后来发现它不符合合同文件要求,仍应作不合格工程处理,其返工责任由承包人承担;对已支付的工程款在下个月中期支付证书中扣除。

3)计量支付的程序

计量支付要严格地按照规定的流程进行。

4)加强监督,完善计量手续

为了避免徇私舞弊,人为地增加投资,必须健全计量支付手续。

(1)计量时应有计量工程师与现场专业监理工程师共同参与,并由监理和承包人双方代表签字。

(2)总监理工程师或其代表,应对计量支付表进行认真审核,进行一定比例的抽检,并签字确认,以示负责。发现不正确计量,应及时查清,对徇私舞弊者应予追究处理。

5)精打细算,节省投资

监理工程师应在工作中处处精打细算,千方百计为业主节省投资。为此:

(1)监理工程师应十分熟悉设计文件,并进行现场核实。如发现设计与现场情况有不符之处,或者设计有不合理者,应向建设单位提出合理化建议。在保证达到工程标准和质量要求的条件下节省投资,或者为避免失误,虽增加初期投资,但可减少损失。

(2)监理工程师应尽量避免由于本身或建设单位的延误、失误而造成的索赔。一旦发生索赔,应对索赔金额认真审核,有理有据地核实承包人所报项目和金额,防止承包人滥用索赔获取非分收入,而使建设单位蒙受损失。

(3)对于承包人所报结算项目,应予认真审核,该扣除、扣留的如数扣除、扣留。

(4)对承包人违约的经济惩罚或因局部质量没完全达到验收标准,但判定不需返工者,应按合同规定作适当扣除。

7. 合同管理

1)综合管理

(1)监理人员进场后,首先要审核承包人是否按施工合同的要求配备人员、施工机械,采购工程材料。对进场人员素质、施工机械性能和工程材料进行检查认证。对不合格人员、不合格机械、材料一律责令退场更换。

(2)要求承包人做出全面的施工组织计划,编制主要工序的施工方案和技术措施,经监理工程师批准后实施。

(3)组织好工地例会,通过会议对承包人各方面工作进行全面检查,对承包人履行合同的状况加以评估,提出改进意见,写出纪要,必要时发出指令,督促承包人全面履行合同。

2)分包管理

分包管理的要点有:

(1)承包人可按合同规定将部分工程(单位工程、分部工程或分项工程)分包给具有相应资质的分包人,但不得将其承包的工程整体分割成几段进行分包。

(2)承包人未在投标文件中明确分包的意向,并未经建设单位同意者,不得随意进行分包。在合同允许的情况下需要分包时,必须事先征得监理工程师的同意,经建设单位正式批准后方可分包。

(3)承包人对分包人必须进行统一的管理,将分包计划纳入承包人的计划中,并对分包人所完成的工程负责。分包人完成的工程先由承包人检查,然后申报监理工程师检查签认。

(4)施工中发现不合格分包人,监理有权责令其退场。

3)工程变更

(1)监理工程师进场后,将对施工合同文件、设计文件进行认真研究,并对设计文件进行现场核查,发现问题及时向建设单位提出,并研究处理。如需变更,应按规定程序向建设单位申报,待批准后执行。

(2)承包人对原设计或规定施工方案提出变更意见,凡属技术经济可行的,可通过监理工程师报建设单位审批后执行。

(3)建设单位提出变更设计,应通过监理工程师下达承包人执行。

以上各种情况通过监理工程师下达的变更,可按审定的单价和实际完成的工程数量进行结算。

(4)承包人对各单项工程施工中出现的工程量或工程性质的变化,应及时报监理工程师,监理工程师通过观察或进行必要的检测加以确认后方准许计量;对承包人事后报告不予考虑。

4)工程延期

工程延期管理的要点有:

(1)为保证按期完成工程,承包人应按施工合同要求及时开工。为此,监理工程师应尽力事先催促承包人尽早做好开工准备。如承包人延误开工,情节严重者将以违约论处,并报告建设单位采取必要的惩罚措施。

(2)监理工程师按月、按季检查施工进度计划,如有延误,应分析其原因,提出改进措施。如由于承包人原因,造成工期一拖再拖,应报请建设单位采取制裁措施,直到分割工程或终止合同。

5)工程索赔管理

工程索赔管理的要点有:

(1)凡是由于建设单位及合同明确规定的客观原因,或监理工程师的原因引起的延误所造成的费用增加,经必要的程序,可给承包人以合理的补偿。为此,监理工程师要严格把关,认真查证分析,并要求资料齐全,不失时效,避免不必要的索赔。

(2)监理工程师应尽量避免由于其主观原因造成的延误或失误。一旦监理工程师由于自身原因造成延误或失误,将追究个人责任,情节严重者可按监理协议的制约条款对监理单位进行适当惩罚。

6)档案资料管理

(1)监理机构设专职或兼职人员一人,负责施工监理文件、资料管理,以便工程结束时向建设单位移交施工监理的全套档案资料(含图纸、照片、软盘等)。

(2)工地例会和重要会议都要有记录和会议纪要。

(3)施工单位的施工计划、施工月报以及各种交验报表,及时整理归档。

(4)建设单位与监理机构的来往文件,监理的抽检资料、工程验收资料以及竣工文件均应保持完整,不泄密。

(5)监理人员均按要求写监理工作日记,完工后归档存查。

8. 监理公司对现场监理机构的领导和保证措施

鉴于现场执行监理任务的是监理公司派出的人员,为了更好地执行监理合同,保证监理服务的完成,监理公司应有必要的管理措施,作为监理单位的承诺。

(1)监理公司派出的项目监理部代表公司履行监理合同,接受公司的领导。监理部的总监(或总监代表)由公司推荐,建设单位任命(或在建设单位认可后由公司任命)。公司派出的监理人员受公司的纪律约束,有不称职者由公司撤换。

(2)项目监理部(组)作为公司的下属单位,应严格执行公司的管理制度。公司应对监理部(组)进行必要的指导和检查督促。

(3)公司根据本项目特点,组织监理人员进行上岗培训,并在此基础上编制监理实施方案,明确各人的岗位职责,作为工作的行动指南。

(4)工地出现疑难的技术问题,监理部难以解决时,公司将派出专家前往会诊,协助处理。

9. 监理大纲附表(表6-1～表6-4)

监理单位主要业绩表 表6-1

序号	项目名称	工程等级	长度(km)	监理服务方式	服务期限(月)	派出人数(人)

单位近五年主要工程概况表 表6-2

工程名称及等级:	工程具体地点:
公路里程:	大桥:m/座
路面类型:	隧道:m/处
开工及完工日期:	服务期限:月
派出人数:	监理负责人:(姓名、职务、职称)
工程概况:	
监理服务范围:	
监理工作评价(附建设单位证明):	
建设单位单位地址、联系电话及传真:	

主要监理人员简历表 表6-3

<table>
<tr><td>姓名</td><td></td><td>性别</td><td></td><td>出生年月</td><td></td></tr>
<tr><td>文化程度</td><td></td><td>毕业学校</td><td></td><td>政治面貌</td><td></td></tr>
<tr><td>拟任职务</td><td></td><td>技术职称</td><td></td><td>聘任时间</td><td></td></tr>
<tr><td>从事设计工作年限</td><td></td><td>从事施工工作年限</td><td></td><td>从事监理工作年限</td><td></td></tr>
<tr><td>监理培训证书号</td><td colspan="2"></td><td colspan="2">监理工程师证书号</td><td></td></tr>
<tr><td rowspan="2">本人原工作单位</td><td>名称</td><td colspan="2"></td><td>邮政编码</td><td></td></tr>
<tr><td>地址</td><td colspan="2"></td><td>电话</td><td></td></tr>
<tr><td>施工、设计、
监理主要经历</td><td colspan="5"></td></tr>
</table>

拟派监理人员一览表 表6-4

序号	姓名	性别	年龄	技术职称	拟担任监理职务	有何监理证书

第二节 工程监理规划

一、工程监理规划的概念和作用

1. 工程监理规划的概念

监理规划是监理单位接受建设单位委托并签订委托监理合同之后，在项目总监理工程师的主持下，根据委托监理合同，在监理大纲的基础上，结合工程的具体情况，广泛收集工程信息和资料的情况下制订，经监理单位技术负责人批准，作为指导项目监理机构全面开展监理工作的指导性文件。

监理规划制订的时间是在监理大纲之后。显然，如果监理单位不能够在监理招标中中标，则无编写该监理规划的机会。从内容范围上讲，监理大纲与监理规划都是围绕着整个项目监理机构所开展的监理工作来编写的，但监理规划的内容要比监理大纲翔实、全面。

2. 工程监理规划的作用

1）指导项目监理机构全面开展监理工作

监理规划的基本作用就是指导项目监理机构全面开展监理工作。

工程监理的中心目的是协助建设单位实现工程建设的总目标。实现工程建设总目标是一个系统过程。它需要制订计划，建立组织，配备合适的监理人员，进行有效的领导，实施工程的目标控制。只有系统地做好上述工作，才能完成工程建设监理的任务。在实施建设监理的过程中，监理单位要集中精力做好目标控制工作。因此，监理规划需要对项目监理机构开展的各项监理工作做出全面、系统的组织和安排。它包括确定监理工作目标，制订监理工作程序，确定目标控制、合同管理、信息管理、组织协调等各项措施和确定各项工作的方法和手段。

2）监理规划是监理主管机构对监理单位监督管理的依据

政府建设监理主管机构对工程监理单位要实施监督、管理和指导，对其人员素质、专业配套和工程建设监理业绩要进行核查和考评以确认其资质和资质等级，以使我国整个工程建设监理行业能够达到应有的水平。要做到这一点，除了进行一般性的资质管理工作之外，更为重要的是通过监理单位的实际监理工作来认定其水平。而监理单位的实际水平可从监理规划及其实施中充分地表现出来。因此，政府建设监理主管机构对监理单位进行考核时，应当十分重视对监理规划的检查。也就是说，监理规划是政府建设监理主管机构监督、管理和指导监理单位开展监理活动的重要依据。

3）监理规划是建设单位确认监理单位履行合同的主要依据

监理单位如何履行监理合同，如何落实建设单位委托监理单位所承担的各项监理服务工作，作为监理的委托方，建设单位不但需要而且应当了解和确认监理单位的工作。同时，建设单位有权监督监理单位全面、认真地执行监理合同，而监理规划正是建设单位了解和确认这些问题的最好资料，是建设单位确认监理单位是否履行监理合同的主要说明性文件。监理规划应当能够全面而详细地为建设单位监督监理合同的履行提供依据。

4)监理规划是监理单位内部考核的依据和重要的存档资料

从监理单位内部管理制度化、规范化、科学化的要求出发,需要对各项目监理机构(包括总监理工程师和专业监理工程师)的工作进行考核,其主要依据就是经过内部主管负责人审批的监理规划。通过考核,可以对有关监理人员的监理工作水平和能力做出客观、正确的评价,从而有利于今后在其他工程上更加合理地安排监理人员,提高监理工作效率。

从工程监理控制的过程可知,监理规划的内容必然随着工程的进展而逐步调整、补充和完善。它在一定程度上真实地反映了一个建设工程监理工作的全貌,是最好的监理工作过程记录。因此,它是每一家工程监理单位的重要存档资料。

二、工程监理规划的编写

监理规划是在项目总监理工程师和项目监理机构充分分析和研究建设工程的目标、技术、管理、环境及参与工程建设的各方等方面的情况后制定的。

监理规划要真正能起指导项目监理机构进行监理工作的作用,就应当有明确具体的、符合该工程要求的工作内容、工作方法、监理措施、工作程序和工作制度,并应具有可操作性。

1.工程建设监理规划编写的依据

1)项目监理的有关资料

(1)自然条件方面的资料。该方面资料包括工程建设所在地点的地质、水文、气象、地形以及自然灾害发生情况等。

(2)社会和经济条件方面的资料。该方面资料包括工程建设所在地政治局势、社会治安、建筑市场状况、相关单位(勘察和设计单位、施工单位、材料和设备供应单位、工程咨询和工程建设监理单位)、基础设施(交通设施、通信设施、公用设施、能源设施)、金融市场情况等。

2)工程建设方面的法律、法规

工程建设方面的法律、法规具体包括以下三个方面:

(1)国家颁布的有关工程建设的法律、法规是工程建设相关法律、法规的最高层次。在任何地区或任何部门进行工程建设都必须遵守国家颁布的工程建设方面的法律、法规。

(2)工程所在地或所属部门颁布的工程建设相关的法规、规定和政策。任何工程建设必然是在某一地区实施的,也必然是归属于某一部门的,这就要求工程建设必须遵守工程建设所在地颁布的工程建设相关的法规、规定和政策,同时必须遵守工程所属部门颁布的工程建设相关规定和政策。

(3)工程建设的各种标准、规范。工程建设的各种标准、规范也具有法律地位,也必须遵守和执行。

3)政府批准的工程建设文件

政府批准的工程建设文件包括以下两个方面:

(1)政府工程建设主管部门批准的可行性研究报告、立项批文。

(2)政府规划部门确定的规划条件、土地使用条件、环境保护要求、市政管理规定等。

4)工程建设委托监理合同

在编写监理规划时,必须依据工程建设委托监理合同中的以下内容:监理单位和监理工程师的权利和义务、监理工作范围和内容、有关建设工程监理规划方面的要求等。

5)其他工程建设合同

在编写监理规划时,也要考虑其他工程建设合同关于建设单位和承建单位权利和义务的内容。

6)监理大纲

监理大纲中的监理组织计划,拟投标人的主要监理人员,投资、进度、质量控制方案,合同管理方案,信息管理方案,定期提交给建设单位的监理工作阶段性成果等内容都是监理规划编写的依据。

7)建设单位的正当要求

根据监理单位应竭诚为客户服务的宗旨,在不超出合同职责范围的前提下,监理单位应最大限度地满足建设单位的正当要求。

8)工程实施过程输出的有关工程信息

这方面的内容包括方案设计、初步设计、施工图设计文件、工程招标投标情况、工程实施状况、重大工程变更、外部环境变化等。

2. 工程建设监理规划编写的要求

1)基本构成内容应当力求统一

监理规划是指导整个项目开展监理工作的纲领性文件,在编制监理规划时总体内容组成上应力求做到统一。这是监理工作规范化、制度化、科学化的要求。监理规划的基本作用是指导监理机构全面开展监理工作。如果监理规划的编写内容不能做到系统、统一,项目监理工作就会出现漏洞或矛盾,使正常的监理工作受到影响,甚至出现失误。

监理规划基本构成内容的确定,首先应考虑整个建设监理制度对工程建设监理的内容要求。工程建设监理的主要内容是控制工程建设的投资、工期和质量,进行工程建设合同管理,协调有关单位间的工作关系。因此,对整个监理工作的组织、控制、方法、措施等将成为监理规划必不可少的内容。至于某一个具体工程建设的监理规划,则要根据监理单位与建设单位签订的监理合同所确定的监理实际范围和深度进行取舍。

2)具体内容应具有针对性

监理规划基本构成的内容应当统一,各项具体的内容则要有针对性。监理规划是指导某一个特定的工程建设监理工作的技术组织文件,它的具体内容应与该工程建设相适应。所有的工程建设都具有单件性和一次性的特点,也就是说,每个工程建设都有自身的特点;而且,每一个监理单位和每一位总监理工程师对某一个具体的工程建设在监理思想、监理方法和监理手段等方面都会有自己的独到之处。因此,不同的监理单位和不同的监理工程师在编写监理规划的具体内容时,必然会体现出自己鲜明的特色。

每一个监理规划都是针对一个具体的工程建设的监理工作计划,都必然有其自己的投资目标、进度目标、质量目标,有其自己的项目组织形式,有其自己的监理组织机构,有其自己的目标控制措施、方法和手段,有其自己的信息管理制度,有其自己的合同管理措施。只有具有针对性,工程建设监理规划才能真正起到指导具体监理工作的作用。

3)监理规划应当遵循工程建设的运行规律

监理规划是针对一个具体的工程建设编写的,而不同的工程建设具有不同的工程特点、工程条件和运行方式。工程建设的这种动态性决定了监理规划必然与工程运行客观规律具有一致性;监理规划不能凭个人意志或主观臆想编制,必须把握、遵循工程建设运行的规律。只有把握工程建设运行的客观规律,监理规划的运行才是有效的,才能实施对这项工程的有效监理。

监理规划要把握工程建设运行的客观规律,还意味着它要随着工程建设的展开进行不断的补充、修改和完善。在工程建设的运行过程中,内外因素和条件不可避免地要发生变化,造成工程的实施情况偏离计划,往往需要调整计划乃至目标,这就必然造成监理规划在内容上也要进行相应的调整。其目的是使工程建设能够在监理规划的有效控制之下,不让它成为脱缰野马,变得无法驾驭。

监理规划要把握工程建设运行的客观规律,就需要不断地收集大量的编写信息。如果掌握的工程信息很少,就不可能对监理工作进行详尽的规划。例如,随着设计的不断进展、工程招标方案的出台和实施,工程信息量越来越多,监理规划的内容也就越来越趋于完整。就一项工程建设的全过程监理规划来说,想一气呵成是不实际的,也是不科学的。

4)项目总监理工程师是监理规划编写的主持人

监理规划应当在项目总监理工程师主持下编写制定,这是工程建设监理实施项目总监理工程师负责制的必然要求。当然,编制好工程建设监理规划,还要充分调动整个项目监理机构中专业监理工程师的积极性,要广泛征求各专业监理工程师的意见和建议,并吸收其中水平比较高的专业监理工程师共同参与编写。

在监理规划编写的过程中,应当充分听取建设单位的意见,最大限度地满足他们的合理要求,为进一步搞好监理服务奠定基础。

在监理规划编写的过程中,如果有条件,还可听取被监理方的意见,最好向富有经验的其他承建单位广泛地征求意见,这样编写的监理规划更趋于切合实际。

作为监理单位的业务工作,在编写监理规划时还应当按照本单位的要求进行编写。

5)监理规划一般要分阶段编写

如前所述,监理规划的内容与工程进展密切相关,没有规划信息也就没有规划内容,即监理规划内容应有时效性。监理规划内容的时效性是指随着工程建设项目的逐步展开对其不切实际的措施进行不断的补充、完善、调整。实际上,它是把开始勾画的轮廓进一步细化,使得监理规划更加详尽可行。在工程建设项目开始阶段编制的监理规划,总监理工程师不可能对项目的具体信息掌握得十分准确,加之工程建设项目在进行过程中,受到来自内外各种因素和条件变化的影响,这就使得监理规划必须进行相应的调整和进一步完善,才能保证监理目标的实现。因此,监理规划的编写需要有一个过程,需要将编写的整个过程划分为若干个阶段。

监理规划编写阶段可按工程实施的各阶段来划分,这样,工程实施各阶段所输出的工程信息就成为相应的监理规划信息。例如,监理规划可按设计阶段、施工招标阶段和施工阶段分别编制。设计的前期阶段,即设计准备阶段,应完成监理规划的总框架,并详细编写设计阶段的监理规划;设计阶段结束,大量的工程信息能够提供出来,所以施工招标阶段监理规划的大部分内容能够落实;随着施工招标的进展,各承包单位逐步确定下来,工程施工合同逐步签订,施工阶段监理规划所需的工程信息基本齐备,足以编写出完整的施工阶段监理规划。在施工阶段,有关监理规划的主要工作是根据工程进展情况进行调整、修改,使监理规划能够动态地控制整个工程建设的正常进行。

在监理规划的编写过程中需要进行审查和修改,因此,监理规划的编写还要留出必要的审查和修改的时间。为此,应当对监理规划的编写时间事先做出明确的规定,以免编写时间过长,耽误监理规划对监理工作的指导,使监理工作陷于被动和无序状态。

6)监理规划的表达方式应当格式化、标准化

现代科学管理应当讲究效率、效能和效益,其表现之一就是使控制活动的表达方式格式化、标准化,从而使控制工作更明确、更简洁、更直观。因此,需要选择最有效的方式和方法来表示监理规划的各项内容。比较而言,图、表和简单的文字说明应当是基本方法。我国的建设监理制度应当走规范化、标准化的道路,这是科学管理与粗放型管理在具体工作上的明显区别。可以这样说,规范化、标准化是科学管理的标志之一。所以,编写工程建设监理规划各项内容时应当采用什么表格、图示以及哪些内容需要采用简单的文字说明应当作出统一规定。

7)监理规划应该经过审核

监理规划在编写完成后需进行审核并经批准。监理单位的技术主管部门是内部审核单位,其负责人应当签认。同时,还应当按合同约定提交给建设单位,由建设单位确认,并监督实施。

从监理规划编写的上述要求来看,它的编写既需要由主要负责者(项目总监理工程师)主持,又需要形成编写班子。同时,项目监理机构的各部门负责人也有相关的任务和责任。监理规划涉及工程建设监理工作的各方面,有关部门和人员都应当关注它,使监理规划编制得科学、完备,真正发挥全面指导监理工作的作用。

三、工程监理规划的内容及其审核

1.工程监理规划的内容

由于工程监理规划是在明确工程建设监理委托关系及确定项目总监理工程师后,在更详细掌握有关资料的基础上编制的,所包括的内容与深度比工程建设监理大纲更为详细和具体。

工程建设监理规划应在项目总监理工程师的主持下,根据工程建设委托监理合同和建设单位的要求,在充分收集和详细分析研究监理工程有关资料的基础上,结合监理单位的具体条件编制。

监理单位在与建设单位进行工程建设委托监理合同谈判期间,就应确定该工程的总监理工程师人选,且该人选应参与监理合同的谈判工作。在工程建设委托监理合同签订以后,项目总监理工程师应组织监理机构人员详细研究委托监理合同的内容和工程建设条件,主持编制工程建设监理规划。工程建设监理规划应将委托监理合同中规定的监理单位承担的责任及监理任务具体化,并在此基础上制订实施监理的具体措施。工程建设监理规划是编制建设监理实施细则的依据,是科学、有序地开展工程建设监理工作的基础。

工程建设监理规划通常包括以下内容:

1)工程项目概况

工程项目的概况部分主要编写以下内容:

(1)工程建设名称。

(2)工程建设地点。

(3)工程建设组成及建筑规模。

(4)主要建筑结构类型和主要技术指标。

(5)预计工程投资总额。预计工程投资总额可以按以下两种费用编列:

①工程建设投资总额。

②工程建设投资组成简表。

(6)工程建设计划工期。工程建设计划工期可以以工程建设的计划持续时间或以工程建设开、竣工的具体日历时间表示:

①以工程建设的计划持续时间表示,即工程建设计划工期为"××个月"或"×××天"。

②以工程建设的具体日历时间表示,即工程建设计划工期由××年××月××日至××年××月××日。

(7)工程质量要求,应具体提出工程建设的质量目标要求。

(8)工程建设设计单位及施工单位名称(表6-5、表6-6)。

设计单位名称一览表 表6-5

序　　号	设计单位	设计内容	项目技术负责人	通信地址

施工单位名称一览表 表6-6

序　　号	施工单位	承包工程内容或标段	项目负责人	备　　注

注:1.施工总包单位有分包内容的,应在备注栏内注明分包具体内容及分包单位。
2.项目负责人为施工总包单位的项目经理。

(9)工程建设项目结构图与编码系统。

2)监理工作范围

监理工作范围是指监理单位通过建设单位授权所得到的监理任务的工程范围。如果监理单位承担全部工程建设的监理任务,监理范围为全部工程建设;否则应按监理单位所承担的工程建设的建设标段或子项目划分确定工程建设监理范围。

3)监理工作内容

(1)工程建设立项阶段监理工作的主要内容:

①协助建设单位准备工程报建手续。

②可行性研究咨询或监理。

③组织技术、经济、环保论证,优选建设方案。

④编制工程建设投资估算。

⑤组织建设项目的设计任务书的编制。

(2)设计阶段监理工作的主要内容:

①结合工程建设特点,收集设计所需的技术、经济、环保等资料。

②编写设计要求文件。

③组织工程建设设计方案竞赛或设计招标,协助建设单位选择好勘察设计单位。

④拟定和商谈设计委托合同内容。

⑤向设计单位提供设计所需的基础资料。

⑥配合设计单位开展技术经济分析,优化设计方案。

⑦配合设计进度,组织设计单位与有关部门,如消防、环保、土地、人防、防汛、园林以及供水、供电、供气、供热、电信等部门的协调工作。

⑧组织各设计单位之间的协调工作。

⑨审核主导设计与工艺设计的配合。

⑩参与主要设备、材料的选型。

⑪审核工程概算、施工图预算。

⑫审核主要设备、材料清单。

⑬审核工程设计图纸,检查设计文件是否符合现行设计规范及标准,检查施工图纸是否能满足施工需要。

⑭检查和控制设计进度。

⑮全面审核设计图样。

⑯组织设计文件的报批。

(3)施工招标阶段监理工作的主要内容:

①拟定工程建设施工招标方案并征得建设单位同意。

②准备工程建设施工招标条件。

③办理施工招标申请。

④协助建设单位编写施工招标文件。

⑤标底经建设单位认可后,报送所在地方建设主管部门审核。

⑥协助建设单位组织建设工程施工招标工作。

⑦组织现场勘察与答疑会,回答投标人提出的问题。

⑧协助建设单位组织开标、评标及定标工作。

⑨协助建设单位与中标单位商签施工合同。

(4)材料、设备采购供应监理工作的主要内容:

对于由建设单位负责采购供应的材料、设备等物资,监理工程师应负责制订计划,监督合同的执行和供应工作。具体内容包括:

①协助建设单位制订材料、设备供应计划和相应的资金需求计划。

②通过质量、价格、供货期、运输及售后服务等条件的分析和比选,协助建设单位确定材料、设备等物资的供应单位。重要设备尚应调查现有使用用户的设备运行情况,并考察生产单位的质量保证体系。

③协助建设单位拟订并商签材料、设备的订货合同。

监督供货合同的实施,确保材料、设备的及时供应。

(5)施工准备阶段监理工作的主要内容:

①审查施工单位选择的分包单位的资质及以往业绩。

②监督检查施工单位质量保证体系及安全技术措施,完善质量管理程序与制度。

③检查设计文件是否符合设计规范及标准,检查施工图样是否能满足施工需要。

④参加设计单位向施工单位的技术交底。

⑤审查施工单位编制施工组织设计,重点对施工方案,劳动力、材料、机械设备的组织及保证工程质量、安全、工期和控制造价等方面的措施进行审查,并向建设单位提出审查意见。

⑥监督建设单位"五通一平"的实施,并及时办理向承包人移交施工现场。

⑦在单位工程开工前检查施工单位的复测资料,特别是两个相邻施工单位之间的测量资料、控制桩是否交接清楚,手续是否完善,质量有无问题,并对贯通测量、中线及水准桩的设置、固桩情况进行审查。

⑧对重点工程部位的中线、水平控制进行复查。

⑨监督落实各项施工条件,审批一般单项工程、单位工程的开工报告,并报建设单位备查。

(6)施工阶段质量控制的主要内容:

①对所有的隐蔽工程在隐蔽以前进行检查和办理签证,对重点工程要派监理人员驻点跟踪监理,签署重要的分项工程、分部工程和单位工程质量评定表。

②对施工测量、放样等进行检查,对发现的质量问题应及时通知施工单位纠正,并做好监理记录。

③检查确认运到现场的工程材料、构件和设备质量,并应查验试验、化验报告单、出厂合格证是否齐全、合格,监理工程师有权禁止不符合质量要求的材料、设备进入工地和投入使用。

④监督施工单位严格按照施工规范、设计图样要求进行施工,严格执行施工合同。

⑤对工程主要部位、主要环节及技术复杂工程加强检查。

⑥检查施工单位的工程自检工作,数据是否齐全,填写是否正确,并对施工单位质量评定自检工作作出综合评价。

⑦对施工单位的检验测试仪器、设备、度量衡定期检验,不定期地进行抽验,保证度量资料的准确。

⑧监督施工单位对各类土木和混凝土试件按规定进行检查和抽查。

⑨监督施工单位认真处理施工中发生的一般质量事故,并认真做好监理记录。

⑩对大、重大质量事故以及其他紧急情况,应及时报告建设单位和有关部门。

⑪监督事故处理方案的实施并验收结果。

⑫监督施工单位对工程半成品的保护。

⑬监督施工单位的文明施工。

(7)施工阶段进度控制的主要内容:

①监督施工单位严格按施工合同规定的工期组织施工。

②对控制工期的重点工程,审查施工单位提出的保证进度的具体措施,如发生延误,应及时分析原因,采取对策。

③建立工程进度台账,核对工程形象进度,按月、季向建设单位报告施工计划执行情况、工

程进度及存在的问题。

(8)施工阶段投资控制的主要内容:

①熟悉施工图样、招标文件、标底、投标文件、分析合同价构成因素,找出工程造价最易突破的部位、最易发生索赔事件的原因及部位,明确投资控制的重点应制订相应对策。

②审查施工单位申报的月、季度计量报表,认真核对其工程数量,不超计、不漏计,严格按合同规定进行计量支付签证。

③保证支付签证的各项工程质量合格、数量准确。

④建立计量支付签证台账,定期与施工单位核对清算。

⑤按建设单位授权和施工合同的规定审核变更设计。

⑥客观、公正地处理施工单位提出的索赔事件。

(9)施工验收阶段监理工作的主要内容:

①督促、检查施工单位及时整理竣工文件和验收资料,受理单位工程竣工验收报告,提出监理意见。

②根据施工单位的竣工报告,提出工程质量检验报告。

③组织工程预验收,参加建设单位组织的竣工验收。

(10)合同管理工作的主要内容:

①拟定本工程建设合同体系及合同管理制度,主要包括合同草案的拟定、会签、协商、修改、审批、签署、保管等工作制度及程序。

②协助建设单位拟定工程的各类合同条款,并参与各类合同的商谈。

③及时处理与工程有关的索赔事宜及合同纠纷等事宜。

④对合同的执行情况进行分析和跟踪管理。

(11)建设单位委托的其他服务。依据工程建设委托监理合同,建设单位可以在附加协议条款中委托监理工程师其他服务内容,并支付其相应报酬。服务内容主要有:

①协助建设单位准备工程条件,办理供水、供电、供气、电信线路等申请或签订协议。

②协助建设单位制订产品营销方案。

③为建设单位培训技术人员等。

4)监理工作目标及依据

(1)监理工作目标。工程建设监理目标是指监理单位所承担的工程建设的监理控制预期达到的目标。通常以工程建设的投资、进度、质量三大目标的控制值来表示。

①投资控制目标:投资控制目标以______年预算为基价,静态投资为______万元(或合同价为______万元)。

②工期控制目标:工期控制目标______个月或自______年______月______日至______年______月______日。

③质量控制目标:工程建设质量合格及满足建设的其他质量要求。

(2)监理工作依据如下:

①工程建设方面的法律、法规。

②政府批准的工程建设文件。

③工程建设委托监理合同。

④其他工程建设合同。

5)项目监理机构

(1)监理机构的组织形式。选择适合项目实际的监理组织形式,应根据工程建设监理要求选择,并列出各级监理人员名单,绘出项目监理机构组织结构图。

(2)项目监理机构的人员配备计划。项目监理机构的人员配备应根据工程建设监理的进程合理安排,见表6-7。

项目监理机构的人员配备计划　表6-7

时间					
监理工程师					
监理员					
文秘人员					

(3)项目监理机构的人员岗位职责。

6)监理工作程序

监理工作程序比较简单明了的表达方式是监理工作流程图。一般可对不同的监理工作内容分别制定监理工作程序。

7)监理工作方法及措施

工程建设监理控制目标的方法与措施应重点围绕投资控制、进度控制、质量控制这三大控制任务展开。

(1)投资目标控制方法与措施:

①投资目标分解。投资目标可视工程的具体情况按下述方法分解:

a.按工程建设的投资费用组成分解。

b.按年度、季(月)度分解。

c.按工程建设实施阶段分解。

d.按工程建设组成分解。

②编制投资使用计划。一般情况下,投资使用计划应分年度按季度(或月)编制。

③投资目标实现的风险分析。

④投资控制的工作流程。

⑤投资控制措施。投资控制的具体措施包括:

a.投资控制的组织措施。建立健全项目监理机构,完善职责分工及有关制度,落实投资控制的责任。

b.投资控制的技术措施。在设计阶段,推行限额设计和优化设计;在招标投标阶段,合理确定标底及合同价;对材料、设备采购,通过质量、价格比选,合理确定生产供应单位;在施工阶段,通过审核施工组织设计和施工方案,使组织施工合理化。

c.投资控制的经济措施。项目实施过程中监理工程师应及时进行计划投资与实际发生投资的比较分析,同时对监理人员在监理工作中提出的合理化建议,使建设单位得到了经济效益,建设单位应按建设工程委托监理合同专用条款中的约定给予奖励。

d.投资控制的合同措施。严格履行工程款支付、计量、签字程序,按合同条款支付工程款，防止过早、过量的支付；全面履约，减少施工单位的索赔，正确处理索赔事宜等。

⑥投资控制的动态比较。投资控制的动态比较主要包括：

a. 投资目标分解值与概算值的比较。

b. 概算值与施工图预算值的比较。

c. 合同价与实际投资的比较。

⑦投资控制表格。

(2)进度目标控制方法与措施：

①工程总进度计划。

②总进度目标的分解。总进度目标可按下述方法分解：

a. 年度、季度进度目标。

b. 各阶段进度目标。

c. 各子项目进度目标。

③进度目标实现的风险分析。

④进度控制的工作流程。

⑤进度控制的具体措施。进度控制的具体措施包括：

a. 进度控制的组织措施。落实进度控制的责任，建立进度控制协调制度。

b. 进度控制的技术措施。建立多级网络计划体系，监控承建单位的作业实施计划。

c. 进度控制的经济措施。对工期提前者实行奖励，对应急工程实行较高的计件单价，确保资金的及时供应等。

d. 进度控制的合同措施。按合同要求及时协调有关各方的进度，以确保工程建设的形象进度。

⑥进度控制的动态比较。

⑦进度控制表格。

(3)质量目标控制的方法与措施：

①质量控制目标的描述：

a. 设计质量控制目标；

b. 材料质量控制目标；

c. 设备质量控制目标；

d. 土建施工质量控制目标；

e. 设备安装质量控制目标；

f. 其他说明。

②质量目标实现的风险分析。

③质量控制的工作流程。

④质量控制的具体措施。质量控制的具体措施包括：

a. 质量控制的组织措施。建立健全的监理组织，完善职责分工及有关质量监督制度，落实质量控制责任。

b. 质量控制的技术措施。在设计阶段，协助设计单位开展优化设计，完善质量保证体系；在材料设备供应阶段，通过质量价格比选，正确选择生产供应厂家，协助完善质量保证体系；在施工阶段,以事前控制为主,严格事中、事后质量控制。

c. 质量控制的经济措施及合同措施。严格质检和验收,不符合合同规定质量要求的拒付工程款;达到建设单位特定质量目标要求的,按合同支付质量补偿金或奖金。

⑤质量目标状况的动态分析。

⑥质量控制表格。

(4)合同管理的方法与措施:

①合同结构。绘出本项目的合同结构图,明确各类合同间的联系。

②合同目录一览表(表6-8)。

合同目录一览表 表6-8

序号	合同编号	合同名称	承包人	合同价	合同工期	质量要求

③合同管理的工作流程。

④合同管理的具体措施。

⑤合同执行状况的动态分析。

⑥合同争议调解与索赔处理程序。

⑦合同管理表格。

(5)信息管理的方法与措施:

①信息分类表(表6-9)。

信息分类表 表6-9

序号	信息类别	信息名称	信息管理要求	责任人

②机构内部信息流程。

③信息管理的工作流程。

④信息管理的具体措施。

⑤信息管理表格。

(6)组织协调的方法与措施:

①与工程建设项目有关单位的协调,包括:

a. 项目近外层单位的协调,主要有建设单位、设计单位、施工单位、材料和设备供应单位、资金提供单位等单位间的关系协调。

b. 项目系统远外层单位的协调,主要有政府建设行政主管机构、政府其他有关部门、工程毗邻单位、社会团体等单位间的关系协调。

②协调分析,包括:

a. 与内部相关单位协调重点的分析。

b. 与外部相关单位协调重点的分析。

③协调工作程序。
④协调工作表格。
8）监理工作制度
（1）项目立项阶段：
①可行性报告评审制度。
②工程估算审核制度。
③技术咨询论证制度。
（2）设计阶段。设计阶段监理工作制度主要有：
①设计大纲、设计要求编写及审核制度。
②设计合同管理制度。
③设计咨询制度。
④设计方案评审制度。
⑤工程估算、概算审核制度。
⑥施工图样审核制度。
⑦设计费支付签署制度。
⑧设计协调会及会议纪要制度。
⑨设计备忘录签发制度等。
（3）施工招标阶段。施工招标阶段监理工作制度主要有：
①招标准备工作有关制度。
②编制招标文件有关制度。
③标底编制及审核制度。
④合同条件拟定及审核制度。
⑤组织招标实务有关制度等。
（4）施工阶段。施工阶段监理工作制度主要有：
①施工图样会审及设计交底制度。
②施工组织设计审核制度。
③工程开工申请审批制度。
④工程材料、构配件报验制度。
⑤隐蔽工程、分项（部）工程质量验收制度。
⑥单位工程、单项工程检验验收制度。
⑦设计变更处理制度。
⑧工程质量事故处理制度。
⑨施工进度监督及报告制度。
⑩工程款支付签认制度。
⑪工程索赔签认制度。
⑫监理报告制度。
⑬工程竣工验收制度。
⑭监理日志和会议制度等。

(5)项目监理机构内部工作制度。项目监理机构内部工作制度主要有:

①监理组织工作会议制度。

②对外行文审批制度。

③监理工作日志制度。

④监理周报、月报制度。

⑤技术、经济资料及档案管理制度。

⑥监理费用预算制度等。

9)监理设施

建设单位提供满足监理工作需要的如下设施:

(1)办公设施。

(2)交通设施。

(3)通信设施。

(4)生活设施。

根据工程建设类别、规模、技术复杂程度、工程建设所在地的环境条件,按委托监理合同的约定,配备满足监理工作需要的常规检测设备和工具。

2. 工程建设监理规划的审核

工程建设监理规划在编写完成后需要进行审核并经批准。监理单位的技术主管部门是内部审核单位,其负责人应当签认。监理规划审核的内容主要包括以下几个方面:

1)监理范围、工作内容及监理目标的审核

依据监理招标文件和委托监理合同,看其是否理解了建设单位对该工程的建设意图,监理范围、监理工作内容是否包括了全部委托的工作任务,监理目标是否与合同要求和建设意图相一致。

2)项目监理机构结构的审核

(1)组织机构。在组织形式、管理模式等方面是否合理,是否结合了工程实施的具体特点,是否能够与建设单位的组织关系和承包人的组织关系相协调等。

(2)人员配备。人员配备方案应从以下四个方面审查:

①派驻监理人员的专业满足程度。应根据工程特点和委托监理任务的工作范围审查,不仅如土建监理工程师、机械监理工程师等考虑专业监理工程师能否满足开展监理工作的需要,而且要看其专业监理人员是否涵盖了工程实施过程中的各种专业要求,以及高、中级职称和年龄结构的组成。

②人员数量的满足程度。主要审核从事监理工作人员在数量和结构上的合理性。

③专业人员不足时采取的措施是否恰当。大中型建设工程由于技术复杂、涉及的专业面宽,当监理单位的技术人员不足以满足全部监理工作要求时,对拟临时聘用的监理人员的综合素质应认真审核。

④派驻现场人员计划表。对于大中型工程建设,不同阶段对监理人员人数和专业等方面的要求不同,应对各阶段所派驻现场监理人员的专业、数量计划是否与工程建设的进度计划相适应进行审核。还应平衡正在其他工程上执行监理业务的人员,是否能按照预定计划进入本工程参加监理工作。

3)工作计划审核

在工程进展中各个阶段的工作实施计划是否合理、可行,审查其在每个阶段中如何控制工程建设目标以及组织协调的方法。

4)投资、进度、质量控制方法和措施的审核

对三大目标的控制方法和措施应重点审查。看其如何应用组织、技术、经济、合同措施保证目标的实现,方法是否科学、合理、有效。

5)监理工作制度审核

监理工作制度审核主要审查监理的内、外工作制度是否健全、可行。

第三节 监理实施细则

一、监理实施细则的概念和作用

监理实施细则是监理工作实施细则的简称,又简称为监理细则,是根据监理规划,由专业监理工程师编制,并经总监理工程师批准,针对工程项目中某一专业或某一方面监理工作的指导监理工作的操作性文件。附例6-1列举了某公路工程沥青面层施工监理实施细则,供学习参考。

监理实施细则的作用是指导本专业或本子项目具体监理业务的开展。

二、监理实施细则的编制

1. 监理实施细则编制程序

(1)监理实施细则应在相应工程施工开始之前编制完成。

(2)监理实施细则应由专业监理工程师编制。

2. 监理实施细则编制的依据

(1)已批准的监理规划。

(2)与专业相关的规范、标准、设计文件和技术资料。

(3)施工组织设计。

3. 监理实施细则的主要内容

(1)专业工程的特点。

(2)监理工作的流程。

(3)监理工作控制要点及目标值。

(4)监理工作的方法及措施。

监理实施细则的内容应体现出针对性强、可操作性强、便于实施的特点。

附例6-1 某公路工程沥青面层施工监理实施细则

1 总则

沥青面层是位于基层上最重要的路面结构层,是直接承受车轮荷载和大气自然因素作用

的结构层,应具有平整、坚实、耐久以及抗车辙、抗裂、抗滑、抗水害等方面的综合性能。为有效控制路面面层的施工质量,监理组特制订本实施细则。

2 施工前准备工作

2.1 准备工作

2.1.1 监理组试验工程师对原材料进行源头控制并督促承包人按规定频率自检,同时对进场原材料进行抽检,不合格材料应立即清场。

2.1.2 施工机械设备和质量检测仪器的检查。

(1)道路工程师应认真检查承包人配备的主要机械数量、性能及配套施工能力,使之至少能满足一个作业点每日连续施工作业及施工质量和工期的要求,如果不能满足,应及时要求承包人增加或更换设备。

(2)试验工程师和测量工程师要检查承包人的检测设备,使之满足工程施工质量和施工进度的要求,同时要维护和保养监理组的检测设备,以满足日常工作需要。

(3)承包人拌和场的粗、细集料的存放场地必须进行硬化处理,并设有排水设施,细集料要求备有防雨措施,填料要堆放在仓库内,并有防潮措施。

(4)进场的原材料必须插有标签进行识别,主要包括原材料名称、产地、进场日期、数量、检验是否合格等。

(5)拌和场的沥青混合料配合比牌子应明确设计配合比。

(6)沥青混凝土应采用间歇式拌和机拌和,并配有拌和过程中能逐盘打印沥青及各种矿料用量和拌和温度的装置。

2.2 沥青混凝土配合比设计的审查和验证

承包人必须进行完善的沥青混凝土配合比设计,热拌沥青混合料的配合比设计应遵循目标配合比设计、生产配合比设计、生产配合比验证三个阶段进行。承包人在按上述三个步骤进行配合比设计外,还应形成目标配合比和生产配合比设计的文件,报监理组审查。监理组试验工程师要对承包人提交的目标配合比和生产配合比进行验证试验,形成目标配合比设计和生产配合比设计验证报告,报监理组长批复。

3 施工过程控制

3.1 试铺试验路段

3.1.1 下承层的检查。

(1)沥青下面层铺筑前,现场监理应对下封层的完整性和清扫工作进行检查。对局部基层外露和下封层宽度不足的部分应按下封层施工要求进行补铺;对表面泥土、砂浆、杂物及浮动矿料、灰尘也应清扫干净。

(2)沥青中、上面层施工前,现场监理应督促承包人将下、中面层清扫干净,完工相隔时间较长的,清扫干净后可根据建设单位要求喷洒适量的黏层沥青。

(3)各面层施工前,应保持施工摊铺段表面干燥。

3.1.2 试铺段申请的审批。目标配合比和生产配合比得到确认后,承包人可以铺筑面层试验段,但必须报试验段申请,监理组及时审查承包人的试铺申请,当使用的原材料、施工机械、检测设备、测量放样以及施工方案均能满足要求时,监理组长签认后可进行试铺。

3.1.3 通过试铺应确定以下内容,为正式施工提供依据:

(1)混合料的配合比。

(2)混合料的松铺系数。

(3)摊铺机的摊铺速度。

(4)碾压段落的长度以及碾压顺序和方法。

(5)施工组织以及管理体系和质保体系。

(6)前、后场通信联系方式。

3.1.4　试铺总结及开工申请的检查。试铺结束后,近检验各项技术指标符合要求,承包人立即提交试铺总结报告,并上报《分项工程开工申请》,经监理组审查、监理组长批复后报总监批准认可,作为正式开工依据。

3.2　施工过程检查

3.2.1　施工现场的检查。

(1)测量工程师应在沥青混凝土摊铺前,对沿线的导线点、水准点进行复核,检查施工段钢丝绳的高程及边线宽度。

(2)现场监理对施工段落的下承层进行检查,表面要干净无浮灰、干燥无积水。

(3)中、下面层摊铺宜采用钢丝绳引导的高程控制方式,钢丝拉力应大于800N;上面层宜采用摊铺层前后保持相同高差的雪橇式摊铺厚度控制方式。

(4)沥青混凝土面层施工宜采用两台性能良好的摊铺机一前一后相距10~30m梯队作业,相邻两幅的摊铺应有5~10m的宽度重叠。

(5)每天施工前,摊铺机的振动熨平板要预热至少30min。施工缝立面要涂有乳化沥青以利于混合料的黏结。

(6)沥青混合料必须缓慢、均匀、连续不间断地摊铺。摊铺过程中不得随意变换速度或中途停顿。摊铺机螺旋送料器应匀速转动,与摊铺机前进的速度一致,始终使熨平板前面的混合料保持在送料器高度的2/3。

(7)现场监理要检查摊铺后粗、细集料分布均匀性和松铺厚度,如果出现少量局部混合料离析现象,应派专职人员进行处理;较多时应及时分析原因予以纠正。同时严禁无关人员在摊铺后热料上行走。

(8)运输车要用篷布覆盖,用以保温、防雨、防污染,并检查料车进场、摊铺、初压、复压、终压时的温度,使之符合有关规范或指导意见的要求。

(9)料车进场后,要有专职人员指挥停放、卸料。料车卸料时严禁撞击摊铺机,应将料车在摊铺机前10~30cm处停稳并挂空挡,靠摊铺机推力前进。

(10)为减少摊铺后混合料离析,卸载后空车和料车交换要迅速及时,摊铺机前料斗中不能空料。

(11)检查摊铺机的振级及碾压的方式、方法,并注意振动压路机的振幅频率。碾压段落要有明显的标志,避免碾压如有沾轮现象时,可向碾压轮洒少量水和加洗衣粉水,严禁洒柴油。压路机在左右过程中,应将驱动轮面向摊铺机,并严禁制动。

(12)摊铺遇雨时,应立即停止施工,并清除未压成形的混合料。遭受雨淋的混合料应废弃,不得用于施工,当气温低于10℃时不宜摊铺热料沥青混凝土。

3.2.2　后台质量控制。沥青拌和场(后台)是控制沥青混合料质量的关键,为确保每一盘

生产的混合料都符合质量要求,监理组在每一个拌和楼都安排一名试验员,注意检查以下内容:

(1)密切注意承包人在拌和过程中的进料情况,并按规定频率抽检,发现问题应及时向试验工程师报告。

(2)按有关要求,严格控制沥青、集料的加热温度,控制混合料的拌和时间,记录和检查料车出场的料温。

(3)为保证沥青混合料质量,拌和机回收的粉料,不得采用,并注意清理和堆放。

(4)拌和场混合料的储料仓要有一定容量,且储料时间不得超过72h。

(5)注意检查混合料拌和的均匀性和色泽,并按规定频率做马歇尔试验和抽提筛分试验。

3.2.3 中间检验。施工结束后,应对以下内容进行检查:

(1)督促承包人对已成型的段落进行自检。

(2)试验工程师应对已成型的段落的厚度、压实度、平整度进行抽检,并出具抽检报告。

(3)测量工程师应逐层对中线平面偏位、纵断高程、宽度、横坡度进行检查,并出具抽检报告。

4 试验

(1)按规定频率现场采样进行马歇尔试验及抽检筛分试验。

(2)抽检现场成型的压实度、厚度。

(3)沥青、粗细集料、填料的质量抽检。

5 监理日记记录的内容

监理日记记录的内容包括施工日期、桩号、施工迄止时间、机械运行状况、下层清扫情况、松铺厚度、混合料摊铺均匀性、施工缝处理情况、其他异常情况及处理方法。

三、监理大纲、监理规划与监理实施细则之间的关系

监理大纲、监理规划、监理实施细则是相互关联的,都是工程监理工作文件的组成部分,它们之间存在着明显的依据性关系:在编写监理规划时,一定要严格根据监理大纲的有关内容来编写;在制定监理实施细则时,一定要在监理规划的指导下进行。

一般来说,监理单位开展监理活动应当编制以上工作文件,但这也不是一成不变的,就像工程设计一样。对于简单的监理活动,只编写监理实施细则即可,而有些建设工程也可以制定较详细的监理规划,而不再编写监理实施细则。三者间的区别见表6-10。

监理大纲、监理规划、监理实施细则的主要区别 表6-10

文件名称	编制对象	编制人	编制时间和目的	编制主要内容		
				为什么做?	做什么?	如何做?
监理大纲	整个项目	经营部门	在项目监理招标阶段编制,使建设单位信服本监理单位能胜任该项目监理工作	●	○	○
监理规划	整个项目	项目总监	在签订项目监理合同后编制,用于指导项目监理的全部工作	○	●	●
监理细则	分部(项)工程	各专业监理工程师	在完善项目监理组织,确定专业监理工程师职责后编制;用于具体指导实施各专业监理工作	○	●	○

注:●代表编制的重点内容;

○代表编制的非重点内容。

第四节 工地会议

工地会议是指在合同管理中,由监理工程师主持召开的会议。工地会议是做好监理工作的一种有效措施。由于会议的任务不同,工地会议通常包括第一次工地会议、工地例会和专题工地会议三种形式。第一次工地会议的任务是介绍监理工程师和承包人双方人员及办事机构,制定行政例行程序,检查开工前的各项准备工作,宣布承包人的工程进度计划等。开好这次会议,对于工程能否按期开工和开工后持续顺利地施工影响很大。工地例会的任务是解决施工中有关工程进度、工程质量、工程费用以及延期索赔等问题。专题工地会议是由双方指派的人员对当日或短期内施工中存在的问题和接下来的工作安排进行协调,便于互通信息,相互协调搞好工作。第一次工地会议和工地例会,都必须有正式的会议议程,一定格式的详细会议记录,会议记录一旦被监理工程师和承包人认可,就成为正式文件,对双方均具有约束力。如遇特殊问题,可单独行文通知承包人参加专题工地会议,共同协商解决问题的办法,这种会议同样要做出双方一致认可的会议记录。根据记录形成会议纪要,成为合同文件的一部分。通过以上各种会议,监理工程师和承包人都可以及时掌握工程进度以及影响工程进度和质量的各种不利因素,共同协商,采取措施,解决施工中存在的任何问题,这对确保合同顺利执行有着很大作用。

一、第一次工地会议

第一次工地会议是承包人、监理工程师进入工地后的第一次会议,是建设单位、承包人、监理工程师建立良好合作关系的一次机会。第一次工地会议宜在正式开工前召开,并应尽早举行。会议的组织由监理工程师单位负责,监理工程师应事前将会议议程及有关事项通知建设单位、承包人及有关方面,必要时可先召开一次预备会议,使参加会议的各方做好资料准备。在会议期间,如果某些重大问题达不到目的要求,可以暂时休会,待条件具备时再行复会。

1. 参加人员

第一次工地会议应由监理工程师主持,建设单位、承包人的授权代表必须出席会议,各方将要在工程项目中担任主要职务的部门(项目)负责人及指定分包人也应参加会议。

2. 会议的主要内容

1)介绍人员及组织机构

建设单位或建设单位代表应就其实施工程项目期间的职能机构、职责范围及主要人员名单提出书面文件,并就有关细节做出说明。

总监理工程师应向监理工程师代表及高级驻地监理工程师授权,并声明自己仍保留哪些权力;书面将授权书、组织机构框图、职责范围及全体监理人员名单提交承包人,并报建设单位备案。

承包人应书面提出工地代表(项目经理)授权书、主要人员名单、职能机构框图、职责范围及有关人员的资质材料,以取得监理工程师的批准;监理工程师应在本次会议中进行审查并口头予以批准(或有保留的批准),会后正式予以书面确认。

2)监理工程师介绍施工组织设计的审批情况

承包人的施工组织设计应在中标通知书发出后合同规定的时间内提交给监理工程师。在第一次工地会议上,监理工程师应就施工组织设计审批做出如下说明:施工组织设计可于何日批准或哪些分项已获得批准;根据批准或将要批准的施工组织设计,承包人何时可以开始哪些工程施工,有无其他条件限制,有哪些重要的或复杂的分项工程还应单独编制施工组织设计提交批准。

3)承包人介绍施工准备情况

承包人应就施工准备情况按如下内容提出陈述报告,监理工程师应逐项予以澄清、检查和评述。

(1)主要施工人员(含项目负责人、主要技术人员及主要机械手)是否进场或将于何日进场,并应提交进场人员计划及名单。

(2)用于工程的材料、机械、仪器和设施是否进场或将于何日进场,是否将会影响施工,并应提交进场计划及清单。

(3)用于工程的本地材料来源是否落实,并应提交料源分布图及供料计划清单。

(4)施工驻地及临时工程建设进展情况如何,并应提交驻地及临时工程建设计划分布和布置图。

(5)工地试验流动试验室及设备是否准备就绪或将于何日安装就绪,并应提交试验室布置、流动试验室分布图及仪器设备清单。

(6)施工测量的基础资料是否已经落实并经复核,施工测量是否进行或将于何日完成,并应提交施工测量计划及有关资料。

(7)履约保函和动员预付款保函及各种保险是否已办理或将于何日办理完毕,并应提交有关已办理手续的副本。

(8)为监理工程师提供的住房、交通、通信、办公等设备及服务设施是否具备或将于何日具备,并应提交有关计划安排及清单。

(9)其他与开工条件有关的内容及事项。

4)建设单位说明开工条件

建设单位代表应就工程占地、临时用地、临时道路、拆迁、工程支付担保情况以及其他开工条件有关的问题进行说明;监理工程师应根据批准或将要批准的施工进度计划的安排,对上述事项提出建议及要求。

5)监理工程师明确施工监理例行程序

监理工程师应沟通与承包人的联系渠道,明确工作例行程序并提出有关表格及说明,一般应包括:质量控制的主要程序、表格及说明,施工进度控制的主要程序、图表及说明;计量支付的主要程序、报表及说明,延期与索赔的主要程序、报表及说明,工程变更的主要程序、图表及说明,工程质量事故及安全事故的报告程序、报表及说明,函件往来传递交接程序、报表及说明,确定施工过程中工地会议举行的时间、地点及程序,等等。

二、工地例会

工地例会属于开工后举行的一种经常性会议,用于解决施工中存在的问题。工地例会由监理工程师主持,宜每月召开一次,具体时间间隔可由监理工程师根据施工中存在的问题程度决定,工地例会应在开工后的整个活动期内定期举行。

1. 参加人员

会议参加者应为高级驻地监理工程师及有关助理人员,承包人的授权代表、指定分包人及有关助理人员,建设单位代表及有关助理人员。

2. 会议的主要内容

会议按既定的例行议程进行,一般应由承包人逐项进行陈述并提出问题与建议;监理工程师逐项组织讨论并作出决定或决议的意向。会议一般应按以下议程进行讨论和研究。

1)确认上次会议记录

该议程可由监理工程师的记录人对上次会议记录征询意见,并在本次会议记录中加以修正。

2)审查工程进度

该议程主要是关键线路上的施工进展情况及影响施工进度的因素和对策。

3)审查现场情况

该议程主要是审查现场机械、材料、劳力的数额以及对进度和质量的适应情况,并提出解决措施。

4)审查工程质量

该议程主要针对工程缺陷和质量事故,就执行标准控制、施工工艺、检查验收等方面提出问题及解决措施。

5)审查工程费用事项

该议程主要是材料设备预付款、价格调整、额外的暂定金额等发生或将要发生的问题及初步的处理意见或意向。

6)审查安全事项

该议程主要是对发生的安全事故或隐藏的不安全因素以及对交通和民众的干扰提出问题及解决措施。

7)讨论施工环境

该议程主要是承包人无力防范的外部施工阻挠或不可预见的施工障碍等方面的问题及解决措施。

8)讨论延期与索赔

该议程主要是对承包人提出延期或索赔的意向进行初步的澄清和讨论,另按程序申报并约定专门会议的时间和地点。

9)审议工程分包

该议程主要是对承包人提出的工程分包的意向进行初步审议和澄清,确定进行正式审查的程序和安排,并解决监理工程师已批准(或已批准进场)分包中管理方面的问题。

10)其他事项

会议中若出现延期、索赔及工程事故等重大问题,可另行召开专门会议协调处理。

三、专题工地会议

在整个施工活动期间,根据工程的需要,及时召开不同层次的专题工地会议。会议应由监理工程师主持,承包人或代表出席,有关监理人员及施工人员酌情参加。会议只对近期施工活动进行证实、协调和落实,对发现的施工质量问题随时予以纠正,对其他重大问题只是提出而不进行讨论,另外召开专门会议或在例行工地会议上进行研究处理。会议的主要内容包括:承包人报告近期的施工活动,提出近期的施工计划安排,简要陈述发生或存在的问题;监理工程师就施工进度和施工质量予以简要评述,并根据承包人提出的施工活动安排,安排监理人员进行旁站、工序检查、抽样试验、测量验收、计算测算、缺陷处理等施工监理工作;对执行施工合同有关的其他问题交换意见。

专题工地会议以协调工作为主,讨论和证实有关问题,及时发现问题,一般对出现的问题不做出决议,重点只对日常工作发出指令。监理工程师和承包人通过专题工地会议彼此交换意见,交流信息,促使监理工程师与承包人双方保持良好的关系。

第五节 监理报告制度

建立健全工程监理报告制度,及时向建设单位反映和汇报合同执行和项目实施的情况是日常监理工作的重要内容,同时也是反映监理工作成效和建设单位考核监理工作的重要依据。

一、监理报告的种类

驻地监理工程师办公室应实行监理工作报告制度,定期向建设单位(代表)、总监代表处报送各种工作报告,报表和台账。

1.报告

(1)监理工作月报。

(2)试验工作月报。

(3)工程进度快报。

(4)监理工作季度报告。

(5)监理工作年总结报告。

(6)工程监理报告。

2.各种报表

(1)工程形象进度表。

(2)工程计量支付汇总表。

(3)各合同段检验、试验工作报表。

(4)各合同段主要人员机械设备到位情况报表。

(5)计划完成情况汇总表。

(6)工程变更汇总表。

3. 工程台账

(1)计量支付台账。

(2)变更台账。

(3)安全管理台账。

(4)试验台账。

(5)监理验收台账。

(6)监理旁站台账。

二、工程监理月报

监理工程师应根据工程进度情况、财务状况、存在的问题,每月以报告书的格式向建设单位报告。月报所陈述的问题包括已存在的或将对工程造价、质量及工期产生实质性影响的事件,报告使建设单位的有关部门对工程现状有一个比较清晰的了解。报告书中对进度比原定计划落后的分项工程和细目,说明延迟的原因及挽回这种局面已采取或将要采取的措施。报告还包括施工单位主要职员和监理工程师主要人员的变动情况,已完成的主要分项工程和细目等。

监理月报的主要内容包括:工程概况、认可的分包人及供应人、工程质量、工程进度、费用支付及合同管理情况、监理工作执行情况、合理化建议、小结和附录。现以附例6-2对监理月报加以说明。

附例6-2　某工程第13期监理月报(附件略)

1　工程概况

主要说明工程名称、勘察设计单位、施工单位和建设单位。

2　本月工程形象进度

以图表形式反映本月计划完成投资和本月实际完成投资情况。

3　工程进度

3.1　本期实际完成情况与计划进度比较

本期计划完成工作量436万元,实际完成342万元,占计划的78%,比计划少22万元。

3.2　对进度完成情况及采取措施效果的分析

本月该合同段进度滞后,路基边坡防护开工面少,施工力量不足;桥梁墩柱进度缓慢,严重偏离计划目标;隧道出口掘进现已完成塌方抢险,进口正准备明洞施工,受主、客观因素影响,完成6月目标已十分困难。以上情况驻地监理已多次提醒和督促,由于承包人面临的资金压力和组织管理上存在的问题,仍无法掀起施工高潮。

4　工程质量

4.1　本期工程质量情况分析

现场施工质量基本正常,预制梁板存在工艺上的技术问题已解决,可以恢复正常施工,隧道在完成进口准备和出口塌方处理过,月底可恢复正常施工。路基防护工程施工质量较好,但填方施工存在问题较多,急需整改。

4.2　本期采取的工程质量措施及效果

(1)严控制构造物基坑和沟槽开挖的尺寸检查。

(2)严格进行填方插杆挂线和压实度检测。

(3)加强预制场的现场监理力度,及时纠正施工中的不良操作。

(4)按建设单位要求即时做好变更资料的签审工作。

5　工程计量与工程款支付

5.1　工程量审核情况

该合同段存在许多已定方案,但资料未上报或审批的变更资料不完善,现已严重影响计量工作。

5.2　工程款审批情况及月支付情况

5.3　工程款支付情况分析

本月未收到支付月报。

5.4　本月采取的措施及效果

督促承包人抓紧计量支付工作,按时上报月支付报表。

6　合同其他事项的处理情况

6.1　工程变更

本期共审核变更完善资料3份,变更完成金额为21.7万元。

6.2　工程延期

本期未收到延期文件报告

6.3　费用索赔

本期承包人应向建设单位支付质量罚金4000.00元。

7　本月监理工作小结

7.1　对本月进度、质量、安全等方面情况的综合评价

通过检查,本月该标段进度仍然较慢,在施工黄金季节尚未形成大干快上的施工高峰,如不及时采取措施,6月目标将无法实现。施工面较少,施工质量基本正常,下一步应主要控制桥梁预制梁板施工和隧道超前支护施工质量,洞内掘进,施工单位必须尽快做好和完善通风工作,确保施工安全。

7.2　本月监理工作情况

针对现场出现的问题,驻地办召开两次会议,在加强业务学习的同时,进一步明确各监理人员的职责权限,监理工作效果有所提高。

7.3　有关本工程的意见和建议

(1)建议项目部及时采取措施,督促各施工队加快进度。

(2)针对隧道工程,建议建设单位在材料供应、资金等方面适当倾斜,确保隧道正常、有序

施工。

7.4 下月监理工作的重点

(1)下月质量监控的关键是桥梁梁板预制、墩柱浇注、隧道超前支护和掘进控制。

(2)督促承包人做好质量抽检和控制测量工作,外购材料的验证试验,混凝土强度抽检,隧道围岩位移,锚杆抗拔力试验等。

(3)认真做好进度监理工作,采取必要手段从细部入手,督促承包人加快进度。

(4)采取积极有效的措施,加大现场监管力度。

三、工程监理报告

工程监理报告,也称监理工作总结,一般由监理工作总结和质量监理总结两部分组成。工程监理报告是对工程施工监理工作的全面总结,说明监理工程师对监理合同的履行情况,实施监控的措施和达到的效果,以及对工程运营和养护提出建议,内容包括:

(1)工程基本概况。

(2)监理组织机构及工作起、止时间。

(3)关于工程质量、进度、费用监理和合同管理的执行情况。

(4)分项、分部、单位工程质量评估(包括缺陷责任期中发现的质量问题及处理措施)。

(5)工程费用分析。

(6)对工程建设中存在的问题的处理意见和建议。

(7)照片或录像。

第六节 文件与资料管理

一、施工阶段文件管理

1. 监理资料

除了验收时需要向建设单位或城建档案馆移交的监理资料外,施工阶段监理所涉及并应该进行管理的资料应包括下列内容。

(1)施工合同文件及委托监理合同。

(2)勘察设计文件。

(3)监理规划。

(4)监理实施细则。

(5)分包单位资格报审表。

(6)设计交底与图纸会审会议纪要。

(7)施工组织设计(方案)报审表。

(8)工程开工/复工报审表及工程暂停令。

(9)测量核验资料。

(10)工程进度计划。

(11)工程材料、构配件、设备的质量证明文件。

(12)检查试验资料。

(13)工程变更资料。

(14)隐蔽工程验收资料。

(15)工程计量单和工程款支付证书。

(16)监理工程师通知单。

(17)监理工作联系单。

(18)报验申请表。

(19)会议纪要。

(20)来往函件。

(21)监理日记。

(22)监理月报。

(23)质量缺陷与事故的处理文件。

(24)分部工程、单位工程等验收资料。

(25)索赔文件资料。

(26)竣工结算审核意见书。

(27)工程项目施工阶段质量评估报告等专题报告。

(28)监理工作总结。

2. 监理月报

监理月报应由总监理工程师组织编制,签认后报建设单位和本监理单位。监理月报报送时间由监理单位和建设单位协商确定。施工阶段的监理月报应包括以下内容:

(1)本月工程概况。

(2)本月工程形象进度。

(3)工程进度。

①本月实际完成情况与计划进度比较。

②对进度完成情况及采取措施效果的分析。

(4)工程质量。

①本月工程质量情况分析。

②本月采取的工程质量措施及效果。

(5)工程计量与工程款支付。

①工程量审核情况。

②工程款审批情况及月支付情况。

③工程款支付情祝分析。

④本月采取的措施及效果。

(6)合同其他事项的处理情况。

①工程变更。

②工程延期。

③费用索赔。

(7)本月监理工作小结。

①对本月进度、质量、工程款支付等方面情况的综合评价。

②本月监理工作情况。

③有关本工程的意见和建议。

④下月监理工作的重点。

3. 监理总结

在监理工作结束后,总监理工程师应编制监理工作总结。监理工作总结应包括以下内容:

①工程概况。

②监理组织机构、监理人员和投入监理的设施。

③监理合同履行情况。

④监理工作成效。

⑤施工过程中出现的问题及其处理情况和建议。

⑥工程照片或录像(有必要时)。

4. 监理资料的整理

(1)第一卷,合同卷

①合同文件(包括监理合同、施工承包合同、分包合同、施工招投标文件、各类订货合同)。

②与合同有关的其他事项(工程延期报告、费用索赔报告与审批资料、合同争议、合同变更、违约报告处理)。

③资质文件(承包单位资质、分包单位资质、监理单位资质,建设单位项目建设审批文件、各单位参建人员资质、供货单位资质、见证取样试验等单位资质)。

④建设单位对项目监理机构的授权书。

⑤其他来往信函。

(2)第二卷,技术文件卷

①设计文件(施工图、地质勘察报告、测量基础资料、设计审查文件)。

②设计变更(设计交底记录、变更图、审图汇总资料、洽谈纪要)。

③施工组织设计(施工方案、进度计划、施工组织设计报审表)。

(3)第三卷,项目监理文件

①监理规划、监理大纲、监理细则。

②监理月报。

③监理日志。

④会议纪要。

⑤监理总结。

⑥各类通知。

(4)第四卷,工程项目实施过程文件

①进度控制文件。

②质量控制文件。

③投资控制文件。

(5)第五卷,竣工验收文件

①分部工程验收文件。

②竣工预验收文件。

③质量评估报告。

④现场证物照片。

⑤监理业务手册。

二、监理档案管理

1.监理档案构成

1)合同文件档案

(1)施工监理服务协议书。

(2)施工合同协议书(含问题澄清)、投标书、招标文件(含补遗书等)以及施工招标、施工合同有关资料。

2)日常资料分类

按工程监理控制目标,监理资料可分为以下五类:

(1)质量控制资料。检验、试验以及有关质量的监理指令。

(2)进度控制资料。总体进度计划,旬、月度计划及其完成情况,进度计划调整资料以及有关计划的监理指令。

(3)费用控制资料。工程量统计、计量与支付、工程费用变更资料以及有关费用控制的监理指令。

(4)合同管理资料。有关工程分包、变更、索赔、延期的来往文件,监理月报和相关监理指令。

(5)监理内部管理资料。规章制度、监理费用、工作考核、奖惩等。

3)竣工文件

按照交通部《关于贯彻公路工程交竣工验收办法有关事宜的通知》中的竣工资料目录的规定,竣工资料中监理的档案资料目录如下:

(1)监理管理文件。

(2)工程质量控制文件。

①质量控制措施、规定及往来文件。

②材料试验、检测资料。

③监理独立抽检资料。

④交工验收工程质量评定资料。

(3)工程进度计划管理文件。

(4)工程合同管理文件。

(5)其他文件。

(6)其他资料,如监理日志,会议记录、纪要,工程照片,音像资料,监理机构及人员情况,各级监理人员的工作范围、责任划分、工作制度。

2. 监理档案管理的注意事项

1)明确职责,协调配合

监理组织机构应建立资料、文件管理制度,明确档案管理要求,设资料、文件管理岗位,配备专职或兼职人员,承担全工程监理资料档案管理工作,定期督促检查承包人的内业管理,完善监理机构内部文件资料的管理,组织审查承包人提交的竣工文件。各级监理人员应管理职责范围内的资料,独立存档。部门之间建立资料借阅记录台账。

2)加强督促检查,规范档案管理

通过检查、考核、交流等办法,加强监理内业管理和监督。定期按照监理资料、文件管理的统一要求,对文件资料内容、准确性、及时性和外观质量等方面检查评价,发现问题及时提示和整改,不断规范管理。

3)学习业务,提高管理水平

监理档案管理是一门专业技术。要组织人员学习档案管理知识,特别应向档案管理部门学习或咨询,改进管理,提高理论水平。

3. 监理表式管理

监理表式是监理档案的组成部分,它的规范化、标准化是监理工作有秩序进行的基础,是监理信息科学化管理的一项重要内容 。

1)监理表式构成

监理表式分为五大部分:监表、支表、检表、试表和评表。

(1)监表。监表是监理工程师在履行监理职责进行工程监控时使用的表格。

(2)支表。支表是进行工程计量和支付申请和审批的用表。

(3)检表和试表。检表和试表主要是供承包人自检使用的表格,监理工程师也可以此做旁站监理记录和抽查检验使用。

(4)评表。评表是工程项目中间或全部交工后,将检表和试表的结果汇总,按照《公路工程质量检验评定标准》规定对分项评定,对分部、单位工程和整个工程质量进行评定的用表。

2)监理表式的制订和修订程序

(1)在工程准备阶段,监理机构应依据《公路工程监理规范》的要求组织编制监理表式。表式应规范、标准、齐全、适用,以信息管理部门为主,其他技术、试验部门协助共同编制,最迟于工程开工前完成。

(2)在第一次工地会议上监理工程师应向承包人印发监理表式,说明编制要求、提交程序、份数、范围、时限等。

(3)监理工程师应针对使用监理表式不符合规定的情况向监理人员或承包人做进一步解释,并听取对表式的反馈意见,适时对监理表式进行修订或补充。

(4)对于因某些情况变化已不适用于实际的表式,应及时修订和补充,进一步完善表式系统。

1. 简述工程监理大纲、监理规划、监理实施细则三者之间的关系。
2. 工程监理规划有何作用?
3. 编写工程建设监理规划应注意哪些问题?
4. 工程建设监理规划编写的依据是什么?
5. 工程建设监理规划一般包括哪些主要内容?
6. 监理大纲有何作用? 其主要内容有哪些?
7. 工地会议的种类有哪些? 第一次工地会议的作用是什么?
8. 监理在日常工作中需要上报哪些文件报表?
9. 监理月报的内容有哪些?
10. 工程监理报告的内容有哪些?
11. 监理表式由哪几部分组成?

附录一
APPENDIX ONE

公路工程建设项目招标投标管理办法

（中华人民共和国交通运输部令2015年第24号）

《公路工程建设项目招标投标管理办法》已于2015年12月2日经第23次部务会议通过，现予公布，自2016年2月1日起施行。

部长　杨传堂

2015年12月8日

公路工程建设项目招标投标管理办法

第一章　总　　则

第一条　为规范公路工程建设项目招标投标活动，完善公路工程建设市场管理体系，根据《中华人民共和国公路法》《中华人民共和国招标投标法》《中华人民共和国招标投标法实施条例》等法律、行政法规，制定本办法。

第二条　在中华人民共和国境内从事公路工程建设项目勘察设计、施工、施工监理等的招标投标活动，适用本办法。

第三条　交通运输部负责全国公路工程建设项目招标投标活动的监督管理工作。

省级人民政府交通运输主管部门负责本行政区域内公路工程建设项目招标投标活动的监督管理工作。

第四条　各级交通运输主管部门应当按照国家有关规定，推进公路工程建设项目招标投标活动进入统一的公共资源交易平台进行。

第五条 各级交通运输主管部门应当按照国家有关规定,推进公路工程建设项目电子招标投标工作。招标投标活动信息应当公开,接受社会公众监督。

第六条 公路工程建设项目的招标人或者其指定机构应当对资格审查、开标、评标等过程录音录像并存档备查。

第二章 招 标

第七条 公路工程建设项目招标人是提出招标项目、进行招标的项目法人或者其他组织。

第八条 对于按照国家有关规定需要履行项目审批、核准手续的依法必须进行招标的公路工程建设项目,招标人应当按照项目审批、核准部门确定的招标范围、招标方式、招标组织形式开展招标。

公路工程建设项目履行项目审批或者核准手续后,方可开展勘察设计招标;初步设计文件批准后,方可开展施工监理、设计施工总承包招标;施工图设计文件批准后,方可开展施工招标。

施工招标采用资格预审方式的,在初步设计文件批准后,可以进行资格预审。

第九条 有下列情形之一的公路工程建设项目,可以不进行招标:

(一)涉及国家安全、国家秘密、抢险救灾或者属于利用扶贫资金实行以工代赈、需要使用农民工等特殊情况;

(二)需要采用不可替代的专利或者专有技术;

(三)采购人自身具有工程施工或者提供服务的资格和能力,且符合法定要求;

(四)已通过招标方式选定的特许经营项目投资人依法能够自行施工或者提供服务;

(五)需要向原中标人采购工程或者服务,否则将影响施工或者功能配套要求;

(六)国家规定的其他特殊情形。

招标人不得为适用前款规定弄虚作假,规避招标。

第十条 公路工程建设项目采用公开招标方式的,原则上采用资格后审办法对投标人进行资格审查。

第十一条 公路工程建设项目采用资格预审方式公开招标的,应当按照下列程序进行:

(一)编制资格预审文件;

(二)发布资格预审公告,发售资格预审文件,公开资格预审文件关键内容;

(三)接收资格预审申请文件;

(四)组建资格审查委员会对资格预审申请人进行资格审查,资格审查委员会编写资格审查报告;

(五)根据资格审查结果,向通过资格预审的申请人发出投标邀请书;向未通过资格预审的申请人发出资格预审结果通知书,告知未通过的依据和原因;

(六)编制招标文件;

(七)发售招标文件,公开招标文件的关键内容;

(八)需要时,组织潜在投标人踏勘项目现场,召开投标预备会;

(九)接收投标文件,公开开标;

(十)组建评标委员会评标,评标委员会编写评标报告、推荐中标候选人;

（十一）公示中标候选人相关信息；

（十二）确定中标人；

（十三）编制招标投标情况的书面报告；

（十四）向中标人发出中标通知书，同时将中标结果通知所有未中标的投标人；

（十五）与中标人订立合同。

采用资格后审方式公开招标的，在完成招标文件编制并发布招标公告后，按照前款程序第（七）项至第（十五）项进行。

采用邀请招标的，在完成招标文件编制并发出投标邀请书后，按照前款程序第（七）项至第（十五）项进行。

第十二条 国有资金占控股或者主导地位的依法必须进行招标的公路工程建设项目，采用资格预审的，招标人应当按照有关规定组建资格审查委员会审查资格预审申请文件。资格审查委员会的专家抽取以及资格审查工作要求，应当适用本办法关于评标委员会的规定。

第十三条 资格预审审查办法原则上采用合格制。

资格预审审查办法采用合格制的，符合资格预审文件规定审查标准的申请人均应当通过资格预审。

第十四条 资格预审审查工作结束后，资格审查委员会应当编制资格审查报告。资格审查报告应当载明下列内容：

（一）招标项目基本情况；

（二）资格审查委员会成员名单；

（三）监督人员名单；

（四）资格预审申请文件递交情况；

（五）通过资格审查的申请人名单；

（六）未通过资格审查的申请人名单以及未通过审查的理由；

（七）评分情况；

（八）澄清、说明事项纪要；

（九）需要说明的其他事项；

（十）资格审查附表。

除前款规定的第（一）、（三）、（四）项内容外，资格审查委员会所有成员应当在资格审查报告上逐页签字。

第十五条 资格预审申请人对资格预审审查结果有异议的，应当自收到资格预审结果通知书后3日内提出。招标人应当自收到异议之日起3日内作出答复；作出答复前，应当暂停招标投标活动。

招标人未收到异议或者收到异议并已作出答复的，应当及时向通过资格预审的申请人发出投标邀请书。未通过资格预审的申请人不具有投标资格。

第十六条 对依法必须进行招标的公路工程建设项目，招标人应当根据交通运输部制定的标准文本，结合招标项目具体特点和实际需要，编制资格预审文件和招标文件。

资格预审文件和招标文件应当载明详细的评审程序、标准和方法，招标人不得另行制定评审细则。

第十七条 招标人应当按照省级人民政府交通运输主管部门的规定，将资格预审文件及其澄清、修改，招标文件及其澄清、修改报相应的交通运输主管部门备案。

第十八条 招标人应当自资格预审文件或者招标文件开始发售之日起，将其关键内容上传至具有招标监督职责的交通运输主管部门政府网站或者其指定的其他网站上进行公开，公开内容包括项目概况、对申请人或者投标人的资格条件要求、资格审查办法、评标办法、招标人联系方式等，公开时间至提交资格预审申请文件截止时间2日前或者投标截止时间10日前结束。

招标人发出的资格预审文件或者招标文件的澄清或者修改涉及前款规定的公开内容的，招标人应当在向交通运输主管部门备案的同时，将澄清或者修改的内容上传至前款规定的网站。

第十九条 潜在投标人或者其他利害关系人可以按照国家有关规定对资格预审文件或者招标文件提出异议。招标人应当对异议作出书面答复。未在规定时间内作出书面答复的，应当顺延提交资格预审申请文件截止时间或者投标截止时间。

招标人书面答复内容涉及影响资格预审申请文件或者投标文件编制的，应当按照有关澄清或者修改的规定，调整提交资格预审申请文件截止时间或者投标截止时间，并以书面形式通知所有获取资格预审文件或者招标文件的潜在投标人。

第二十条 招标人应当合理划分标段、确定工期，提出质量、安全目标要求，并在招标文件中载明。标段的划分应当有利于项目组织和施工管理、各专业的衔接与配合，不得利用划分标段规避招标、限制或者排斥潜在投标人。

招标人可以实行设计施工总承包招标、施工总承包招标或者分专业招标。

第二十一条 招标人结合招标项目的具体特点和实际需要，设定潜在投标人或者投标人的资质、业绩、主要人员、财务能力、履约信誉等资格条件，不得以不合理的条件限制、排斥潜在投标人或者投标人。

除《中华人民共和国招标投标法实施条例》第三十二条规定的情形外，招标人有下列行为之一的，属于以不合理的条件限制、排斥潜在投标人或者投标人：

（一）设定的资质、业绩、主要人员、财务能力、履约信誉等资格、技术、商务条件与招标项目的具体特点和实际需要不相适应或者与合同履行无关；

（二）强制要求潜在投标人或者投标人的法定代表人、企业负责人、技术负责人等特定人员亲自购买资格预审文件、招标文件或者参与开标活动；

（三）通过设置备案、登记、注册、设立分支机构等无法律、行政法规依据的不合理条件，限制潜在投标人或者投标人进入项目所在地进行投标。

第二十二条 招标人应当根据国家有关规定，结合招标项目的具体特点和实际需要，合理确定对投标人主要人员以及其他管理和技术人员的数量和资格要求。投标人拟投入的主要人员应当在投标文件中进行填报，其他管理和技术人员的具体人选由招标人和中标人在合同谈判阶段确定。对于特别复杂的特大桥梁和特长隧道项目主体工程和其他有特殊要求的工程，招标人可以要求投标人在投标文件中填报其他管理和技术人员。

本办法所称主要人员是指设计负责人、总监理工程师、项目经理和项目总工程师等项目管理和技术负责人。

第二十三条 招标人可以自行决定是否编制标底或者设置最高投标限价。招标人不得规定最低投标限价。

接受委托编制标底或者最高投标限价的中介机构不得参加该项目的投标,也不得为该项目的投标人编制投标文件或者提供咨询。

第二十四条 招标人应当严格遵守有关法律、行政法规关于各类保证金收取的规定,在招标文件中载明保证金收取的形式、金额以及返还时间。

招标人不得以任何名义增设或者变相增设保证金或者随意更改招标文件载明的保证金收取形式、金额以及返还时间。招标人不得在资格预审期间收取任何形式的保证金。

第二十五条 招标人在招标文件中要求投标人提交投标保证金的,投标保证金不得超过招标标段估算价的2%。投标保证金有效期应当与投标有效期一致。

依法必须进行招标的公路工程建设项目的投标人,以现金或者支票形式提交投标保证金的,应当从其基本账户转出。投标人提交的投标保证金不符合招标文件要求的,应当否决其投标。

招标人不得挪用投标保证金。

第二十六条 招标人应当按照国家有关法律法规规定,在招标文件中明确允许分包的或者不得分包的工程和服务,分包人应当满足的资格条件以及对分包实施的管理要求。

招标人不得在招标文件中设置对分包的歧视性条款。

招标人有下列行为之一的,属于前款所称的歧视性条款:

(一)以分包的工作量规模作为否决投标的条件;

(二)对投标人符合法律法规以及招标文件规定的分包计划设定扣分条款;

(三)按照分包的工作量规模对投标人进行区别评分;

(四)以其他不合理条件限制投标人进行分包的行为。

第二十七条 招标人应当在招标文件中合理划分双方风险,不得设置将应由招标人承担的风险转嫁给勘察设计、施工、监理等投标人的不合理条款。招标文件应当设置合理的价格调整条款,明确约定合同价款支付期限、利息计付标准和日期,确保双方主体地位平等。

第二十八条 招标人应当根据招标项目的具体特点以及本办法的相关规定,在招标文件中合理设定评标标准和方法。评标标准和方法中不得含有倾向或者排斥潜在投标人的内容,不得妨碍或者限制投标人之间的竞争。禁止采用抽签、摇号等博彩性方式直接确定中标候选人。

第二十九条 以暂估价形式包括在招标项目范围内的工程、货物、服务,属于依法必须进行招标的项目范围且达到国家规定规模标准的,应当依法进行招标。招标项目的合同条款中应当约定负责实施暂估价项目招标的主体以及相应的招标程序。

第三章 投 标

第三十条 投标人是响应招标、参加投标竞争的法人或者其他组织。

投标人应当具备招标文件规定的资格条件,具有承担所投标项目的相应能力。

第三十一条 投标人在投标文件中填报的资质、业绩、主要人员资历和目前在岗情况、信用等级等信息,应当与其在交通运输主管部门公路建设市场信用信息管理系统上填报并发布的相关信息一致。

第三十二条 投标人应当按照招标文件要求装订、密封投标文件,并按照招标文件规定的时间、地点和方式将投标文件送达招标人。

公路工程勘察设计和施工监理招标的投标文件应当以双信封形式密封,第一信封内为商务文件和技术文件,第二信封内为报价文件。

对公路工程施工招标,招标人采用资格预审方式进行招标且评标方法为技术评分最低标价法的,或者采用资格后审方式进行招标的,投标文件应当以双信封形式密封,第一信封内为商务文件和技术文件,第二信封内为报价文件。

第三十三条 投标文件按照要求送达后,在招标文件规定的投标截止时间前,投标人修改或者撤回投标文件的,应当以书面函件形式通知招标人。

修改投标文件的函件是投标文件的组成部分,其编制形式、密封方式、送达时间等,适用对投标文件的规定。

投标人在投标截止时间前撤回投标文件且招标人已收取投标保证金的,招标人应当自收到投标人书面撤回通知之日起5日内退还其投标保证金。

投标截止后投标人撤销投标文件的,招标人可以不退还投标保证金。

第三十四条 投标人根据招标文件有关分包的规定,拟在中标后将中标项目的部分工作进行分包的,应当在投标文件中载明。

投标人在投标文件中未列入分包计划的工程或者服务,中标后不得分包,法律法规或者招标文件另有规定的除外。

第四章 开标、评标和中标

第三十五条 开标应当在招标文件确定的提交投标文件截止时间的同一时间公开进行;开标地点应当为招标文件中预先确定的地点。

投标人少于3个的,不得开标,投标文件应当当场退还给投标人;招标人应当重新招标。

第三十六条 开标由招标人主持,邀请所有投标人参加。开标过程应当记录,并存档备查。投标人对开标有异议的,应当在开标现场提出,招标人应当当场作出答复,并制作记录。未参加开标的投标人,视为对开标过程无异议。

第三十七条 投标文件按照招标文件规定采用双信封形式密封的,开标分两个步骤公开进行:

第一步骤对第一信封内的商务文件和技术文件进行开标,对第二信封不予拆封并由招标人予以封存;

第二步骤宣布通过商务文件和技术文件评审的投标人名单,对其第二信封内的报价文件进行开标,宣读投标报价。未通过商务文件和技术文件评审的,对其第二信封不予拆封,并当场退还给投标人;投标人未参加第二信封开标的,招标人应当在评标结束后及时将第二信封原封退还投标人。

第三十八条 招标人应当按照国家有关规定组建评标委员会负责评标工作。

国家审批或者核准的高速公路、一级公路、独立桥梁和独立隧道项目,评标委员会专家应当由招标人从国家重点公路工程建设项目评标专家库相关专业中随机抽取;其他公路工程建设项目的评标委员会专家可以从省级公路工程建设项目评标专家库相关专业中随机抽取,也可以从国家重点公路工程建设项目评标专家库相关专业中随机抽取。

对于技术复杂、专业性强或者国家有特殊要求,采取随机抽取方式确定的评标专家难以保证胜任评标工作的特殊招标项目,可以由招标人直接确定。

第三十九条 交通运输部负责国家重点公路工程建设项目评标专家库的管理工作。

省级人民政府交通运输主管部门负责本行政区域公路工程建设项目评标专家库的管理工作。

第四十条 评标委员会应当民主推荐一名主任委员,负责组织评标委员会成员开展评标工作。评标委员会主任委员与评标委员会的其他成员享有同等权利与义务。

第四十一条 招标人应当向评标委员会提供评标所必需的信息,但不得明示或者暗示其倾向或者排斥特定投标人。

评标所必需的信息主要包括招标文件、招标文件的澄清或者修改、开标记录、投标文件、资格预审文件。招标人可以协助评标委员会开展下列工作并提供相关信息:

(一)根据招标文件,编制评标使用的相应表格;

(二)对投标报价进行算术性校核;

(三)以评标标准和方法为依据,列出投标文件相对于招标文件的所有偏差,并进行归类汇总;

(四)查询公路建设市场信用信息管理系统,对投标人的资质、业绩、主要人员资历和目前在岗情况、信用等级进行核实。

招标人不得对投标文件作出任何评价,不得故意遗漏或者片面摘录,不得在评标委员会对所有偏差定性之前透露存有偏差的投标人名称。

评标委员会应当根据招标文件规定,全面、独立评审所有投标文件,并对招标人提供的上述相关信息进行核查,发现错误或者遗漏的,应当进行修正。

第四十二条 评标委员会应当按照招标文件确定的评标标准和方法进行评标。招标文件没有规定的评标标准和方法不得作为评标的依据。

第四十三条 公路工程勘察设计和施工监理招标,应当采用综合评估法进行评标,对投标人的商务文件、技术文件和报价文件进行评分,按照综合得分由高到低排序,推荐中标候选人。评标价的评分权重不宜超过10%,评标价得分应当根据评标价与评标基准价的偏离程度进行计算。

第四十四条 公路工程施工招标,评标采用综合评估法或者经评审的最低投标价法。综合评估法包括合理低价法、技术评分最低标价法和综合评分法。

合理低价法,是指对通过初步评审的投标人,不再对其施工组织设计、项目管理机构、技术能力等因素进行评分,仅依据评标基准价对评标价进行评分,按照得分由高到低排序,推荐中标候选人的评标方法。

技术评分最低标价法,是指对通过初步评审的投标人的施工组织设计、项目管理机构、技术能力等因素进行评分,按照得分由高到低排序,对排名在招标文件规定数量以内的投标人的报价文件进行评审,按照评标价由低到高的顺序推荐中标候选人的评标方法。招标人在招标文件中规定的参与报价文件评审的投标人数量不得少于3个。

综合评分法,是指对通过初步评审的投标人的评标价、施工组织设计、项目管理机构、技术能力等因素进行评分,按照综合得分由高到低排序,推荐中标候选人的评标方法。其中评标价的评分权重不得低于50%。

经评审的最低投标价法,是指对通过初步评审的投标人,按照评标价由低到高排序,推荐中标候选人的评标方法。

公路工程施工招标评标,一般采用合理低价法或者技术评分最低标价法。技术特别复杂的特大桥梁和特长隧道项目主体工程,可以采用综合评分法。工程规模较小、技术含量较低的工程,可以采用经评审的最低投标价法。

第四十五条 实行设计施工总承包招标的,招标人应当根据工程地质条件、技术特点和施工难度确定评标办法。

设计施工总承包招标的评标采用综合评分法的,评分因素包括评标价、项目管理机构、技术能力、设计文件的优化建议、设计施工总承包管理方案、施工组织设计等因素,评标价的评分权重不得低于50%。

第四十六条 评标委员会成员应当客观、公正、审慎地履行职责,遵守职业道德。评标委员会成员应当依据评标办法规定的评审顺序和内容逐项完成评标工作,对本人提出的评审意见以及评分的公正性、客观性、准确性负责。

除评标价和履约信誉评分项外,评标委员会成员对投标人商务和技术各项因素的评分一般不得低于招标文件规定该因素满分值的60%;评分低于满分值60%的,评标委员会成员应当在评标报告中作出说明。

招标人应当对评标委员会成员在评标活动中的职责履行情况予以记录,并在招标投标情况的书面报告中载明。

第四十七条 招标人应当根据项目规模、技术复杂程度、投标文件数量和评标方法等因素合理确定评标时间。超过三分之一的评标委员会成员认为评标时间不够的,招标人应当适当延长。

评标过程中,评标委员会成员有回避事由、擅离职守或者因健康等原因不能继续评标的,应当及时更换。被更换的评标委员会成员作出的评审结论无效,由更换后的评标委员会成员重新进行评审。

根据前款规定被更换的评标委员会成员如为评标专家库专家,招标人应当从原评标专家库中按照原方式抽取更换后的评标委员会成员,或者在符合法律规定的前提下相应减少评标委员会中招标人代表数量。

第四十八条 评标委员会应当查询交通运输主管部门的公路建设市场信用信息管理系统,对投标人的资质、业绩、主要人员资历和目前在岗情况、信用等级等信息进行核实。若投标文件载明的信息与公路建设市场信用信息管理系统发布的信息不符,使得投标人的资格条件不符合招标文件规定的,评标委员会应当否决其投标。

第四十九条 评标委员会发现投标人的投标报价明显低于其他投标人报价或者在设有标底时明显低于标底的,应当要求该投标人对相应投标报价作出书面说明,并提供相关证明材料。

投标人不能证明可以按照其报价以及招标文件规定的质量标准和履行期限完成招标项目

的,评标委员会应当认定该投标人以低于成本价竞标,并否决其投标。

第五十条 评标委员会应当根据《中华人民共和国招标投标法实施条例》第三十九条、第四十条、第四十一条的有关规定,对在评标过程中发现的投标人与投标人之间、投标人与招标人之间存在的串通投标的情形进行评审和认定。

第五十一条 评标委员会对投标文件进行评审后,因有效投标不足3个使得投标明显缺乏竞争的,可以否决全部投标。未否决全部投标的,评标委员会应当在评标报告中阐明理由并推荐中标候选人。

投标文件按照招标文件规定采用双信封形式密封的,通过第一信封商务文件和技术文件评审的投标人在3个以上的,招标人应当按照本办法第三十七条规定的程序进行第二信封报价文件开标;在对报价文件进行评审后,有效投标不足3个的,评标委员会应当按照本条第一款规定执行。

通过第一信封商务文件和技术文件评审的投标人少于3个的,评标委员会可以否决全部投标;未否决全部投标的,评标委员会应当在评标报告中阐明理由,招标人应当按照本办法第三十七条规定的程序进行第二信封报价文件开标,但评标委员会在进行报价文件评审时仍有权否决全部投标;评标委员会未在报价文件评审时否决全部投标的,应当在评标报告中阐明理由并推荐中标候选人。

第五十二条 评标完成后,评标委员会应当向招标人提交书面评标报告。评标报告中推荐的中标候选人应当不超过3个,并标明排序。

评标报告应当载明下列内容:

(一)招标项目基本情况;

(二)评标委员会成员名单;

(三)监督人员名单;

(四)开标记录;

(五)符合要求的投标人名单;

(六)否决的投标人名单以及否决理由;

(七)串通投标情形的评审情况说明;

(八)评分情况;

(九)经评审的投标人排序;

(十)中标候选人名单;

(十一)澄清、说明事项纪要;

(十二)需要说明的其他事项;

(十三)评标附表。

对评标监督人员或者招标人代表干预正常评标活动,以及对招标投标活动的其他不正当言行,评标委员会应当在评标报告第(十二)项内容中如实记录。

除第二款规定的第(一)、(三)、(四)项内容外,评标委员会所有成员应当在评标报告上逐页签字。对评标结果有不同意见的评标委员会成员应当以书面形式说明其不同意见和理由,评标报告应当注明该不同意见。评标委员会成员拒绝在评标报告上签字又不书面说明其不同意见和理由的,视为同意评标结果。

第五十三条 依法必须进行招标的公路工程建设项目,招标人应当自收到评标报告之日起3日内,在对该项目具有招标监督职责的交通运输主管部门政府网站或者其指定的其他网站上公示中标候选人,公示期不得少于3日,公示内容包括:

(一)中标候选人排序、名称、投标报价;

(二)中标候选人在投标文件中承诺的主要人员姓名、个人业绩、相关证书编号;

(三)中标候选人在投标文件中填报的项目业绩;

(四)被否决投标的投标人名称、否决依据和原因;

(五)招标文件规定公示的其他内容。

投标人或者其他利害关系人对依法必须进行招标的公路工程建设项目的评标结果有异议的,应当在中标候选人公示期间提出。招标人应当自收到异议之日起3日内作出答复;作出答复前,应当暂停招标投标活动。

第五十四条 除招标人授权评标委员会直接确定中标人外,招标人应当根据评标委员会提出的书面评标报告和推荐的中标候选人确定中标人。国有资金占控股或者主导地位的依法必须进行招标的公路工程建设项目,招标人应当确定排名第一的中标候选人为中标人。排名第一的中标候选人放弃中标、因不可抗力不能履行合同、不按照招标文件要求提交履约保证金,或者被查实存在影响中标结果的违法行为等情形,不符合中标条件的,招标人可以按照评标委员会提出的中标候选人名单排序依次确定其他中标候选人为中标人,也可以重新招标。

第五十五条 依法必须进行招标的公路工程建设项目,招标人应当自确定中标人之日起15日内,将招标投标情况的书面报告报对该项目具有招标监督职责的交通运输主管部门备案。

前款所称书面报告至少应当包括下列内容:

(一)招标项目基本情况;

(二)招标过程简述;

(三)评标情况说明;

(四)中标候选人公示情况;

(五)中标结果;

(六)附件,包括评标报告、评标委员会成员履职情况说明等。

有资格预审情况说明、异议及投诉处理情况和资格审查报告的,也应当包括在书面报告中。

第五十六条 招标人应当及时向中标人发出中标通知书,同时将中标结果通知所有未中标的投标人。

第五十七条 招标人和中标人应当自中标通知书发出之日起30日内,按照招标文件和中标人的投标文件订立书面合同,合同的标的、价格、质量、安全、履行期限、主要人员等主要条款应当与上述文件的内容一致。招标人和中标人不得再行订立背离合同实质性内容的其他协议。

招标人最迟应当在中标通知书发出后5日内向中标候选人以外的其他投标人退还投标保证金,与中标人签订书面合同后5日内向中标人和其他中标候选人退还投标保证金。以现金或者支票形式提交的投标保证金,招标人应当同时退还投标保证金的银行同期活期存款利息,且退还至投标人的基本账户。

第五十八条 招标文件要求中标人提交履约保证金的，中标人应当按照招标文件的要求提交。履约保证金不得超过中标合同金额的10%。招标人不得指定或者变相指定履约保证金的支付形式，由中标人自主选择银行保函或者现金、支票等支付形式。

第五十九条 招标人应当加强对合同履行的管理，建立对中标人主要人员的到位率考核制度。

省级人民政府交通运输主管部门应当定期组织开展合同履约评价工作的监督检查，将检查情况向社会公示，同时将检查结果记入中标人单位以及主要人员个人的信用档案。

第六十条 依法必须进行招标的公路工程建设项目，有下列情形之一的，招标人在分析招标失败的原因并采取相应措施后，应当依照本办法重新招标：

(一)通过资格预审的申请人少于3个的；

(二)投标人少于3个的；

(三)所有投标均被否决的；

(四)中标候选人均未与招标人订立书面合同的。

重新招标的，资格预审文件、招标文件和招标投标情况的书面报告应当按照本办法的规定重新报交通运输主管部门备案。

重新招标后投标人仍少于3个的，属于按照国家有关规定需要履行项目审批、核准手续的依法必须进行招标的公路工程建设项目，报经项目审批、核准部门批准后可以不再进行招标；其他项目可由招标人自行决定不再进行招标。

依照本条规定不再进行招标的，招标人可以邀请已提交资格预审申请文件的申请人或者已提交投标文件的投标人进行谈判，确定项目承担单位，并将谈判报告报对该项目具有招标监督职责的交通运输主管部门备案。

第五章 监督管理

第六十一条 各级交通运输主管部门应当按照《中华人民共和国招标投标法》《中华人民共和国招标投标法实施条例》等法律法规、规章以及招标投标活动行政监督职责分工，加强对公路工程建设项目招标投标活动的监督管理。

第六十二条 各级交通运输主管部门应当建立健全公路工程建设项目招标投标信用体系，加强信用评价工作的监督管理，维护公平公正的市场竞争秩序。

招标人应当将交通运输主管部门的信用评价结果应用于公路工程建设项目招标。鼓励和支持招标人优先选择信用等级高的从业企业。

招标人对信用等级高的资格预审申请人、投标人或者中标人，可以给予增加参与投标的标段数量，减免投标保证金，减少履约保证金、质量保证金等优惠措施。优惠措施以及信用评价结果的认定条件应当在资格预审文件和招标文件中载明。

资格预审申请人或者投标人的信用评价结果可以作为资格审查或者评标中履约信誉项的评分因素，各信用评价等级的对应得分应当符合省级人民政府交通运输主管部门有关规定，并在资格预审文件或者招标文件中载明。

第六十三条 投标人或者其他利害关系人认为招标投标活动不符合法律、行政法规规定的,可以自知道或者应当知道之日起10日内向交通运输主管部门投诉。

就本办法第十五条、第十九条、第三十六条、第五十三条规定事项投诉的,应当先向招标人提出异议,异议答复期间不计算在前款规定的期限内。

第六十四条 投诉人投诉时,应当提交投诉书。投诉书应当包括下列内容:

(一)投诉人的名称、地址及有效联系方式;

(二)被投诉人的名称、地址及有效联系方式;

(三)投诉事项的基本事实;

(四)异议的提出及招标人答复情况;

(五)相关请求及主张;

(六)有效线索和相关证明材料。

对本办法规定应先提出异议的事项进行投诉的,应当提交已提出异议的证明文件。未按规定提出异议或者未提交已提出异议的证明文件的投诉,交通运输主管部门可以不予受理。

第六十五条 投诉人就同一事项向两个以上交通运输主管部门投诉的,由具体承担该项目招标投标活动监督管理职责的交通运输主管部门负责处理。

交通运输主管部门应当自收到投诉之日起3个工作日内决定是否受理投诉,并自受理投诉之日起30个工作日内作出书面处理决定;需要检验、检测、鉴定、专家评审的,所需时间不计算在内。

投诉人缺乏事实根据或者法律依据进行投诉的,或者有证据表明投诉人捏造事实、伪造材料的,或者投诉人以非法手段取得证明材料进行投诉的,交通运输主管部门应当予以驳回,并对恶意投诉按照有关规定追究投诉人责任。

第六十六条 交通运输主管部门处理投诉,有权查阅、复制有关文件、资料,调查有关情况,相关单位和人员应当予以配合。必要时,交通运输主管部门可以责令暂停招标投标活动。

交通运输主管部门的工作人员对监督检查过程中知悉的国家秘密、商业秘密,应当依法予以保密。

第六十七条 交通运输主管部门对投诉事项作出的处理决定,应当在对该项目具有招标监督职责的交通运输主管部门政府网站上进行公告,包括投诉的事由、调查结果、处理决定、处罚依据以及处罚意见等内容。

第六章 法律责任

第六十八条 招标人有下列情形之一的,由交通运输主管部门责令改正,可以处三万元以下的罚款:

(一)不满足本办法第八条规定的条件而进行招标的;

(二)不按照本办法规定将资格预审文件、招标文件和招标投标情况的书面报告备案的;

(三)邀请招标不依法发出投标邀请书的;

(四)不按照项目审批、核准部门确定的招标范围、招标方式、招标组织形式进行招标的;

(五)不按照本办法规定编制资格预审文件或者招标文件的;

(六)由于招标人原因导致资格审查报告存在重大偏差且影响资格预审结果的;

(七)挪用投标保证金,增设或者变相增设保证金的;

（八）投标人数量不符合法定要求不重新招标的；

（九）向评标委员会提供的评标信息不符合本办法规定的；

（十）不按照本办法规定公示中标候选人的；

（十一）招标文件中规定的履约保证金的金额、支付形式不符合本办法规定的。

第六十九条 投标人在投标过程中存在弄虚作假、与招标人或者其他投标人串通投标、以行贿谋取中标、无正当理由放弃中标以及进行恶意投诉等投标不良行为的，除依照有关法律、法规进行处罚外，省级交通运输主管部门还可以扣减其年度信用评价分数或者降低年度信用评价等级。

第七十条 评标委员会成员未对招标人根据本办法第四十一条第二款（一）至（四）项规定提供的相关信息进行认真核查，导致评标出现疏漏或者错误的，由交通运输主管部门责令改正。

第七十一条 交通运输主管部门应当依法公告对公路工程建设项目招标投标活动中招标人、招标代理机构、投标人以及评标委员会成员等的违法违规或者恶意投诉等行为的行政处理决定，并将其作为招标投标不良行为信息记入相应当事人的信用档案。

第七章 附 则

第七十二条 使用国际组织或者外国政府贷款、援助资金的项目进行招标，贷款方、资金提供方对招标投标的具体条件和程序有不同规定的，可以适用其规定，但违背中华人民共和国的社会公共利益的除外。

第七十三条 采用电子招标投标的，应当按照本办法和国家有关电子招标投标的规定执行。

第七十四条 本办法自2016年2月1日起施行。《公路工程施工招标投标管理办法》（交通部令2006年第7号）、《公路工程施工监理招标投标管理办法》（交通部令2006年第5号）、《公路工程勘察设计招标投标管理办法》（交通部令2001年第6号）和《关于修改〈公路工程勘察设计招标投标管理办法〉的决定》（交通运输部令2013年第3号）、《关于贯彻国务院办公厅关于进一步规范招投标活动的若干意见的通知》（交公路发〔2004〕688号）、《关于公路建设项目货物招标严禁指定材料产地的通知》（厅公路字〔2007〕224号）、《公路工程施工招标资格预审办法》（交公路发〔2006〕57号）、《关于加强公路工程评标专家管理工作的通知》（交公路发〔2003〕464号）、《关于进一步加强公路工程施工招标评标管理工作的通知》（交公路发〔2008〕261号）、《关于进一步加强公路工程施工招标资格审查工作的通知》（交公路发〔2009〕123号）、《关于改革使用国际金融组织或者外国政府贷款公路建设项目施工招标管理制度的通知》（厅公路字〔2008〕40号）、《公路工程勘察设计招标评标办法》（交公路发〔2001〕582号）、《关于认真贯彻执行公路工程勘察设计招标投标管理办法的通知》（交公路发〔2002〕303号）同时废止。

附录二
APPENDIX TWO

监理旁站工序/部位表

监理旁站工序/部位见附表3-1和附表3-2。

公路工程监理旁站工序/部位一览表 附表3-1

单位工程	分部工程	分 项 工 程	旁站工序或部位
路基工程	路基土石方工程	软土地基处治(碎石桩、塑排板、粉喷桩等)	试验工程
		土工合成材料处治层	试验工程
	大型挡土墙*	基础	混凝土浇筑
路面工程	路面工程	底基层、基层、垫层、联结层	试验工程
		沥青面层	试验工程
		水泥混凝土面层	试验工程、摊铺
桥梁工程	基础及下部构造	桩基	试桩、钢筋笼安放、混凝土浇筑
		地下连续墙	混凝土浇筑
		沉井灌注顶板混凝土	定位、下沉、浇注封底混凝土
		桩的制作、墩台帽、组合桥台	张拉、压浆
	上部构造预制和安装	预应力筋的加工和张拉	张拉、压浆
		转体施工拱	桥体预制、接头混凝土浇筑
		吊杆制作和安装	穿吊杆、预应力束张拉、压浆
	上部构造现场浇筑	预应力筋的加工和张拉	张拉、压浆
		主要构件浇筑、悬臂浇筑	主梁段混凝土浇筑、压浆
		劲性骨架混凝土拱、钢管混凝土拱	混凝土浇筑
	总体、桥面系和附属工程	桥面铺装	试验工程
		钢桥面板上沥青混凝土面层	试验工程、面层铺筑
		伸缩缝安装,大型伸缩缝安装	首件安装
隧道工程	洞身衬砌	初期支护	试验工程
		混凝土衬砌	试验工程
	隧道路面	基层、面层	同路面工程基层、面层
	辅助施工措施	小导管周壁预注浆、深孔预注浆	注浆
交通安全设施	防护栏	混凝土防护栏	首段混凝土浇筑

注:互通交工程各分部、分项工程须旁站的工序同主线各相应分项工程规定。

机电工程监理旁站工序/部位一览表 附表3-2

单位工程	分部工程	分项工程	规定旁站工序
机电工程	2 监控设施	2.1 车辆检测器	首个线圈布设、控制机箱安装
		2.2 气象检测器	首个基础施工、首件设备安装
		2.3 闭路电视监控系统	首个外场立柱基础施工、首个外场设备安装、首条视频电缆布放、室内设备以中心(分中心)为单位的安装
		2.4 可变标志	可变情报板、首个可变标志基础施工,首个可变标志外场安装
		2.5 光、电缆线路	开盘测试,前5条光、电缆布设施工,光缆接头和前5个电缆接头接续施工、接续测试、中继段测试
		2.6 监控中心设备安装及软件调测	设备平面位置确定
		2.7 地图板	拼接安装、调试
		2.8 大屏幕投影系统	屏幕拼接安装、调试
		2.9 计算机监控软件与网络	
	3 通信设施	3.1 通信管道与光、电缆线路	首区段管道、首个人(手)井施工,光、电缆线路同2.5
		3.2 光纤数字传输系统	首站设备安装
		3.3 程控数字交换系统	首站设备安装
		3.4 紧急电话系统	首对外场单机安装和控制台安装
		3.5 无线移动通信系统	基站设备安装
		3.6 通信电源	首站设备安装
	4 收费设施	4.1 入口车道设备	首站车道设备安装
		4.2 出口车道设备	首站车道设备安装
		4.3 收费站设备及软件	首站收费设备安装
		4.4 收费中心设备及软件	中心设备安装
		4.5 IC卡及发卡编码系统	首站IC卡机安装
		4.6 闭路电视监视系统	首个外场立柱基础施工、首个外场设备安装、首条视频电缆布放、室内设备以中心(分中心)为单位的安装
		4.7 内部有线对讲及紧急报警系统	首站对讲分机、主机、报警设备安装
		4.8 站内光、电缆线路	首站光、电缆布设
		4.9 收费系统计算机网络	首站收费计算机网络设备安装
	5 低压配电设施	5.1 中心(站)内低压配电设施	首站低压配电设备安装
		5.2 外场设施电力电缆	前3条电力电缆布设施工、前3条电力电缆接头
	6 照明设施	照明设施	前3条基低杆、高杆基础施工,前3根低、高杆安装,首站照明控制设备安装

续上表

单位工程	分部工程	分项工程	规定旁站工序
机电工程	7 隧道机电设施	7.1 车辆检测器	同2.1
		7.2 气象检测器	同2.2
		7.3 闭路电视监视系统	同2.3
		7.4 紧急电话系统	首对隧道单机安装
		7.5 环境检测设备	首个控制箱、探头安装
		7.6 报警与诱导设施	首个控制箱、诱导设施安装
		7.7 可变标志	同2.4
		7.8 通风设施	前2对风机安装
		7.9 照明设施	首个控制箱、前20个灯具安装
		7.10 消防设施	首个隧道系统设施安装和管道试压
		7.11 本地控制器	首个控制器安装
		7.12 隧道监控中心计算机控制系统	中心设备安装
		7.13 隧道监控中心计算机网络	中心设备安装
		7.14 低压供配电	首个低压供配电柜安装,前3条电缆布设和电缆接头
	8 其他	8.1 机电系统新设备、材料	首件新设备、新材料安装
		8.2 机电工程施工新工艺	首次新施工新工艺施工过程

注:表中分部、分项工程编号引自《公路工程质量检验评定标准 第二分册 机电工程》(JTG 2182—2020)。

附录三 APPENDIX THREE 监理记录

监理记录见附表 4-1 ~ 附表 4-5。

工程项目巡视记录

附表 4-1

编号________

施 工 单 位		合同号	
巡视监理		日期	
起始时间		终止时间	
巡视范围、主要部位、工序			
施工单位主要施工项目、人员到位、工艺合规性简述			
巡视人主要巡检数据记录			
巡视人发现的问题及处理情况简述			

工程项目旁站记录

附表 4-2

编号________

施 工 单 位		合同号	
旁站监理		日期	
到场时间		离场时间	
质检人员		部位或桩号	
天气			
旁站工序或主要工作内容			
施工过程简述			
监理工作简述			
主要数据记录			
发现问题及处理结果			

工程项目监理日志

附表 4-3

编号________

监理机构		所辖合同号	
记录人		日期	
审核人		日期	
天气			
各合同段主要施工项目简述			
监理机构主要工作简述(审批、验收、旁站、指令、会议等)			
就有关问题与建设单位、施工单位等进行澄清或处理的情况简述			

工程项目监理指令单

附表 4-4

编号________

施工单位		合同号	
监理单位		监理机构	
签发人		日期	

致(施工单位):________

(阐述指令依据、不符合规定的事实及整改要求等)。

请于______年______月______日前回复

抄报(送):

签收人		日期	

工程项目中间交工证书

附表 4-5

编号________

施工单位		合同号	
监理单位		监理机构	
中间交工内容(桩号、项目划分、工程项目、工程数量)			
施工单位签字		申请日期	
监理接收人		接收日期	
监理机构对施工单位中间交工申请的评述意见及其结论			
监理机构签字		日期	
施工单位签字		日期	

附录四
APPENDIX FOUR

试题及参考答案

一、单项选择题(共50题,每题1分。每题的备选项中,只有1个最符合题意)

1. 工程监理单位在建设单位授权范围内采用规划、控制、协调等方法,控制建设工程质量、造价和进度,并履行建设工程安全生产管理的监理职责,协助建设单位在计划目标内完成工程建设任务,体现了建设工程管理的(　　)。

A. 服务性　　B. 阶段性　　C. 必要性　　D. 强制性

2. 根据《建设工程监理范围和规划标准规定》,必须实行监理的工程是(　　)。

A. 总投资额2000万元的学校项目　　B. 总投资额2000万元的供水项目

C. 总投资额2000万元的通信项目　　D. 总投资额2000万元的地下管道项目

3. 根据《建设工程质量管理条例》,工程监理单位与建设单位串通,弄虚作假,降低工程质量的,责令改正,并对监理单位处(　　)的罚款。

A. 5万元以上20万元以下　　B. 10万元以上30万元以下

C. 30万元以上50万元以下　　D. 50万元以上100万元以下

4. 对于政府投资项目,不属于可行性研究应完成的工作是(　　)。

A. 进行市场研究　　B. 进行工艺技术方案研究

C. 进行环境影响的初步评价　　D. 进行财务和经济分析

5. 根据《国务院关于投资体制改革的决定》,民营企业投资建设《政府核准的投资项目目录》中的项目时,需向政府提交(　　)。

A. 项目申请报告　　B. 可行性研究报告

C. 初步设计和概算　　D. 开工报告

6. 建设工程开工时间是指工程设计文件中规定的任何一项永久性工程的(　　)开始日期。

A. 地质勘察　　B. 场地旧建筑物拆除

C. 施工用临时道路施工　　D. 正式破土开槽

7. 对于实行法人责任制的项目,属于项目总经理职权的工作是(　　)。

A. 提出项目开工报告　　B. 提出项目竣工验收申请报告

C. 编制归还贷款和其他债务计划　　D. 聘任或解聘项目高级管理人员

8. 根据《合同法》,下列合同中属于买卖合同的是(　　)。

A. 工程分包合同　　B. 机械设备采购合同

C. 加工合同　　D. 租赁合同

9. 根据《建筑法》,实施施工总承包的工程,由(　　)负责施工现场安全。

A. 总承包单位　　B. 具体施工的分包单位

C. 总承包单位的项目经理　　D. 分包单位的项目经理

10. 根据《建筑法》,在建的建筑工程因故中止施工的,建设单位应当自中止施工之日起(　　)内,向施工许可证发证机关报告。

A. 10 日　　B. 15 日　　C. 1 个月　　D. 2 个月

11. 根据《合同法》,下列合同中不属于建设工程合同的是(　　)。

A. 工程勘察合同　　B. 工程设计合同

C. 工程咨询合同　　D. 工程施工合同

12. 根据《招标投标法》,依法必须进行招标的项目,自招标文件开始发出之日起至投标人提交投标文件截止之日止,最短不得少于(　　)日。

A. 10　　B. 15　　C. 20　　D. 30

13. 根据《招标投标法》,招标人应当自确定中标人之日起(　　)日内,向有关行政监督部门提交招标投标情况的书面报告。

A. 10　　B. 15　　C. 20　　D. 30

14. 根据《建设工程质量管理条例》,属于施工单位质量责任和义务的是(　　)。

A. 申领施工许可证　　B. 办理工程质量监督手续

C. 建立健全教育培训制度　　D. 向有关主管部门移交建设项目档案

15. 根据《建设工程质量管理条例》,建设单位有(　　)行为的,责令改正,处 20 万元以上 50 万元以下的罚款。

A. 未组织竣工验收,擅自交付使用

B. 对验收不合格的工程,擅自交付使用

C. 将不合格的建设工程按照合格工程验收

D. 暗示设计单位违反工程建设强制性标准,降低工程质量

16. 下列不属于工程监理企业专业资质级别的是(　　)。

A. 甲级　　B. 乙级　　C. 丙级　　D. 丁级

17. 涉及铁路、交通、水利、通信、民航等专业工程监理资质进行审核的,(　　)有关部门应当在 20 日内审核完毕,并将审核意见报国务院建设主管部门。

A. 县政府　　B. 市政府

C. 省政府　　D. 国务院

18. 下列不属于延续注册需要提交的材料是(　　)。

A. 申请人延续注册申请表

B. 申请人的资格证书和身份证复印件

C. 申请人与聘用单位签订的聘用劳动合同复印件

D. 申请人注册有效期内达到继续教育要求的证明材料

19. 监理工程师在注册有效期满而继续执业的,要办理延续注册,延续注册有效期为(　　)年。

A. 2　　B. 3　　C. 4　　D. 5

20. 决策者决定是否参加某建设工程监理投标时,将影响其投标决策的主客观因素用某些具体指标表示出来。上述描绘的方法为(　　)。

A. 决策树法　　B. 项目决策法

C. 综合评价法　　D. 投标决策法

21. 决策树分析法是适用于(　　)决策分析的一种简便易行的实用方法。

A. 风险型　　B. 质量型

C. 安全型　　D. 获益型

22. 在紧急情况下,项目监理机构可不经请示委托人而直接发布指令,但应在发出指令后的(　　)小时内以书面形式报委托人。

A. 4　　B. 8　　C. 12　　D. 24

23. 矩阵式监理组织形式的优点是(　　)。

A. 纵横向协调工作量小　　B. 权力集中、隶属关系明确

C. 加强了各职能部门横向联系　　D. 目标控制职能分工明确

24. 监理规划应在签订建设工程监理合同及收到工程设计文件后由总监理工程师组织编制,并应在召开第一次工地会议(　　)天前报建设单位。

A. 6　　B. 7　　C. 8　　D. 9

25. 下列不属于监理工作内容的是(　　)。

A. 工程质量、造价、进度三大目标控制　　B. 合同管理和信息管理

C. 组织协调　　D. 人员配备

26. 下列监理工程师对质量控制的措施中,属于技术措施的是(　　)。

A. 落实质量控制责任　　B. 制定质量控制协调程序

C. 严格质量控制工作流程　　D. 协助完善质量保证体系

27. 下列属于工程造价控制的技术措施的是(　　)。

A. 通过审核施工组织设计和施工方案,使施工组织合理化

B. 协助完善质量保证体系

C. 建立健全项目监理机构

D. 建立多级网络计划体系

28. 关于协调工作程序的说法,错误的是(　　)。

A. 工程造价控制协调程序　　B. 工程进度控制协调程序

C. 工程质量控制协调程序　　D. 竣工验收阶段协调程序

29. 关于监理规划报审程序的说法,正确的是(　　)。

A. 工程设计文件后编制,在召开第一次工地会议前报送建设单位

B. 签订监理合同前编制监理规划

C. 监理规划审批应在总监理工程师签字前进行

D. 监理规划在编写完成后需要进行审核并经批准

30. 工程质量评估报告的主要内容不包括(　　)。
A. 工程概况　　B. 工程参建单位
C. 工程质量验收情况　　D. 工程竣工预验收
31. 当监理工作结束时,项目监理机构应向建设单位和工程监理单位提交(　　)。
A. 工程质量评估报告　　B. 监理工作总结
C. 监理月报　　D. 监理日志
32. 下列属于建设单位短期保存的文件是(　　)。
A. 监理实施细则　　B. 不合格项目通知
C. 供货单位资质材料　　D. 月付款报审与支付
33. 下列关于 GMP 的说法,错误的是(　　)。
A. GMP 的数额过高,就失去控制工程费用的意义,业主所承担的风险增大
B. GMP 的数额过低,则 CM 单位所承担的风险减小
C. 确定一个合理的 GMP,一方面取决于 CM 单位的水平和经验,另一方面取决于设计所达到的深度
D. 如果 CM 单位介入时间较早,则可能在 CM 合同中暂不确定 GMP 的具体数额,而是规定确定 GMP 的时间
34. 下列属于工程总承包模式优点的是(　　)。
A. 有利于工程造价控制　　B. 有利于质量控制
C. 有利于业主选择承包商　　D. 业主选择承包方范围小
35. 监理规划是针对具体工程项目编写的,而工程项目的动态性决定了(　　)的具体可变性。
A. 监理合同　　B. 监理机构
C. 监理管理　　D. 监理规划
36. 下列不属于监理规划组织协调的方法是(　　)。
A. 会议协调　　B. 口头协调
C. 书面协调　　D. 交谈协调
37.《建设工程监理规范》规定,采用新材料、新工艺、新技术、新设备的工程,以及专业性较强、危险性较大的分部分项工程,应编制(　　)。
A. 监理规划　　B. 监理实施细则
C. 监理日志　　D. 监理月报
38. 选择合理的承发包模式和合同计价方式是目标控制的(　　)。
A. 组织措施　　B. 技术措施
C. 经济措施　　D. 合同措施
39. 总监理工程师签发工程暂停令,应事先征得(　　)同意。
A. 专业监理工程师　　B. 施工单位
C. 监理单位　　D. 建设单位
40. 关于费用索赔处理的说法,正确的是(　　)。
A. 按工程延期审批程序和施工合同约定的时效期限审批施工单位提出的工程延期申请

B. 按费用索赔处理程序和施工合同约定的时效期限处理施工单位提出的费用索赔
C. 施工单位因工程延期提出费用索赔时，项目监理机构可按施工合同约定进行处理
D. 施工合同争议的程序处理

41. 以图示形式表示业务处理过程的是(　　)。
A. 业务流程图　　B. 数据趋势图
C. 业务分析图　　D. 数据流程图

42. 关于建设工程信息管理系统的主要作用的说法，正确的是(　　)。
A. 在建设工程实施阶段，借助于 BIM 技术，可以进行设计方案比选
B. 实际施工模拟，在施工之前就能发现施工阶段会出现的各种问题
C. 利用计算机数据存储技术，存储和管理与工程项目有关的信息，并随时进行查询和更新
D. BIM 是利用数字模型对工程进行设计

43. 对于设计信息分发制度时需要考虑的因素，说法错误的是(　　)。
A. 决定信息分发的内容、数量、范围、数据来源
B. 决定分发信息的数据结构、类型、精度和格式
C. 决定提供信息的介质
D. 允许检索的范围，检索的密级划分，密码管理等

44. 建设工程风险识别的内容不包括(　　)。
A. 识别引起风险的主要因素　　B. 识别风险可能引起的后果
C. 识别风险的性质　　D. 识别风险的种类

45. 关于建设工程监理文件资料组卷方法及要求的说法，正确的是(　　)。
A. 图纸按专业排列，同专业图纸按图号顺序排列
B. 监理文件资料可按建设单位、设计单位、施工单位分别组卷
C. 既有文字材料又有图纸的案卷，图纸排前，文字材料排后
D. 一个建设工程由多个单位工程组成时，应按施工进度节点组卷

46. 根据《建设工程监理规范》，项目监理机构审查施工进度计划时，应主要审查(　　)。
A. 在施工进度计划中应考虑国家法定假日的安排
B. 施工进度计划应符合建设单位的资金计划
C. 施工人数的安排应最大限度地利用施工空间
D. 施工进度计划中应预留工程计量的时间

47. 关于风险评定的说法，正确的是(　　)。
A. 风险等级为小的风险因素是可忽略的风险
B. 风险等级为中等的风险因素可按接受的风险
C. 风险等级为大的风险因素是不可能接受的风险
D. 风险等级为很大的风险因素是不希望有的风险

48. 关于风险非保险转移对策的说法，错误的是(　　)。
A. 建设单位可通过合同责任条款将风险转移给对方当事人
B. 施工单位可通过工程分包将专业技术风险转移给分包人

C. 非保险转移风险的代价不会超过实际发生的损失,对转移者不会造成不利影响

D. 当事人一方可向对方提供第三方担保,担保方承担的风险仅限于合同责任

49. 下列损失控制的工作内容中,不属于灾难计划编制内容的是(　　)。

A. 安全撤离现场人员　　B. 救援及处理伤亡人员

C. 起草保险索赔报告　　D. 控制事故的进一步发展

50. 关于工程勘察成果审查的说法,正确的是(　　)。

A. 岩土工程勘察正确反映场地工程地质条件

B. 详勘阶段的勘察成果应满足初步设计的深度要求

C. 勘察报告应有完成单位的公章和法人代表签字

D. 勘察评估报告由专业监理工程师组织编制

二、多项选择题(共30题,每题2分。每题的备选项中,有2个或2个以上符合题意,至少有1个错项。错选,本题不得分;少选,所选的每个选项得0.5分)。

51. 根据《建设工程安全生产管理条例》,设计单位的安全责任包括(　　)。

A. 在设计文件中注明设计施工安全的重点部位和环节

B. 采用新结构的建设工程,应当在设计中提出保障施工作业人员安全的措施建议

C. 审查危险性较大的专项施工方案是否符合强制性标准

D. 对特殊结构的建设工程,应在投入使用中提出防范生产安全事故的指导性意见

E. 审查监测方案是否符合设计要求

52. 项目建议书是针对拟建工程项目编制的建议文件,其主要内容包括(　　)。

A. 项目提出的必要性和依据　　B. 拟建规模和建设地点的初步设想

C. 项目的技术可行性　　D. 项目投资估算

E. 项目进度安排

53. 根据《房屋建筑和市政基础设施工程施工图设计文件审查管理办法》,审查施工图设计文件的主要内容包括(　　)。

A. 结构选型是否经济合理

B. 地基基础的安全性

C. 主体结构的安全性

D. 勘察设计企业是否按规定在施工图上盖章

E. 注册执业人员是否按规定在施工图上签字,并加盖执业印章

54. 根据项目法人责任制的有关要求,项目董事会的职权包括(　　)。

A. 审核项目的初步设计的概算文件

B. 编制项目财务预算、决算

C. 研究解决建设过程中出现的重要问题

D. 确定招标方案、标底

E. 组织项目后评价

55. 根据《建筑法》,建设单位领取施工许可证后,还应按照国家有关规定办理申请批准手续的情形包括(　　)。

A. 临时占用规划批准范围以外的场地

B. 拆除场地内的旧建筑物

C. 进行爆破作业

D. 临时中断道路交通

E. 可能损坏电力电缆

56. 根据《合同法》,关于合同效力的说法,正确的有(　　)。

A. 依法成立的合同,自成立即生效

B. 当事人对合同的效力可以约定附条件

C. 当事人对合同的效力可以约定附期限

D. 限制民事行为能力人订立的合同,经法定代理人追认后仍然无效

E. 法定代表人或负责人超越权限订立的合同无效

57. 根据《合同法》,关于委托合同中委托人权利义务的说法,正确的有(　　)。

A. 委托人应当预付处理委托事务费用

B. 对无偿委托合同,受托人过失给委托人造成损失的,委托人不应要求赔偿

C. 受托人超越权限给委托人造成损失的,应当向委托人赔偿损失

D. 委托人不经受托人同意,可以在受托人之外委托第三人处理委托事务

E. 经同意的转委托,委托人可以就委托事务直接指示转委托的第三人

58. 根据《招标投标法》,招标人存在(　　)情形的,责令改正,可以处 1 万元以上 5 万元以下的罚款。

A. 向他人透漏已获招标文件的潜在投标人的名称

B. 对潜在投标人实行歧视待遇

C. 强制要求投标人组成联合体共同投标

D. 限制投标人之间竞争

E. 向他人泄露标底

59. 根据《建设工程质量管理条例》,关于质量保修期限的说法,正确的有(　　)。

A. 地基基础工程最低保修期限为设计文件规定的该工程合理使用年限

B. 屋面防水工程最低保修期限为 3 年

C. 给排水管道工程最低保修期限为 2 年

D. 供热工程最低保修期限为 2 个采暖期

E. 建设工程的保修期自交付使用之日起计算

60. 根据《建设工程质量管理条例》,存在(　　)行为的,可处 10 万元以上 30 万元以下罚款。

A. 勘察单位未按工程建设强制性标准进行勘察

B. 设计单位未根据勘察成果文件进行工程设计

C. 建设单位迫使承包方以低于成本的价格竞标

D. 建设单位明示施工单位使用不合格建筑材料

E. 设计单位指定建筑材料供应商

61. 根据《建设工程安全生产管理条例》,建设单位存在(　　)行为的,责令改正,处 20 万元以上 50 万元以下的罚款。

A. 要求施工单位压缩合同工期的
B. 对工程监理单位提出不符合强制性标准要求的
C. 未提供建设工程安全生产作业环境的
D. 申请施工许可证时,未提供有关安全施工措施资料的
E. 明示施工单位租赁使用不符合安全施工要求的机械设备的

62. 根据《生产安全事故报告和调查处理条例》,报告事故的内容包括(　　)。

A. 事故发生单位概况　　B. 事故发生时间、地点
C. 事故发生的原因　　D. 已经采取的措施
E. 事故的简要经过

63. 根据《招标投标法实施条例》,关于对招标人处罚的说法,正确的有(　　)。

A. 依法应当公开招标而采用邀请招标的,责令改正,可以处 10 万元以下的罚款
B. 依法应当公开招标的项目不按照规定发布招标公告,责令改正,可以处 1 万元以上 5 万元以下的罚款
C. 接受未通过资格预审的单位或个人参加投标的,责令改正,可以处 5 万元以下罚款
D. 接受应当拒收的投标文件,责令改正,可以处 5 万元以下的罚款
E. 超过招标项目估算价 2% 的比例收取投标保证金,责令改正,可以处 10 万元以下的罚款

64. 根据《建设工程监理规范》,属于总监理工程师的职责不得委托给总监理工程师代表的工作包括(　　)。

A. 组织审查施工组织设计　　B. 组织审查工程开工报审表
C. 组织审核施工单位的付款申请　　D. 组织工程竣工预验收
E. 组织编写工程质量评估报告

65. 根据《建设工程监理合同(示范文本)》,属于监理人义务的有(　　)。

A. 查验施工测量放线成果
B. 协调工程建设中的全部外部关系
C. 参加工程竣工验收
D. 签署竣工验收意见
E. 向承包人明确总监理工程师具有的权限

66. 建设单位采用工程总承包模式的优点有(　　)。

A. 有利于缩短建设周期　　B. 组织协调工作量小
C. 有利于合同管理　　D. 有利于招标发包
E. 有利于造价控制

67. 下列工作内容中,属于项目管理机构组织结构设计内容的有(　　)。

A. 确定管理层次与管理跨度　　B. 确定项目监理机构目标
C. 确定监理工作内容　　D. 确定工作流程和信息流程
E. 确定项目监理机构部门划分

68. 影响项目监理机构监理工作效率的主要因素有(　　)。

A. 工程复杂程度
B. 工程规模的大小
C. 对工程的熟悉程度
D. 管理水平
E. 设备手段

69. 根据《建设工程监理规范》,属于监理员职责的有(　　)。

A. 复核工程计量有关数据
B. 检查工序施工结果
C. 检查进场工程材料质量
D. 进行见证取样
E. 进行工程计量

70. 下列监理规划的审核内容中,属于履行安全生产管理的监理法定职责内容的有(　　)。

A. 是否建立了对施工组织设计,专项施工方案的审查制度
B. 是否建立了对现场安全隐患的巡视检查制度
C. 是否结合工程特点建立了与建设单位的沟通协调机制
D. 是否建立了安全生产管理状况的监理报告制度
E. 是否确定了质量、造价、进度三大目标控制的相应措施

71. 根据《建设工程监理规范》,监理实施细则编写的依据有(　　)。

A. 建设工程施工合同文件
B. 已批准的监理规划
C. 与专业工程相关的标准
D. 已批准的施工组织设计、(专项)施工方案
E. 施工单位的特定要求

72. 下列目标控制措施中,属于技术措施的有(　　)。

A. 确定目标控制工作流程
B. 审查施工组织设计
C. 采用网络计划技术进行工期优化
D. 审核比较各种工程数据
E. 确定合理的工程款计价方式

73. 根据《建设工程监理规范》,项目监理机构处理施工合同争议时应进行的工作有(　　)。

A. 了解合同争议情况
B. 暂停施工合同履行
C. 与合同争议双方进行磋商
D. 提出处理方案后,由总监理工程师进行协调
E. 双方未能达成一致时,总监理工程师应提出处理合同争议的意见

74. 根据《建设工程监理规范》,项目监理机构批准工程延期应满足的条件有(　　)。

A. 因建设单位原因造成施工人员工作时间延长
B. 因非施工单位原因造成施工进度滞后
C. 施工进度滞后影响到施工合同约定的工期
D. 建设单位负责供应的工程材料未及时供应到货
E. 施工单位在施工合同约定的期限内提出工程延期申请

75. 建设工程监理的主要方式有(　　)。

A. 巡视　　B. 旁站　　C. 平行检验　　D. 见证取样

E. 随机抽样

76. 根据《建设工程监理规范》，总监理工程师签认《工程开工报审表》应满足的条件有(　　)。

A. 设计交底和图纸会审已完成

B. 施工组织设计已经编制完成

C. 管理及施工人员已到位

D. 进场道路及水、电、通信等已满足开工要求

E. 施工许可证已经办理

77. 下列表式中，属于各方通用表式的有(　　)。

A. 工程开工报审表　　B. 工程变更单

C. 索赔意向通知单　　D. 费用索赔报审表

E. 单位工程竣工验收报审表

78. 根据《建设工程监理规范》，监理文件资料应包括的主要内容有(　　)。

A. 监理规划，监理实施细则　　B. 施工控制测量成果报验文件资料

C. 施工安全教育培训证书　　D. 施工设备租赁合同

E. 见证取样文件资料

79. 下列风险识别方法中，属于专家调查法的有(　　)。

A. 访谈法　　B. 德尔菲法

C. 流程图法　　D. 经验数据法

E. 头脑风暴法

80. 下列关于风险自留的说法，正确的有(　　)。

A. 计划性风险自留是有计划的选择

B. 风险自留区别于其他风险对策，应单独运用

C. 风险自留主要通过采取内部控制措施来化解风险

D. 非计划性风险自留是由于没有识别到某些风险以至于风险发生后被迫自留

E. 风险自留往往可以化解较大的建设工程风险

参考答案

一、单选题

1. A	2. A	3. D	4. C	5. A	6. D	7. C	8. B	9. A	10. C
11. A	12. A	13. B	14. A	15. B	16. C	17. C	18. B	19. C	20. D
21. A	22. D	23. C	24. B	25. D	26. D	27. A	28. D	29. A	30. D
31. B	32. D	33. B	34. A	35. D	36. B	37. B	38. D	39. D	40. B
41. A	42. C	43. D	44. D	45. A	46. B	47. C	48. C	49. C	50. A

二、多选题

51. AB	52. ABDE	53. BCDE	54. AC	55. ACDE
56. ABC	57. AC	58. BCD	59. ACD	60. ABE
61. AB	62. ABDE	63. AB	64. ADE	65. ACD
66. ABE	67. ADE	68. CDE	69. ABD	70. ABD
71. BCD	72. BCD	73. ACDE	74. BCE	75. ABCD
76. ACD	77. BC	78. ABE	79. ABE	80. ACD

参 考 文 献

[1] 交通运输部.公路工程施工监理规范:JTG G10—2016[S].北京:人民交通出版社,2006.
[2] 中华人民共和国行业标准.公路工程竣(交)工验收办法[Z].北京:人民交通出版社,2004.
[3] 国际咨询工程师联合会(FIDIC).土木工程施工合同条件应用指南.北京:人民交通出版社,1992.
[4] 中华人民共和国行业标准.公路工程国内招标文件范本.北京:人民交通出版社,1999.
[5] 刘健新.监理概论[M].北京:人民交通出版社,1999.
[6] 唐杰军,蒋玲.公路施工监理[M].北京:人民交通出版社,2006.9.
[7] 林密.土木工程监理概论[M].北京:科学出版社,2004.
[8] 巩天真,张泽平,梁晓春.建设工程监理概论[M].北京:北京大学出版社,2006.
[9] 刘三会.公路工程监理[M].北京:机械工业出版社,2005.
[10] 姜早龙,刘志彤.建设工程监理基本理论与相关法规[M].大连:大连理工大学出版社,2006.
[11] 廖品槐,刘武.公路工程监理[M].北京:机械工业出版社,2005.
[12] 李宇峙.工程质量监理[M].北京:人民交通出版社,1999.
[13] 邬晓光.工程进度监理[M].北京:人民交通出版社,1999.
[14] 张建仁.工程费用监理[M].北京:人民交通出版社,1999.
[15] 文德云.公路施工安全技术(公路施工现场技术人员培训教材)[M].北京:人民交通出版社,2003.
[16] 文德云.公路工程施工现场控制要点[M].北京:人民交通出版社,2003.
[17] 文德云.公路工程施工监理质量控制技术手册[M].北京:人民交通出版社,2006.
[18] 交通部公路司,等.公路工程施工监理手册[M].北京:人民交通出版社,1999.
[19] 刘吉士.公路工程施工监理实务[M].北京:人民交通出版社,1999.
[20] 熊焕荣.公路路基路面施工监理指南[M].北京:人民交通出版社,2001.
[21] 公路工程建设与质量检验丛书编委会.公路工程监理[M].北京:中国标准出版社,2003.
[22] 戴明新.交通工程环境监理[M].北京:人民交通出版社,2005.
[23] 张晓强.公路工程施工监理[M].郑州:黄河水利出版社,2000.
[24] 蒋玲.道路建筑材料[M].北京:机械工业出版社,2005.
[25] 陈立道.建设安全监理[M].北京:中国电力出版社,2002.
[26] 祁宁春,等.工程建设监理概论[M].北京:水利电力出版社,1999.
[27] 李文不,公路工程施工监理基础[M].北京:人民交通出版社,2002.
[28] 杨劲,李世容.建设项目进度控制[M].北京:地震出版社,1993.
[29] 雷俊卿,等.土木工程项目管理手册[M].北京:人民交通出版社,1995.

[30] 浙江省交通厅工程质量监督站. 公路施工环境保护监理[M]. 北京:人民交通出版社,2005.
[31] 张向东,周宇. 工程建设监理概论[M]. 北京:机械工业出版社,2005.
[32] 李文儒,杨永顺. 实用公路工程监理指南[M]. 北京:人民交通出版社,2002.
[33] 周国恩. 工程监理概论[M]. 北京:化学工业出版社,2018.